教育部人文社科研究基地华中师大中国农村研究院重点资助项目；

教育部人文社科重点研究基地重大项目“种田农民的代际更替与农村信息环境建设”（11JJD840014）成果

种田人代际更替语境下的农村信息化建设研究

王继新　岳　奎　著

中国社会科学出版社

图书在版编目(CIP)数据

种田人代际更替语境下的农村信息化建设研究/王继新,岳奎著.—北京:中国社会科学出版社,2017.10

ISBN 978-7-5161-9717-2

Ⅰ.①种… Ⅱ.①王…②岳… Ⅲ.①农村—信息化建设—研究—中国 Ⅳ.①S126

中国版本图书馆 CIP 数据核字(2017)第 010500 号

出 版 人 赵剑英
选题策划 刘 艳
责任编辑 刘 艳
责任校对 陈 晨
责任印制 戴 宽

出 版 中国社会科学出版社
社 址 北京鼓楼西大街甲 158 号
邮 编 100720
网 址 http://www.csspw.cn
发 行 部 010-84083685
门 市 部 010-84029450
经 销 新华书店及其他书店

印 刷 北京明恒达印务有限公司
装 订 廊坊市广阳区广增装订厂
版 次 2017 年 10 月第 1 版
印 次 2017 年 10 月第 1 次印刷

开 本 710×1000 1/16
印 张 19.75
插 页 2
字 数 297 千字
定 价 89.00 元

目　录

导　言

第一节　选题的理论意义和实践意义

一　理论意义

农村信息化是通信技术和计算机技术在农村生产、生活和社会管理中实现普遍应用和推广的过程。农村信息化是社会信息化的一部分，它首先是一种社会经济形态，是农村经济发展到某一特定过程的概念描述。它不仅包括农业信息技术，还应包括微电子技术、通信技术、光电技术等在农村生产、生活、管理等方面普遍而系统应用的过程。农村信息化包括了传统农业发展到现代农业进而向信息农业演进的过程，又包含了原始社会发展到资本社会进而向信息社会发展的过程。[①] 对农村信息化建设研究的理论意义在于补充国内学者对信息化的理论研究和实证研究的不足。目前，一方面，国内学者对农村信息化的相关研究还没有形成统一的理论体系，研究较多注重一方促进另一方的单方面形式，把二者结合起来的实证研究甚少；另一方面，农村信息化建设对于推进政府职能转变有重要意义。首先，农民可以更加及时地获取政府政务信息，有利于行使民众的民主监督能力；同时，信息化作为工具，可以为农村的各项信息向政府的及时传递提供路径，推进政府涉农决策的科学化。然而与此相应的是，当前政府在

---

① 李道亮主编：《中国农村信息化发展报告2007》，总报告，中国农业科学技术出版社，第1页。

农村信息化建设上投入不少、效果不彰，主要在于没有在导向上明确，这就要求我们要不断完善构建服务型政府理论，以政府职能转变推进信息化建设的优化，同时又反作用于政府职能转变，推动信息化社会的发展。

二　实践意义

1. 农村信息化建设是深化农村经济社会开发的强大动力

首先，农村信息化建设的推进，能够改变传统农业中农民获取农业科技信息的方式，以更低的成本发展农业、改造农村，为推动农村发展提供新的动力。我们知道，农业开发离不开现代经营方式的革新，这就需要不断利用信息技术指导农业生产，实现农业产业结构的优化，从而构建起现代农业发展的基础出路。同时，完善的农村信息服务网络将带动农民寻找到更好的就业门路，为农民增收创造机遇。

其次，加快农村的信息化建设，提高农村信息化水平，对缩小城乡数字鸿沟具有积极的作用，是实现城乡一体化发展的重要手段。现代社会是信息化社会，农村要想缩小与城市发展的差距离不开信息化的支持，通过农村信息化建设，有助于农民及时地了解国内外“三农”发展动态，并为农民提供多方位、多形式、多样化的技能培训，提高其科学文化水平，促进科学务农的发展，让农业产业焕发新的活力。

2. 农村信息化建设是提升农村治理水平的重要技术支撑

首先，农村信息化说到底就是农民的信息化，在于农民掌握现代信息技术和利用现代信息技术的能力，这不仅表现在对农业的经营上，也体现在农民成长为现代公民的重要一环。通过信息化引导农民树立正确的人生价值观，引导农民合理有序地参与政治生活，将有助于促进农村社会的稳定和和谐，为实现农村治理现代化奠定坚实的基础。此外，信息技术的发展改变的是信息的传递方式，政务、农务信息公开的传统上墙公布方式将得以改善，网上发布将更具有及时性，这为农民的民主监督提供了新的窗口。而且信息化的推进将搭建的是一个公共的交流平台，为干群互动和群群互动提供了路径，同时也推进了透明政府和阳光政府的建设。

第二节 国内外研究状况

一 国外农村信息化建设研究现状

"信息化"一词的最早使用是在1967年的日本，它的出现是未来学家和经济学家对未来社会的一种猜想和预测，但随着时代的发展，信息化越来越为更多的人所熟知和接受。马克卢普的知识生产社会理论、德鲁克的"知识社会"理论、贝尔的后工业社会理论都无不蕴含着信息化的内涵。发展到20世纪90年代，尼葛洛庞帝的数字化信息空间理论、德鲁克"知识经济"理论和卡斯特的"网络社会"理论等纷纷涌现。不过，这些理论所关注的是宏大的人类社会发展态势，如果做一个细致的区分，城市社会的发展可能更接近理论家的分析，然而对于农村，尤其是发展中国家的农村来说，既有的研究主要是就各国农村的信息化现状和特点进行分析，信息化实践和信息化理论的研究则略显匮乏。

1. 有关农业信息技术的研究

国外关于农业信息化的研究主要局限在农业信息技术上，通常将其划分为三个阶段，即运用计算机进行数据分析时期（20世纪五六十年代）—农业数据处理和数据库开发时期（20世纪70年代）—知识处理、自动控制开发以及网络技术与多媒体技术的应用时期（20世纪80年代以来）。经过几十年的发展，发达国家的信息技术已经广泛应用到了农业生产和开发中，尤其以美国为代表，精确农业已经进入到产业化开发阶段，涉农数据库遍布全国大部分地方，农民与市场之间已经形成了产供销的完整链条。

2. 有关农村信息化服务主体的研究

国外农村信息化的服务采用"主体+多元"的模式，即以政府为主体，政府在信息化建设中发挥主体性作用，但同时注重市场机制的作用，实行政府投入与市场运营相结合的运作模式，从而搭建起高效的信息化服务体系。除此之外，还吸纳其他多元的参与主体，如郭作玉对法国农村信息服务主体的研究发现，国家农业部门、农业商会、研究教学系统、各级各类农业科研教学单位、各种行业组织和专业技术协会、民间信息媒体、各种农产品生产合作社和互助社等都是为农民提供信息服务的主体。[①]

3. 有关农村信息化发展趋势的研究

陈良玉等人将国外农村信息化的发展趋势概括为：集成化、专业化、网络化、多媒体化、综合化、全程化。并认为具有由国家投入大量资金支持信息资源的长期积累和低成本共享，从法律制度、政策、管理体制和信息技术等多方面保障农村科技信息共享，公益性、基础性农村科技信息的共享，采用国家调控下的事业性运行模式，兼有商业化运行模式等特点。[②] 沈瑛认为国外农业信息化的发展呈现"集成化、专业化、网络化、多媒体化、实用化、普及化发展"的趋势。[③] 刘继芬研究发现，德国的农村信息化发展呈现"数据库和网络建设向更全面、系统、方便、实用方向发展，由单项的农业信息技术向集成化、高度自动化方向发展，向环境保护和农业持续发展方向发展"[④]。

二　国内农村信息化建设研究现状

农村信息化是舶来品，其发生和研究的起点都在国外。国内的研究相对较晚，其关注点主要在农业信息化建设上，近些年来，关于农村信息化建设的研究有所增加。

1. 有关农业信息化的研究

梅方权认为，农业信息化囊括了五个方面的内容，即"农民生活消费信息化、农业基础设施信息化、农业科学技术性能信息化、农业经营管理信息化、农业资源环境信息化"[⑤]。简单来说，农业信息

---

① 郭作玉：《谁为法国农民提供信息服务》，《中国信息界》2004 年第 17 期。

② 陈良玉、陈爱锋：《国际农村信息化现状与特点研究》，《中国农业科技导报》2005 年第 3 期。

③ 沈瑛：《国外农业信息化发展趋势》，《世界农业》2002 年第 1 期。

④ 刘继芬：《德国农业信息化的现状和发展趋势》，《世界农业》2003 年第 10 期。

⑤ 梅方权：《我国农业现代化的发展阶段和战略选择》，《天津农林科技》2000 年第 1 期。

化就是用信息化技术武装农业，实现农业的现代化。

信息化是农业现代化的题中应有之义，要运用现代信息技术武装农业，比较具有代表性的举措是农业数据库的建立，如农牧渔业科技成果数据库、中国畜牧业综合数据库、中国农业文摘数据库、中国农作物种质资源数据库等。

2. 有关农村信息化发展模式的研究

农业部于2007年4月发出了《关于开展全国农村信息化示范工作的通知》，确立了100个示范单位，分为信息服务型、技术应用型、网络建设型、资源整合型、整体推进型五种类型。[①] 在具体的发展模式中，采用了政府主导型、行业协会或合作经济组织自我服务模式、批发市场辐射扩散模式、专业信息公司或网站有偿服务模式、科技户和经纪人示范传递模式、国际合作扶贫模式等。[②] 齐丹莉等认为，农民的信息需求应当是指导信息传递的首要原则，信息传递主要有组织模式、人际模式和大众模式。在总结三种模式优劣的基础上，齐丹莉认为，面向农民需求的信息传递模式应具备三个方面的特点，即多方合作、以人为本和制度保证。[③]

3. 农村信息化存在的问题及对策研究

研究者主要从政府、农民、企业等角度对此问题进行了论述。大多学者认为，我国农村信息化发展水平低，未有效打通“最后一公里”的难题，尤其是在基层的乡镇与村级之间出现断裂。导致这些问题的主要原因是村干部和农民对农村信息化的认识存在误区。为改善这种状况，有的学者认为政府和各种社会力量为农民提供信息的无偿化服务和科技载体（物流）应用的有偿化服务，是最切实可行的办法。也有学者认为政府在农村信息化建设中仍应处于主导地位，对涉及农村信息化建设的一些信息物品应免费提供，同时，企业和各种

---

① 中华人民共和国农业部编：《2008中国农业发展报告》，中国农业出版社，第58页。

② 王川：《我国农业信息服务模式的现状分析》，《农业网络信息》2005年第6期。

③ 齐丹莉、汪伟全：《面向农民需求的信息传递模式研究》，《江西社会科学》2009年第5期。

社会力量在农村信息化建设中也应发挥相应的作用。

4. 农民信息需求研究现状分析

当前农民信息需求的研究主要集中在以下几个层面。

1）农民信息需求类型

耿劲松撰文指出，农民信息需求的内容非常广泛，“涉及农业、农村、农民切身利益的政策信息、市场信息、实用技术信息、农资供应信息、优良品种开发及高新技术信息、农副产品加工信息、气候变化信息、防治病虫害信息等构成了农民信息需求的主要内容”①。在政策信息方面，农民希望了解中央和各级政府有关农业扶持、投入和产业政策、减负政策以及农业保护政策等；市场信息方面，主要是市场行情等方面的信息。

张翠红、姜惠莉等撰文指出，农村急需大量信息，主要有政府提供的信息、市场信息、农村科技成果信息、大量新技术和新品种等方面信息及其他方面的信息。②

张艾理对杭州市萧山地区的考察研究表明，技术、品种、农产品市场走势信息是农民迫切需求的信息。具体来说，在农业生产前需要的主要是农技人员介绍、传统的生产经验、各种农产品未来的市场走势以及农业产业合同订单等信息，生产过程中主要需要天气预报、生产技术等信息，农业生产后主要需要农产品价格、农产品质量标准等信息。③

于良芝、罗润东等对天津农村服务现状的研究指出，农村的信息需求类型主要有农业技术信息、市场信息、科学知识、教育信息、职业或技能培训机会信息、政策信息、时事、法律法规信息、助学信息、医疗卫生信息、气象灾害信息、娱乐信息和日常生活信息等。归纳起来主要是关于经济活动能力，社会参与交往能力，民主参与能力，文化理解鉴赏能力，自我改善、生存及应对问题能力方面的

---

① 耿劲松：《农民的信息需求分析》，《农业图书情报学刊》2001 年第 5 期。

② 姜惠莉、张翠红、王艳霞：《当前农村信息需求的特点及对策研究》，《河北师范大学学报》（哲学社会科学版）2006 年第 5 期。

③ 张艾理：《萧山区农民信息需求调查与思考》，《杭州农业科技》2007 年第 2 期。

信息。[①]

刘冬青等则将农民需要的信息归纳为与农业生产相关的信息，其中最需要的是科技信息、市场信息及政策法规信息，并且指出，农民还需要与其自身发展相关的信息，如科学文化知识、保健知识、休闲娱乐信息等，尤其是科学文化知识；此外，与农民生活相关的信息，包括农村日常生活中经常发生的新鲜事、法律纠纷等事件，以及日常用品、家具、家电的产品信息、价格信息、促销信息等也是当前农民的必需信息。[②]

原小玲、贾君枝等通过对山西省300余村农民的信息需求类型、获取信息方式等调查统计数据分析，指出农民的信息需求内容相当广泛，涉及农业科技信息、农业市场信息、政策法规信息、生活医疗信息、生活娱乐信息、教育培训信息共六大类二十九种，重要信息主要分布在粮食相关信息和疾病预防与治疗、饮食营养、健康保健信息几个领域。[③]

毕洪文对黑龙江省贫困地区、中等经济收入地区、相对富裕地区的农民信息需求进行了调查，指出贫困地区农户信息需求类型按重要程度依次为：致富信息、种子苗木、科技培训、植病防治、新品种展示会、招工信息、农业政策、市场行情、农交会、农业博览会。中等经济收入地区农户信息需求类型按重要程度依次为：致富信息、农业政策、市场行情、科技培训、植病防治、新品种展示会、种子苗木、招工信息、农业博览会、农交会。相对富裕地区农户信息需求类型按重要程度依次为：致富信息、科技培训、种子苗木、新品种展示会、农交会、农业政策、市场行情、植病防治、农业博览会、招工信息，尤其对市场信息、农产品销路信息和政策、法规

① 于良芝、罗润东、郎永清等：《建立面向新农民的农村信息服务体系：天津农村信息服务现状及对策研究》，《中国图书馆学报》2007年第6期。

② 刘冬青、孙耀明：《以信息需求为导向的农村信息服务》，《情报科学》2008年第7期。

③ 原小玲、贾君枝、朱丹：《山西省农民信息需求调查研究》，《情报科学》2009年第8期。

类信息关注得更多。①

王彦婷、夏光兰对安徽省的调研显示，安徽省农村信息需求的内容主要包括：宏观政策信息，即中央和各级政府的农业扶持政策、投入政策、产业政策、减负政策和农业保护政策方面的信息；农业新成果及新技术信息，即先进实用的栽培、养殖、植保、畜禽保护、农副产品加工储藏等技术信息；市场信息，主要包括市场销售信息、产品信息等农民的基本需求；此外，还包括务工信息及其他信息（气象与灾害预报防治信息）等。②

朱丹、张忠凤等通过对河北省农村图书资料室的调查发现，农民在信息需求的类型上不再局限于单一的农业耕种，休闲娱乐生活意识在提高，尤其是养生和自我保健意识在一定程度上有很大的提高。他们将农民信息需求程度调查指标体系分为很重要、一般重要、不重要三个层次。其中，农民用户选择的很重要信息主要分布于农业科技信息、农业市场信息、政策法规信息、教育培训信息、医疗保健信息五个领域；不重要信息主要分布于生活娱乐信息、政策法规信息、农业市场信息、民间偏方、劳务信息、教育培训信息领域，其中大部分农民认为棋牌信息位于不重要信息的榜首。③

2）农民信息需求的影响因素研究现状

谢坤生认为，影响农民信息需求的因素主要有外部因素和个人因素。外部因素主要是指社会因素、信息环境因素；个人因素包括文化水平和经济能力两个方面。在个人因素中，信息意识越来越成为关键因素。我国的农民存在信息意识差，文化水平低等问题。“农业信息产业化的发展在很大程度上取决于信息市场的需求，这种需求的大小又是由农民的信息意识强弱决定的。而目前主宰农民生产经营的思想

① 毕洪文：《媒介传播形式对黑龙江农户获取信息的效果分析》，《北方园艺》2012年第24期。

② 王彦婷、夏光兰：《新农村建设中安徽省农村信息需求分析》，《科技情报开发与经济》2010年第26期。

③ 朱丹、袁小玲、张忠凤等：《农村信息服务现状和农民知识获取能力的分析研究》，《新世纪图书馆》2010年第2期。

仍是传统的理念，信息意识的缺乏使大部分潜在信息需求没有转化为产生购买行为的动机。”①

姜惠莉、张翠红等认为，农村信息需求不足的主要原因有：一是政府服务体制和机构上的不健全。农村信息服务机构服务意识淡薄，带有追求政治的目的，容易走过场，摆空架子。二是信息服务人才缺乏。目前农村信息化人才中懂农业的不懂信息技术，掌握信息技术的又对农业知识知之甚少，缺乏将两者结合起来的“复合型”人才。三是农民受教育程度偏低并受传统观念的束缚，所以鉴别信息真伪及其价值的能力有限，而且接受和使用信息的程度也低，这主要是由于农村长期处于封闭落后的环境所形成的群体落后观念和心态对接收信息产生的群体心理阻抗。四是农村所需的基础设施落后。在我国农村信息基础设施不完善，计算机普及率较低，由此农业信息用户建设发展受到阻碍。②

杨素红认为地理位置、农民的文化素质状况、经济发展水平和信息基础设施等不足严重影响着西部欠发达地区的农民信息需求。其中，地理位置对信息用户所产生的影响是多方面的，而农民的文化素质状况是影响人们信息需求的最直接因素。经济发展水平与农民的信息需求有着直接的联系，信息基础设施建设是一个地区信息化发展水平的标志，其发展水平的高低决定了一个地区人们信息需求被满足的程度。③

刘行芳认为：“在市场经济体制逐步建立、政府职能加快转型的背景下，有效的信息保障对农民脱贫致富具有决定性意义。但是，由于传统观念和旧的运行机制的制约，信息作用的发挥受到限制，农民对信息的渴求未能得到充分的满足。因此，要认真解决好信息下乡问题，充分发挥大众传播媒介服务农村的职能，依靠制度保障农民的信

① 俞菊生、谢坤生：《国外发达国家和上海市农业信息化的比较研究》，《农业图书情报学刊》2002 年第 2 期。

② 姜惠莉、张翠红、王艳霞：《当前农村信息需求的特点及对策研究》，《河北师范大学学报》（哲学社会科学版）2006 年第 5 期。

③ 杨素红：《西部欠发达地区农民的科技信息需求分析》，《科技情报开发与经济》2008 年第 3 期。

息需求。”①

齐丹莉、汪伟全认为，信息作为一种“稀缺”资源，获取它显然需要花费一定的成本。同样，尽管在我国农业信息有接近于“公共物品”的性质，但农民获取所需的信息也不可避免地要花费一定的成本，这些成本主要表现在时间、金钱等方面；另外，信息可能实现的效益以及个人将信息转化为产出的能力，也影响着农民对信息的获取。②

原小玲、贾君枝等通过对山西省农村的调查，认为农民收入水平决定着信息需求愿望，农村基础文化设施状况影响着实际需求水平，即农村基础文化软设施的不足限制了人们获取信息的途径与方式，农民信息素质（包括信息需求愿望、信息选择能力、信息使用与吸收能力）决定着需求方式意愿。③

赵洪亮、侯立白等的研究显示，影响农民的信息需求的因素可以分为信息提供方的因素和农民自身的因素。前者主要表现为“提供种类不齐全，缺乏全方面的信息来源，导致农民掌握信息下降；信息提供没有针对性，现阶段提供的信息多是一些表面性很强的资料，实际指导意义不大；紧密联系生产和实际的信息较少；提供信息缺乏深入性”。后者则表现为：文化程度低使得农民不能充分利用获取的信息或掌握有效信息；经济实力会制约农民获取信息的渠道；从事行业的不同和年龄的大小也会对农民获取信息产生不同程度的影响。④

王栓军、孙贵珍从农民视角，对农村信息产品、信息供给主体、信息供给环境和信息受体等影响农村信息供给的四方面因素进行调查，指出：“（1）农村信息产品的有效性偏低，时效性和针对性差，不能有效地满足农民信息需求；（2）农村信息供给的投入不足，信

---

① 刘行芳：《依靠制度保障农民信息需求》，《当代传播》2008 年第 1 期。

② 齐丹莉、汪伟全：《面向农民需求的信息传递模式研究》，《江西社会科学》2009 年第 5 期。

③ 原小玲、贾君枝、朱丹：《山西省农民信息需求调查研究》，《情报科学》2009 年第 8 期。

④ 赵洪亮、张雯、侯立白：《新农村建设中农民信息需求特性分析》，《江苏农业科学》2010 年第 1 期。

息供体形式单一，基层信息人员缺乏，导致农村信息供给不足；（3）农村信息市场发育迟缓，缺乏供给激励机制；（4）信息受体的经济收入和文化程度低，制约其信息需求，进而影响农村信息供给。这些因素综合作用导致农村信息供给不足，成为造成农村信息贫困的一个重要原因。”①

吴漂生经过对江西省农民信息需求的调查认为，妨碍农民获取信息的不利因素有：一是江西省农村生活水平普遍不高，导致农村电脑普及率较低，农民使用互联网获取信息的比例也较低；二是农村地域广袤，居住分散，图书馆所在地太远，并且开放时间与农民工作时间重叠，文献陈旧、缺乏感兴趣图书，导致图书馆功能低下；三是技术落后、设备陈旧以及高素质信息服务人才不足阻碍了基层图书馆服务工作顺利开展。②

3）农民信息需求存在的问题

目前，从研究和调查的情况看，当前我国农民的信息需求远高于信息供给的水平。

杨博认为，现阶段农民信息需求主要存在的问题有：信息获得的途径少，且时效性低，即原始落后的信息交流方式和缓慢的信息传递速度，使不少信息丧失了时效性；信息获取量少，且利用率低，主要体现在我国农民综合素质低，导致信息利用率低，农民信息意识淡薄，即使有信息也把握不住，信息资源状况较差，实用性不高。③

张艾理根据对萧山区农民信息需求的调查与思考指出，宣传不及时、传播方式的滞后（媒体在信息服务方面的作用不够明显）、服务管理的欠规范等因素已严重制约农村农民的信息获取。④

刘行芳认为，中国农民世世代代处于信息封闭的状态之中，分散的生产方式、自给自足的经济模式以及在此基础上形成的落后观念，

---

① 王栓军、孙贵珍：《基于农民视角的河北省农村信息供给调查分析》，《中国农学通报》2010年第22期。

② 吴漂生：《江西省农民信息需求调查》，《国家图书馆学刊》2011年第1期。

③ 杨博：《农民信息需求现状及解决对策》，《现代农业科技》2006年第1期。

④ 张艾理：《萧山区农民信息需求调查与思考》，《杭州农业科技》2007年第2期。

大大限制了农民获取信息的积极性；而当前涉农问题的媒体报道缺乏针对性，俨然成为农民信息需求的重要问题，以农民为读者对象的报纸很少，综合性报纸上有关“三农”的报道也不多，报纸没有尽到为农服务的职责，广播电视也不乐观，选择余地小，并且主要用作娱乐消闲，究其原因在于媒体对自身定位、对自身利益最大化的追求和市场经济的冲击等。①

孙志效认为现阶段农村信息化发展中的主要问题有：信息基础设施薄弱，基层缺少收集信息、处理信息、传播信息的设备，信息网络体系不健全；农业信息资源不足，从上到下农业信息资源都比较匮乏；信息传播渠道不畅，绝大多数乡村缺乏网络沟通手段，从乡（镇）到农村存在信息断层；农村信息服务人才缺乏，需要信息服务的基层农户众多，而从事农业信息服务工作的农村信息员太少，并且信息员的服务能力和水平还有待提升；等等。②

王颖的调查指出超过半数的农民认为问题在于农业信息服务的基础建设投入少，农村信息服务供给总量不足且效率低下；信息供给断层、服务人才缺乏；农业信息采集不规范，质量低，信息服务面窄，实用性差；信息发布频率低，无规律，不规范。③

王彦婷、夏光兰认为，安徽省农村信息需求主要存在的问题有：农民的信息需求不能得到满足、农民获取信息的途径单一、市场上存在大量虚假信息、获取有效信息困难等。其中，市场上的大量虚假信息也从侧面反映了目前农村信息服务尚不规范和完善，并且农民由于自身素质局限而无法辨别真假，损害了农民了解信息的积极性和主动性，严重阻碍了农民有效信息的获取。④

王栓军、孙贵珍认为，农村信息供给以公益性信息为主，宏观信

---

① 刘行芳：《依靠制度保障农民信息需求》，《当代传播》2008 年第1 期。

② 孙志效：《重视农民信息需求，加速农村信息化发展》，《发展》2009 年第6 期。

③ 王颖：《农村信息服务模式问题与对策研究——以黑龙江省为例》，《黑龙江史志》2010 年第 15 期。

④ 王彦婷、夏光兰：《新农村建设中安徽省农村信息需求分析》，《科技情报开发与经济》2010 年第 26 期。

息、过时信息多，微观信息、时效信息少；为领导服务的信息多，真正指导农民生产、适用于农业的信息少。因此，信息供给的实用性、适用性、动态性和有效性有待改进。①

总体来说，关于农民信息需求存在的问题的研究仍有待加强，一方面缺乏系统的理论阐释，同时呈现理论性高于实践性的特点，缺乏与实践紧密结合的理论指导模型。

5. 农民信息素养研究现状

农村信息化的落脚点在农民，但很多研究者在信息素养问题的研究上，并没有与农民紧密结合起来。彭国莉、赵慧清等着力于从农民的信息素养角度出发，首次将信息素养与农民的素质教育结合起来。赵慧清、杨新成等还指出农民信息素养由信息意识（对信息作出的能动反映）、信息知识（信息技术的基本知识和技能）、信息能力（捕捉、加工、传递、评估、利用信息的能力）等构成。并认为中国农民信息素养现状是由于中国教育培养目标主体错位、农村农民教育基础薄弱、组织教育功能弱化等不利因素造成的。并针对这些因素提出了加强中国农民信息素养教育，提升中国农民信息素养水平的相应对策。同时，提出政府要完善农村教育体系，从政策上重视农村职业技术教育，构建符合农民特点的信息素养教育模式。②

随着我国政府对农村全面发展重视程度的增强和对农村信息基础建设投入的增多，如何提高农民信息素养得到了普遍关注。

汪全莉认为，大力提升农民信息素养，是解决“三农”问题的重要举措。她还提出提高农民信息素养的两种途径：一是要抓信息基础设施等“硬件”建设；二是要抓教育、示范、引导和服务农民等“软件”建设。③ 杨杰、王鲁燕等从我国农民信息素养整体不高和发

---

① 王栓军、孙贵珍：《基于农民视角的河北省农村信息供给调查分析》，《中国农学通报》2010 年第 22 期。

② 赵慧清、杨新成、薛增召：《论中国农民信息素养教育与社会主义新农村建设》，《中国农学通报》2006 年第 8 期。

③ 汪全莉：《提高农民信息素养，促进新农村建设》，《科技创业月刊》2007 年第 9 期。

展不均衡的现状出发，提出从加强农村信息基础设施建设、提高农民科学文化水平和改革农村信息教育方式三方面提高农民信息素养。[①]吉万年、陆彩兰则重点提倡选择符合我国农村实际的信息素养培育策略，具体来说就是强化农民信息素养培训意识，健全农民信息素养培育服务体系，充实农民信息素养培育的师资力量，扩大农民信息素养培育中的交流机会以及缩小农民信息素养的区域间差距，广泛应用信息技术，培育农民的信息素养和创新精神等。[②]

6. 农村种田信息环境建设研究现状

1）农村种田信息环境基础设施建设研究

关于农村信息化环境基础设施建设现状，国内的不少专家学者针对“农村信息化”现状、发展绩效以及对策开展了不同程度的研究，也发表了多篇论文。相关研究如下：

湖南农业大学的廖桂平等以湖南省农业农村信息化建设实践为例，指出：“农业农村信息化建设要围绕农村产业和农村民生服务主题，充分发挥现代信息技术的作用，促进农村产业发展、产业转型、产业技术联盟构建；农业农村信息化建设要引入广电、电信、移动、联通等运营商的基础设施建设投入和信息服务运行机制，坚持政府主导、市场运作和公益性服务为主体的原则；农业农村信息化建设要充分发挥县（市）级中端管理体系的优势与作用，重视利用县（市）级产生的新型农业服务公司。”[③]

湖北省科技信息研究院的薛飞以中部农村为样本，指出农村信息环境基础设施建设要“面向农村需求，重点关注农村信息化的低成本解决方案，研发农民用得起、用得好的信息终端非常必要。针对信息化产品的研发设计，制定全新的评价指标体系，突出信息产品在使

① 杨杰、王鲁燕、李道亮：《提高我国农民信息素养水平的思考》，《农业网络信息》2008年第6期。

② 吉万年、陆彩兰：《信息时代培育农民信息素养的影响因素及应对策略》，《中国职业技术教育》2009年第2期。

③ 廖桂平、肖力争、朱方长等：《湖南农业农村信息化现状与发展》，《情报杂志》2011年第2期。

用者层面建设成本、使用成本简单易用、贴近农村现实需求的考评，创新中部农村信息化技术支撑方式”①。

孙素芬针对新形势下北京市农村信息化建设发展的关键问题进行了分析，指出农村信息服务仍不能满足农业和农村发展需求，农村信息化建设与运行机制需健全，基层农业信息服务资源需要整合与提升效率，强调下一步重点工作主要应从服务资源、服务手段、服务组织、服务机制方面进行建设。②

针对农村信息化硬件环境研究部分，诸多研究都停留在区域性研究层面。学界仅针对小范围内的信息化现状进行分析和研究，而缺少对整个农村信息化现状的宏观分析和研究，缺乏对目前整体农村的信息化硬件环境建设基本情况的调研。另外，虽然很多农村问题研究都涉及农村信息化和信息化环境下硬件资源建设情况，围绕新农村建设的研究也有涉及农村信息化和信息资源服务问题的，但是到目前为止，并没有专门针对农村信息化的系统的宏观研究。

2）农村种田信息资源建设与管理现状研究

苗润莲等从农村信息资源体系建设、基层站点建设、信息服务应用系统开发、队伍建设与培训等方面，追踪北京市农业信息服务建设现状，分析当前工作中存在的问题，提出北京农村信息化发展的对策建议，为北京新农村建设和农村信息化提供参考。③

樊琼蔚、李旭辉对新农村建设中农村信息资源开发与利用问题进行了研究。他们通过对安徽部分农村的调研，阐述了安徽省农村信息资源开发利用现状，分析了信息资源开发和利用存在的问题和影响因素，并提出了提高安徽省农村信息资源开发和利用水平的建议。④

---

① 薛飞、郭建宏、郑红剑等：《中部农村信息化建设难点及对策分析》，《安徽农业科学》2010 年第 31 期。

② 孙素芬：《北京市农村信息化建设发展现状与分析》，《中国农学通报》2009 年第 23 期。

③ 苗润莲、江月朋、刘娟：《北京农村信息服务实践及对策建议》，《广东农业科学》2010 年第 7 期。

④ 樊琼蔚、李旭辉：《新农村建设中农村信息资源开发与利用问题研究——基于安徽省农村调研》，《安徽农学通报》2009 年第 17 期。

夏振荣和俞立平通过实证研究发现信息资源对农民收入具有较大的促进作用，其次是农村居民家庭生产性固定资产投入，最后是劳动力。政府在农村信息资源建设中应发挥主导作用，必须加强农村信息基础设施建设，适当降低农村信息资费。①

于勇和李旭辉基于安徽省部分农户调研情况，分析了安徽省农村信息资源开发利用的现状，例如农村信息资源基础设施投入不够，信息资源规模小且分散等，并在此基础上提出了促进农村信息资源开发利用的建议。②

由此可知，农村信息资源建设与管理的相关研究，大多只是停留在局部地区的小范围研究上，并在浅层次上或是立足于现状进行简单分析然后提出建设性解决意见，没有提出针对资源建设切实可行的策略，对该问题的研究还不够深入。此外，发达地方的农村信息化建设与落后地方的信息化建设存在较大差距，发达地方的农村信息化资源建设较丰富，农民是信息富有者，而落后地方的农村信息化展开较慢，资源建设跟不上，农民是信息的贫穷者，农村信息化建设区域差异明显。这种由于对现代信息技术和信息资源掌握的多寡而产生的差距现象——信息鸿沟，是拉大区域差距和城乡差距的一个重要因素。资源管理不到位，比较混乱，存在较多的错误虚假信息，影响了农村信息化进程。

3）农村种田信息环境服务模式组织形式研究

王川、赵俊晔、王文生、蒋勇等从农村信息化服务模式组织形式分类角度进行研究。

王川指出，信息服务模式是对信息服务主体、信息服务受体、信息服务手段以及信息服务内容四个基本要素及其相互关系的描述，并将我国现阶段的农业信息服务归纳为七种服务模式：服务站模式、龙头企业带动服务模式、合作经济组织带动服务模式、农业科技专家大

① 夏振荣、俞立平：《农村信息资源对农民收入贡献的实证研究》，《情报杂志》2010年第7期。

② 于勇、李旭辉：《安徽省农村信息资源开发利用研究》，《科技情报开发与经济》2009年第28期。

院信息服务模式、农民之家模式、网上展厅服务模式和网上劳务咨询服务模式。①

赵俊晔认为我国现行主要农村信息服务模式可以概括为农业科技专家大院信息服务模式、服务站模式、农民之家模式、协会模式、企业辐射信息服务模式、网络信息平台服务模式、多用信息平台服务模式等。②

王文生认为我国农村信息服务的组织模式可以分为政府主导推动模式、行业协会或合作经济组织自我服务模式、批发市场辐射扩散模式、龙头企业一体化带动模式、农村科技户和经纪人示范模式、国际合作扶贫模式等七类。③

蒋勇认为我国农业信息服务的模式主要有“政府 + 农户”型、“政府 + 农村合作组织 + 农户”型、“政府 + IT 企业（通信企业） + 农户”型、“政府 + 农村合作组织 + 涉农企业 + 农户”型、“涉农企业 + 农户”型等几种主要模式。④

部分学者还从农村信息化服务模式组织创新的角度进行了研究。张绍晨等提出建立科技服务流动队，把被动咨询转变成深入林农、主动服务；利用广播与电视提供服务的同时，结合移动通信技术，根据林农的特点和技术水平，设计成支持多种接入方式和终端设备的平台，包括 Web 浏览器、触摸屏、语音、手机短信等；建立林业科技服务厅，在县服务中心设立集多功能信息服务于一体的林业科技服务厅，该服务厅可以设置 5 个区：信息查询和发布区、专家咨询服务区、产品展示区、林业科技书刊阅览区和即时消息发布区。此外，还可以根据地方特点和需求采用设立信息亭、举办培训班、编印技术丛

---

① 王川：《我国农业信息服务模式的现状分析》，《农业网络信息》2005 年第 6 期。

② 赵俊晔：《我国农村信息服务的特点与模式选择》，《农业图书情报学刊》2006 年第 11 期。

③ 王丹、王文生：《农村信息化服务模式现状及特征比较》，《农业网络信息》2007 年第8 期。

④ 蒋勇、祁春节、雷海章：《现代农业信息技术需求：我国的选择与体系构建》，《科技管理研究》2009 年第 7 期。

书和资料、成立林农协会等多种服务形式。[①] 方红森、彭娟提出了"传媒—农村经纪人—农村受众"的新型农村信息传播模式，重点探讨了农村经纪人这一活跃在农村的特殊群体在农村信息传播体系中的重要意义，并且指出如何完善"农村经纪人"这一适应农村发展需求的信息传播新机制，重视发挥人际传播在农村信息传播中的重要作用，完善农村经纪人的信息传播机制。[②] 张峥、谭英以伊利集团为例，探讨了"企业＋农户"到"企业＋奶联社＋农户"传播模式，主要涉及伊利集团和奶农同为传播主体、伊利集团与奶农间多种形式的信息结点以及其他要素，比如客体、环境和目标等。[③] 林俊婷则介绍了甘肃省东部平凉市的"农民信息之家"信息服务模式，通过农业项目倾斜支持、乡镇财政补贴扶持等多种方式筹集资金，按照全市统一的建设标准和"五个一"的要求，即"临街一间门面房，一套信息接收处理设备，一面信息发布专用墙，1—2 名信息员，一套规章制度"，建成了覆盖全市 104 个乡镇的"农民信息之家"，初步实现了农业信息进村入户。[④]

此外，肖建英从高等农业院校科教兴农的角度对于农村信息化服务模式进行了分析，介绍了"太行山道路"模式、"科技大篷车"模式、"农业专家大院"模式、"双百工程"模式、"科技绿洲行动"模式等。[⑤]

杨国强、张淑娟等以山西省太谷县里美庄村作为样板，探讨了农村信息化建设中的主要问题，研究通过建立村综合信息管理系统，设计了村民信息管理、村财务管理、村办企业管理和休闲娱乐游戏

---

① 张绍晨、李昀、郭蔚婷：《林农信息需求研究及面向林农的信息服务体系构建》，《北京林业大学学报》2009 年第 2 期。

② 方红森、彭娟：《大众传媒时代的农村经纪人——一种新型的农村信息传播模式》，《青年记者》2010 年第 11 期。

③ 张峥、谭英：《涉农企业与农户间多结点信息传播范式研究——以伊利集团为例》，《新闻界》2009 年第 6 期。

④ 林俊婷：《平凉"农民信息之家"信息服务模式》，《农业科技与信息》2010 年第 2 期。

⑤ 肖建英：《高校科教兴农模式信息共享探讨》，《广东农业科学》2010 年第 5 期。

四个方面的功能。实现了资源的共享，改善了传统的农村信息管理模式。①

从总体上看，前述研究为本文提供了重要的理论资源和知识积累，但是也存在一些需要完善的地方，例如，农村信息化组织模式建设研究已被一些研究人员和记者所关注，但农村信息服务组织模式和实施方式的相关问题的研究多集中于表层，多为介绍性的研究，而对于具体运行效果的考察性和评估性的深入研究较少。此外，过往的研究对于农村信息化建设的对策研究并没有提出系统、完整的模式框架。

为了更深入地了解和认识农村种田信息化环境建设的现状，建设有利于推动农村信息化进程，满足农民需求的信息化环境和平台，华中师范大学中国农村研究院基于自建的“百村观察”平台，依托教育部人文社科重点研究基地“种田农民的代际更替与农村信息环境建设”重大项目，面向全国31个省市（自治区）的约6000位农民进行问卷调查和入户访谈。课题组通过深入研究对象，了解研究对象真正的诉求。课题组通过一年的实证调查，全面、客观、准确地调查了解我国农村种田信息化环境建设、农民信息需求与信息素养的现状以及存在的问题，并就如何加强农村种田信息化环境建设、创新农村种田信息化环境的服务模式、机制，提高农民的信息素养、信息技能和信息水平以及政府改善农村种田信息化环境等进行了探讨，具有重要意义。

第三节　研究思路和主要问题

一　基本思路

无论是代际更替还是农村信息化建设，都是中国现代化建设必须考虑的现实问题。因此，本文在选题上力图接近科技前沿，把“代

① 张淑娟、赵飞、王凤花等：《山西省农业机械化发展水平的评价与分析》，《山西农业大学学报》（自然科学版）2009年第1期。

际更替”与“农村信息化建设”这两个比较新的研究领域有机地联系在一起，开展交叉研究，避免了以前就农村论农村、就农业论农业、就农民谈农民的片面性，具有一定的理论创新性，并对如何推进社会主义农村信息化建设有一定的现实意义。研究的大体步骤如下：第一步围绕研究目标，通过文献分析研究考察国内外农村信息化的发展情况，总结提炼其农村信息化的经验；第二步分析研究国内农村信息化建设存在的主要问题和挑战；第三步对农村信息化的相关理论进行梳理；第四步厘清和界定相关概念，分析农村信息化建设和代际“种田人”之间的关系；第五步具体分析代际更替语境下农村的信息化建设；第六步通过对农村信息化建设中存在的问题，并借鉴地方经验和案例分析，进而提出加快我国农村信息化的提升战略。

二 主要问题

在社会主义新农村建设的大背景下，农村信息化建设既面临着发展机遇，也有诸多问题亟须高度重视。在代际更替背景的指导下，我们需要探讨的主要问题如下：农村信息化建设的国内外研究状况，农村信息化的缘起、发展、机遇与挑战，农村信息化的理论依据和现实意义，农村信息化建设与代际“种田人”，代际更替语境下的农村信息化建设，农村信息化建设的提升战略，等等。

第四节 研究方法

本书写作主要运用了文献分析法，比较分析法和问卷调查法。

文献分析法：通过图书馆、CNKI 期刊网等搜集了有关国内外农村信息化发展的大量书籍、文章和第二手资料，在整理分析的基础上，这些资料为本书写作提供了研究背景、理论分析框架，也为文本结构安排提供了借鉴。

因果分析法：本书论述了我国农村信息化发展过程中存在的问题，尤其是在“种田人”代际更替的背景下存在的问题并进行了深入的原因分析，通过对不同问题成因的具体分析，提出了相应的提升对策与策略，对促进我国农村信息化建设具有重大的作用。

比较分析法：本书在对我国和外国具体国情比较分析的基础上，论述了国外农村信息化发展现状，并在认清我国农村发展的具体情况的前提下，借鉴了其中有益的经验特别是国外农村信息化模式。

问卷调查法：本书依托华中师范大学中国农村研究院的“百村观察”平台，面向全国31个省市（自治区）的6000位农民进行问卷调查和入户访谈，将数据输入SPSS软件进行整理分析，为代际更替语境下的农村信息化建设研究提供了有力支持。

需要特别说明的是，为扩大本研究的影响，以王继新教授为主持人的课题组坚持调查数据公开共享并强调调研的资政功能。课题组的调研数据除作为本书稿的基本研究数据外，王继新教授还指导研究生亦是课题组成员的崔永鹏以调研数据为基础形成了硕士学位论文《现代种田人信息素养现状调查与提升策略研究》（2013）。此外，课题组还利用本次调研数据形成了若干调研报告，得到了相关部门的批示。因此，本书稿中的数据与课题组成员相关研究数据的雷同之处，在本书稿中不再一一标明，在此统一进行说明。

第一章　农村信息化的缘起、发展、机遇与挑战

第一节　农村信息化的提出及含义

一　农村信息化的提出

“信息化”一词在我国开始提出并受到重视是在20世纪80年代，信息化进入农村也在此时，最初是将计算机技术应用于农业生产，随后国家开始开发建立大批农林数据库。不过，农村信息化并未引起国家的高度重视，直到1996年第一次全国农村经济信息工作会议的召开，这次会议明确了农村信息化建设的方向。伴随着我国农村现代化进程的推进，我国农业农村信息化建设也取得重要成绩，信息化基础设施明显改善。特别是自2005年以来，党中央通过连续的党的一号文件不断强调农村信息化建设的重要性。

2005年中央首次在涉农一号文件中指出“加快生物技术和信息技术等高新技术的研究”，要“加强农业信息化建设”。之所以在国家涉农一号文件中提出就在于我国农村信息化建设的薄弱性，网络信息技术在农村和农业方面的应用还很不足，亟须加强农村一体化的信息基础设施建设，创新服务模式，适应社会主义新农村建设的需要。2006年中央一号文件强调要积极推进农业信息化建设，充分利用和整合涉农信息资源，强化面向农村的广播电视电信等信息服务，重点抓好“金农”工程和农业综合信息服务平台建设工程。2007年中央一号文件则强调要健全农业信息收集和发布制度，推动农业信息数据收集整理规范化、标准化，加强信息服务平台建设，深入实施“金

农”工程，建立国家、省、市、县四级农业信息网络互联中心。2008年中央一号文件强调要按照求实效、重服务、广覆盖、多模式的要求，整合资源，共建平台，健全农村信息服务体系，推进“金农”、“三电合一”、农村信息化示范和农村商务信息服务等工程建设，积极探索信息服务进村入户的途径和办法。

从2005年在涉农一号文件中提出农村信息化开始，历次一号文件无不涉及农村信息化主题，而且内容越来越完善，对于推动农村的信息化起着重大作用。中国互联网络信息中心发布的报告显示，2009年，我国农村网民规模达到1.0681亿，占整体网民的27.8%。可见，农村信息化建设已经取得了不错的进展。

2011年《全国农业农村信息化发展“十二五”规划》公布，该文件总结了我国农业农村信息化的发展现状，科学分析了我国农业农村信息化面临的形势和实际需求，提出了“农业生产信息化、农业经营信息化、农业管理信息化、农业服务信息化”的要求以及此后各项工作的战略部署，为推进农业信息化建设提供了重要依据。紧接着，农业部于2012年年底印发了《全国农村经营管理信息化发展规划（2013—2020年）》。该文件指出：“促进工业化、信息化、城镇化和农业现代化同步发展，维护好、实现好、发展好广大农民合法权益，特编制此规划。”该规划立足我国农业农村改革发展实际，总结各地应用信息技术加强农村土地承包管理、农村集体资产管理、农民负担监督管理，促进农民专业合作社发展、农业产业化经营、农业社会化服务的实践，根据当前和今后发展农村经营管理信息化的迫切要求而编制的，已成为指导全国农村经营管理信息化工作的基本依据。

党的十八大报告也指出，解决好农业农村农民问题是全党工作的重中之重，而城乡发展一体化是解决“三农”问题的根本途径。报告指出，要加大统筹城乡发展力度，增强农村发展活力，逐步缩小城乡差距，促进城乡共同繁荣；坚持工业反哺农业、城市支持农村和多予少取放活方针，加大强农惠农富农政策力度，让广大农民平等参与现代化进程、共同分享现代化成果；坚持把国家基础设施建设和社会事业发展重点放在农村，深入推进新农村建设和扶贫开发，全面改善农村生产生活条件。要促进“城乡一体化”，就要缩小城乡之间的信息鸿沟，促进有效信息的共享，这样才能使“三农”问题得以根本解决。

二 农村信息化的含义

信息化是随着社会产业结构的演进而产生的一个概念，即从物质生产占主导地位的社会向以信息产业为主导的社会演变的过程。1997年召开的全国首届信息化工作会议把“信息化”定义为“培育、发展以智能化工具为代表的新的生产力并使之造福于社会的历史过程”。这是从动态角度定义了信息化。

关于“农村信息化”的定义，学者们也在不同的时期、从不同的角度提出了自己的看法。有研究者认为农村信息化是农业信息化的延伸，在农业信息化的基础上来看待农村信息化；有研究从社会的广阔层面提出农村信息化是社会信息化的组成部分；还有研究认为农村信息化是相对于城市信息化提出的，它与城市信息化共同构成国家的经济和社会信息化。目前最受认同的观点是将“农村信息化”视作农村地域范围内的包括政治、经济、文化和社会各个方面的信息化。随着我国社会主义新农村的建设，有学者认为应该结合新农村建设的内涵来定义农村信息化，因此农村信息化又被赋予了新的内涵。

综合不同学者的观点以及借鉴其对信息化的定义，农村信息化的含义同样可以从动、静两个方面来理解。

农村信息化是一个动态的概念，是指利用计算机和通信等现代信息技术来构建农村综合信息化体系，将现代信息技术应用到农村政治、经济、文化和社会发展的各个方面，促进信息资源在农村的充分利用，提高农村的现代化水平，从而最终推动农村经济发展和社会进步的过程。

农村信息化是一个系统工程，实质上是应用现代信息技术来解决“三农”问题，建设信息时代的新型农村。其中农业信息化是农村信息化建设的重点，指把现代信息技术应用于农业领域的全过程，使之渗透到农业生产、消费、市场的各个环节，以促进农业持续、稳定、高效的发展。通过现代信息化手段来实现农民增收、农业增收，增强农产品竞争力是农村信息化建设的核心。

第二节 国外农村信息化概况

一 美国的农村信息化

作为世界上农业最为发达的国家及世界最大的粮食出口国，美国农业的快速发展，除了得益于其独特的自然条件外，还离不开对农业科技的重视与运用。美国的信息化水平一直处于世界领先地位，并为农业的发展提供了完备的服务体系。20 世纪中叶，电视、广播和电话已经在美国农村地区得到了普及，已开始将计算机应用于农场的资源利用、计划管理以及投资决策等方面。20 世纪 70 年代，以计算机技术运用为依托，全美农业生产区建立了 400 多个服务于农业生产的技术信息数据库。到了 20 世纪 90 年代，网络信息技术在美国农业产区得到了广泛运用。当前，在农业信息传播大众化、信息应用系统化的基础上，美国的农业信息化正致力于农业科学技术的虚拟化研究，以提高农场作物生产管理、农机管理与产品加工的自动化水平，从而实现农业科研与服务的信息化。

美国对农业信息化特别是农业科技的重视和建设，给美国农业带来巨大的发展。农业部的信息网络、私人公司的农业信息发布平台，为美国农业的发展提供了准确、及时和权威的服务信息。同时，美国还通过完善农业信息化设施和加强对农业信息的法制化管理，构建了比较完善的农业信息服务体系。具体来看，美国主要有以下几点值得我们学习和借鉴。

1. 政府的决策和投资

计算机网络在农业领域的广泛普及和运用得益于 20 世纪 90 年代“信息高速公路”计划的提出。由此，互联网技术已成为农民生产经营、农业管理的重要工具，得益于计算机的普及，农场主们可以及时进入各种农业信息网络获取信息。美国政府每年用于农业信息网络建设方面的投资约为 15 亿美元，已建成世界上最大的农业计算机网络系统 AGNET，覆盖美国国内的 46 个州、加拿大的 6 个省和美加以外的 7 个国家，AGNET 系统连通美国农业部、15 个州的农业署、36 所大学和大量的农业企业，农民通过家中的电话、电视或计算机，便可共享网络中的信息资源。[①] 得益于先进信息技术的广泛运用，美国的农业生产率得以大大提高。

2. 技术创新

目前美国有超过 20% 的农户使用了装有全球卫星定位系统的农业机械。精准农业强调对农作物进行精细化的自适应灌溉、施肥和施药，有效地提高了美国农业的科技化和信息化水平，并在美国农业领域得到广泛推广和运用。精准农业，指基于信息和管理的现代农业“精耕细作”技术，其基本思想是利用遥感系统获取农业生产全程各时段资料，用于土壤和作物水分、作物营养状况、作物病虫害等监测。精准农业以 3S 空间信息技术和作物生产管理为基础，其本质是各类信息的获取与智能利用。[②]

3. 完善的组织和管理体系

担任农业信息服务的提供者是美国农业部的职责，此外，农业部会同其所属的国家农业统计局、经济研究所、海外农业局、农业市场服务局、世界农业展望委员会以及首席信息办公室等机构形成了完善的信息采集和发布体系，各有分工。例如：农业部负责搭建公共信息服务平台，制定农业发展政策；农业统计局提供农作物的跟踪调查、农业投入、农民收入、劳动力等农户的基本情况调查数据，另外，还提供水土流失、水资源利用效率、农药和化肥的施用量等农业资源和环境的调查分析结果，以及其他部门委托的农业调查数据等。

在政府组织体系之外，美国还组建了完善的农业信息社会化服务体系，其高度的组织化运作形成了良性互动的多元化信息服务主体。如科研机构负责农业技术开发和应用研究，同时为农民开展农业技术培训以

① 刘丽伟：《美国农业信息化促进农业经济发展方式转变的路径研究与启示》，《农业经济》2012 年第 7 期。

② 何东健、何勇、李明赞等：《精准农业中信息相关科学问题研究进展》，《中国科学基金》2011 年第 1 期。

及为农民提供种子及农产品加工等；各级农业协会的服务主要体现在为当地农民提供技术、法律等咨询，并负责为农民和政府的沟通搭建渠道；专业合作组织是基层农业信息服务的主体，它为组织成员提供农业技术信息和市场供需信息服务，并作为独立实体与信息服务媒体一起为农民提供信息服务。健全的农业信息服务部门和信息服务组织，增强了信息的有效性，避免了美国农业生产和农产品流通的盲目性。

4. 市场主导

从农业信息化投入主体来看，美国采用了政府投入与市场运营相结合的运行模式，充分发挥政府在推动农业信息化方面的作用，同时发挥市场在推动农业信息化方面的基础性作用。美国人少地多，农业是以外向型输出为主，为了掌握世界市场的农产品供需情况并将其反馈到国内，美国以农业信息技术的开发和农业信息网络的建设为切入点全面推进农业信息化服务，建立了庞大的信息化服务支撑体系。为了刺激市场的力量，美国政府实行政策优惠，通过扶持和担保等措施，培育农业信息化发展的良好环境，搭建了从国家到地方的三级农业信息服务体系，形成了完善健全的农业信息化服务模式。

5. 健全的法律和监督体系

美国通过制定法律和加强监督，为农业信息化发展提供法律保障，保证农业信息的真实性和可靠性。美国独立初期，农业立法大多沿用希腊农业法和英国习惯法。1848 年第一次颁布的《农业法》对农业技术信息服务做出了规定。为了加快农业科技信息的普及与推广步伐，美国于 1914 年颁布了《史密斯和利弗法》，从而奠定了美国现代农业发展的基础。1946 年农业市场法案授权规定，凡享受政府补贴的农民和农业，都有义务向政府提供农产品产销信息的义务。

到 20 世纪 50 年代，随着农产品输出量的加大，美国完善了针对农业信息服务方面的法律文件，形成了完善的信息资源采集、保密、共享、发布和管理的法律体系，包括农业信息保密制度，对所有涉及农业方面的信息资料，美国农业部都分门别类地规定了与其相关的保密时间以及公开发布时间，规定任何个人或者团体都不得随意传播尚未公开的农业信息资料，否则要受到法律制裁；同时还积极推进农业信息资源、农业信息资料的共享，在一定范围内，美国反对农业信息资料垄断，一旦信息资料经农业部公开发布，该资料就为全社会共享；同时还规定不得发布虚假信息，农业部对公开发行和出版的信息资料实行层层把关，严肃编审工作，在农业信息正式发布之前，要经多位同行专家审议，以防止虚假或者错误信息发行和出版。

二 法国的农村信息化

作为欧盟最大的农业生产国及世界第二大农产品出国口，法国的农业信息化起步于 20 世纪 80 年代。1989 年，法国政府开始向农民推广迷你电脑，在随后三年多的时间里，法国农民迷你电脑的用户得到了快速增长。不过，法国的农业信息化水平仍比较低，网络在农业开发中的运用程度有限。为了改变农业信息化落后的局面，法国政府于 1997 年启动了“信息社会项目行动”，大力推进农村信息化建设。电脑及互联网的使用，便利了农民查询气象预报、交通信息以及农业、商业数据等，推动了法国农业信息化的快速发展。2000 年，约 50% 的法国农场主开始使用计算机，“网上农业”也迅速兴起。进入 21 世纪以来，法国将卫星通信技术、传感器等信息技术引入到农业生产服务中，重视信息技术在农业生产中的实际应用。同时，还实现了利用计算机对农产品生产的产前、产中、产后等各个环节进行全程实时监控。

在加快农业信息技术应用过程中，法国实现了多环节的协同发展。首先，在政府内部协同上，法国规定农业信息由国家农业部门集中收集、处理和发布，一般流程如下：国家农业部下达农业信息收集任务，大区农业部门负责组织和完成信息采集、汇总和上报，省农业部门协助大区农业部门完成信息采集任务，信息采集范围除了种植业、畜牧业、渔业外，还有林业、食品生产以及农产品流通情况等。[①] 法国农业部的《农业网站指导》收录了具有代表性的涉农服务网站，这些网站服务内容、对象各不相同，形成了较好的互补关系，

---

① 崔国胜、孔媛：《法国农业信息化发展状况》，《世界农业》2004 年第 2 期。

成为推动法国农业信息化的主要动力。①

其次，在政府与社会的协同上，国家农业事业联盟、全国农产品加工工业协会、全国青年农业工作者中心等行业组织和协会，负责收集和整理相关的技术信息、市场法规和政策信息，为组织成员提供服务。农业商会主要通过举办培训班，组织专家、学者讲课等形式，向农户传播高新农业技术信息，同时协助农场主做好经营管理。科研和教学机构通过培养农业信息专业人才和提供技术咨询方式，服务农业信息化建设。②

由此，法国组建起了由政府、社团、企业等组成的多元化信息服务主体，在服务对象上有各自不同的群体，在服务内容上有各自的侧重点，不同服务主体之间形成了良好的互补性，丰富了信息服务和传播的内容和方式。

三 日本的农村信息化

日本的农业信息化建设虽然相对滞后于西方发达国家，但作为亚洲地区的发达国家，在人均耕地资源有限的情况下，日本高度重视农业信息化的发展。③ 日本农业信息化起步于 20 世纪中期，农业计算机中心和农村有线电视放送设备等基础设施在日本农业化地区推广运用。60 年代中期，日本政府不断扩充农业信息化政策，提出了“绿色乌托邦构想”，进入了农业信息化快速发展的时期，信息技术工具和网络在日本农村地区得到迅速发展。90 年代初，日本建立了覆盖全国的农业技术信息服务联机网络，用于收集、处理、储存和传递来自全国各地的农业技术信息。

日本农业信息化的快速发展首先得益于政府的重视，大力投资网络基础设施，还拨专款发展地域农业信息系统，免费为农民提供农业信息服务和技术支持。同时，开展政策激励，进行实时补贴，从而鼓

---

① 肖黎、刘纯阳：《发达国家农业信息化建设的成功经验及对中国的启示——以美日法韩四国为例》，《世界农业》2010 年第 11 期。

② 同上。

③ 孟枫平：《日本农业信息化进程的主要特点》，《世界农业》2003 年第 4 期。

励农民购买电脑。

与此同时，日本还着力于构建完善的农业信息服务体系。日本农业信息服务体系主要包括农业市场信息服务系统、农业科技生产信息服务系统和农用物资及农产品销售网上交易系统三部分。其中，农业市场信息服务系统中所属的市场销售信息服务系统由“农产品中央批发市场联合会”负责，而所属的农产品生产数量、价格行情预测系统则由“日本农协”负责。通过这两个系统提供的精确市场信息，使每一个农户都能对国内市场乃至世界市场什么好销、价格多少、每种农产品的生产数量了如指掌，并可以根据自己的实际能力确定和调整自己的生产品种及产量，使生产处于一种情况明确、高度有序的状态。①

此外，日本还将信息技术作为农技推广的载体，全国的农业科研机构和农机推广中心实现全部联网，农民可与这些机构和中心在网上进行互动交流。同时，日本还根据不同地域的信息化发展水平以及不同农产品的特性，因地制宜地灵活运用信息传播手段，推动农业电子商务发展，涉及包括农产品网上交易市场、农产品网上销售超市、农产品电子交易等在内的主要内容。

第三节 我国农村信息化的演进和现状

一 我国农村信息化的演进

自1949年以来，我国的农业信息化建设取得了重要进展。总体上实现了从计划经济体制下的简单生产和信息统计向覆盖到农业和农村经济各个领域的现代化农业信息体系转变。一般而言，我国农业信息化的发展历程大致有三个阶段。

第一个阶段：从新中国成立初期至改革开放前（1949—1977年），这个阶段是我国农业信息化的起步阶段。农业信息化建设的重点停留在基础工作上，即对农业信息的统计。统计的主要目的是反映

① 杨艺：《浅谈日本农业信息化的发展及启示》，《现代日本经济》2005年第6期。

上年度国家计划的执行情况，并为制订下一年度的计划提供参考依据。其中，统计的关注点在生产信息上，反映社会发展和农民生活等方面的信息统计较少。

第二个阶段：1978年改革开放至20世纪80年代末，这是我国农业信息化的延伸扩展时期。首先，农业统计方法和指标体系开始复杂化和科学化，相比于前一阶段的评估价值更大。其次，信息化服务开始出现，开始向产前和产后延伸。不过，受到社会发展水平和思想解放程度的限制，农业信息化建设的目标、发展模式和运行机制都不够完善，农业信息化建设的框架结构还不够完整。20世纪70年代后期，我国将RS、GIS技术应用于农业发展中，经过“六五”期间的技术、设备引进和人才培训，“七五”“八五”期间的技术攻关、实验研究和部分应用服务，农业信息技术为作物种植面积调查、监测、作物估产等方面提供了大量支持[①]，信息技术在农业领域运用的成效开始显现。

第三个阶段：从20世纪90年代初市场经济体制的确立至今。市场经济体系的建立要求市场而不是政府发挥基础性作用，农民所要面对的是不断变化的国内和国际市场，掌握供需信息和市场变动信息成了制胜法宝。这就迫切需要扩大信息采集的内容，加强信息分析的力度，加快信息传递的速度，提高信息存储和调用的便利性，从而解决小生产与大市场之间的矛盾。2000年，农业部制定了《农业信息化“十五”发展规划》，数字农业开始渗透到农业生产的各个领域。2005年，建设社会主义新农村战略任务的提出和中央涉农一号文件的相继出台，都使得我国农村信息化建设步入了快车道，农村信息化服务逐步实现了广覆盖、大跨越。

二 我国农村信息化的现状

我国农业信息化是伴随着计算机网络技术的逐渐成熟而快速发展

---

① 王志诚、孙进先、刘延忠：《我国农业信息工程建设现状与发展探讨》，《山东农业科学》2009年第11期。

起来的。20世纪90年代中期以前，网络技术主要局限于局域网技术，网络的通达度、信息的共享性还存在较大困难。90年代末，我国正式接入国际互联网，互联网开始在我国快速发展，计算机拥有量和上网人群快速增长。

为加速推进农业和农村信息化，建立农业综合管理和服务信息系统，1994年12月，在国家经济信息化联席会议第三次会议上，农业部提出了建设“金农工程”的实施方案。“金农工程”自提出后一直是我国农业信息化发展的重点和焦点，其主要任务有：网络控制管理和信息交换服务，包括与其他涉农系统的信息交换与共享；建立和维护国家级农业数据库群及其应用系统；协调制定统一的信息采集、发布的标准规范，对区域中心、行业中心实施技术指导和管理；组织农业现代化信息服务及促进各类计算机应用系统的开发和应用。1995年，农业科学院建立了“中国农业科技文献数据库”，同时还引进了四个国外农业科技文献数据库。1996年，农业部建立了中国农业信息网，它是我国第一个国家级的农业信息网。随着技术的发展，基于政策的支持，我国农村信息化建设也取得了一定成效。

第一，农业信息化基础设施建设情况。近年来，随着各地对农业信息化发展的重视和投资力度的加大，我国农业信息化基础设施明显改善，基本实现了“广播电视村村通”“电话村村响”“乡乡能上网”的目标。根据国家工业和信息化部的数据显示，“目前我国99.8%的行政村和93.3%的2户以上的自然村实现了通电话，96%的乡镇通宽带，91%的行政村能上网。2008年，农村每百户彩色电视机拥有量达到99.2台，家用电脑拥有量5.4台。电话普及率由1990年年末的1.1部/百人提高到2008年年末的74.3部/百人，移动电话普及率迅速上升，达到48.5部/百人”①。

在农村农业信息化网络方面，覆盖全国省、市、县、乡的农业信息化网络体系基本形成。1993年以来，农业部信息中心实现了与各省农业厅局的联网，促进了全国农业经济信息的交流。以农业部信息

① 张新民：《中国农业信息化发展的现状与前景展望》，《农业经济》2011年第8期。

中心主办的中国农业信息网为中心，全国各省、市级政府农业部门和全国主要大中城市的农产品批发市场网络已经相连，全国各个省都建立有省级农业信息中心，大部分县也相应建立了与中国农业信息网对应的县级农业信息中心。同时，中国农业信息网还与各部委、科研院校、新闻单位、海关、气象部门等信息机构联网，实现了与国际和国内各省、市的网上信息交换。① 通过中国农业信息网这一农业信息平台，全国的农业生产、病虫害防治、气象信息、各地农产品主要批发市场的农产品价格、供求情况等信息都可得到及时传播。

第二，农业数据库建设情况。我国已建成了100多个大型涉农数据库。其中，有代表性的数据库有：中国农业科技文献数据库、全国农业经济统计资料数据库、中国农作物种质资源信息系统、中国农林文献数据库、中国农业经济基础资料数据库、中国绿肥种质资源信息库、饲料信息数据库、植物检疫病虫草害名录数据库、农业合作经济数据库、农产品集贸市场价格行情数据库等，还研制了农业模拟系统、农业专家系统、作物病虫害防治系统、农业地理信息系统等，其中部分数据库的功能达到国际先进水平。同时，我国农业科学院文献信息中心还引进了联合国粮农组织存取数据库、国际食物信息数据库、美国农业部农业联机存取数据库、国际农业生物中心数据库4个世界大型农业数据库。这4个大型农业数据库的引进，对于改进和发展我国的农业数据库建设，对我国广大农业工作者及时了解世界农业科学技术和生产动态提供了极大的便利，有效地推动了我国农业信息化的发展。

第三，农业信息技术研发和应用情况。我国已经具备了一批拥有自主知识产权的农业信息化科研成果，并有一部分已经应用到了农业生产中。例如，为探索信息技术服务农业的实践经验和发展模式而实施的“863”计划。该计划在1996年至1998年期间，在北京、云南、安徽、吉林四省开展了“智能化农业信息技术的应用示范工程”研究并在全国建立起了20多个示范区。中国农业科学院草原研究所应

---

① 游晓东：《我国农业信息化研究》，硕士学位论文，福建农林大学，2008年。

用现代遥感和地理信息技术，建立了“中国北方草地草畜平衡动态监测系统”。国家“九五”攻关项目“农业专家决策信息技术系统研究”，通过十多个国家部委联合攻关，已取得了较大进展。此外，通过地理信息系统的应用和地理信息系统软件的开发，进行农业灾害研究和预防；通过发展精准农业，提高农产品的产量和质量；通过计算机专家决策系统，以及基于网络和多媒体的农业技术推广体系促进农业科技的扩散和推广应用。目前我国已开发的农业决策支持系统和专家系统有：中国农电管理决策支持系统、县（市）农业规划预测系统、小麦玉米品种选育专家系统、小麦计算机专家管理系统、水稻主要病虫害诊治专家系统、柑园专家系统、大宗农作物监测系统、农业资源监测系统、重大自然灾害监测系统等。进入新世纪后，国家对农业信息化研究工作不断加大支持力度，网络农业、精准农业、虚拟农业、3S 一体化，远程农业服务等追踪国际农业信息技术前沿的研究也正在进行当中。

第四，农业信息化服务体系建设情况。农业信息化服务体系建设是农业社会化服务体系建设的组成部分，它主要包括农业科学技术、农业生产管理、农村市场流通。2006 年 10 月，国家制定了《关于进一步加强农业信息化建设的意见》，对农业信息化服务体系建设作出了具体的部署。目前，我国农业信息的主要服务模式有：以移动短信为主要手段的农信通、农讯通系统；依托县农业职能部门、乡镇农技站、农经站、文化站以及农村种养大户、农民专业协会、农村龙头企业等建立的县、乡、村三级信息服务站；集农技咨询、农技推广、信息服务、经营功能于一体的“农民之家”服务场所；各种类型的农业专业协会；农业部组织开展的农业信息服务电视、电话、电脑“三电合一”基建项目等。[①] 有些地区的农村社区综合服务站也承担了为农业生产者提供农业信息服务的角色。农业信息服务离不开专门机构与专业人员。据统计，目前全国有近 300 个地（市）设立了农业信息服

① 孙芸、黄世祥：《我国农业信息化服务体系建设的制约因素及路径选择》，《调研世界》2009 年第 8 期。

务机构，占地（市）总数的80%以上；全国2800个县（市、区）中有1210个设立了农业信息服务机构，占总数的43%；全国43000多个乡镇中，有7000多个建立了信息服务机构，占乡镇总数的18%。在加强农业信息服务机构的同时，有些地方还充分利用农民经纪人、种养经营大户、专业合作经济组织以及有关社会中介的力量，不断发展壮大农村信息员队伍。[①] 在各级农业部门设立信息服务机构，培育社会信息服务中介力量的基础上，我国还逐步建立和完善了农产品的监测预警、市场监管和市场信息服务三个农业信息服务系统。一个集多个部门，多元社会参与的农业信息服务体系已初步形成。

第四节 农村信息化的特征与内容

一 农村信息化的特征

农村信息化是相对城市信息化延伸出的概念。由于农村与城市从地域、生产生活等方面存在很大的差异，因此农村信息化体现出自己独有的特征。

首先，农村信息化对象具有独特性。其主要服务对象是生活在农村的广大的农民群众。文化水平普遍偏低，文盲比例高是这一群体的主要特征。据普查结果，我国农村劳动力平均受教育年限仅6.79年，没有接受任何技术培训的比例高达76.4%。由此可见，农民的信息接受能力是很有限的，这决定了农村信息化任务的艰巨性。

其次，农村信息化经济基础具有差异性。广大农村地区不仅地域辽阔，区域之间的经济和社会差异大，并且农村地区的经济发展水平整体比较低，社会公共基础设施建设普遍落后。农村的地域特点使得农村信息化推进难度相比城市要大很多，需要承担更大的经济成本和风险，也需要国家更多的政策和技术支持。

最后，农村信息化具有复杂性。这个复杂性主要体现在农村特殊

① 郭少华：《对我国农业信息化发展现状的调查与思考》，《农业考古》2011年第6期。

的生产结构和自然环境造成的产业的复杂性。农业具有自然再生产与经济再生产相交织的属性，因此农业信息化不仅要涉及农业生物的多样性、鲜活性、变异性等农业生物活动规律，还要涉及耕地土壤、河流湖泊、气候天气等多种环境和资源因素，更要涉及人们的生产、分配、交换、消费等经济活动，这使得农业信息同时具有了复杂时间、复杂空间和复杂属性的特性，决定了农业信息资源需要庞大的数据量和多样的信息内容，进而导致了农业信息化的极端复杂性。

二　农村信息化的内容

农村的信息化需要涉及农民生产、生活、学习、管理等多方面的信息需求，需要满足农民对不同领域和不同层次的信息消费欲望，因此农村信息化的内容应该是涵盖广泛、复杂而又多样的。关于农村信息化内容的讨论也是比较多的，各研究者从不同的角度对此分别提出了不同的看法：

章轶鸣等认为从信息消费动力角度来看，农村信息服务的内容应该包括：（1）农业生产信息，如农产品和农资的市场供求、价格、贸易等经过分析、预测的有效信息；（2）农民生活信息，如合理饮食与膳食营养、医疗卫生、剩余劳动力转移和充分就业等信息；（3）农村文化信息，主要提供与农民日常生活相关的各类科技知识，以及土地承包、财产保护等相关法律知识；（4）农村环境信息，如开发乡村规划决策支持系统，为农村村容村貌的改善提供科学的规划意见；（5）农村管理信息，提供农村综合管理信息。[①]

高万林等根据新农村建设“生产发展、生活宽裕、乡风文明、村容整洁、管理民主”的总目标，以及中央一号文件将农业、农村分别论述的提法，将新农村信息化建设的内容分为了农业信息化和农村信息化两个部分。他认为，农业信息化主要是解决农业生产发展的问题，包括实现农业产前、产中和产后的信息化；农村信息化包括农

① 章轶鸣、宋金生、余向伟：《新农村信息化建设探讨》，《企业经济》2011 年第 5 期。

村经济信息化、农村管理信息化、农村文化信息化和农村社会服务信息化；农业信息化和农村信息化二者必须交叉促进，在新农村信息化建设的前期，农村信息化主要服务于农业信息化，农业是农村的根本，没有农业的发展，不能解决温饱问题，其他方面的建设就无从谈起。①

胡大平等认为："农村信息化是一个涉及多部门、多学科的综合系统工程，其主要内容包括农业技术信息化、农村环境信息化、农业要素信息化、农村医疗卫生信息化、农村教育信息化、农村人口管理信息化和农村政务信息化。"②

此外，从信息化的实现手段上来看，农村信息化还可以分为农村信息库建设、网站建设、信息服务产品建设、信息传输渠道建设和数据共享机制建设等。

第五节 农村信息化的机遇与挑战

一 农村信息化的机遇

（一）政府的日益重视

自 2005 年起的连续 8 个中央"一号文件"都强调要加强农业农村的信息化建设，党的十六大、十七届三中全会等国家重要的战略性、纲领性会议中也特别强调了农业农村信息化。2011 年国家农业部起草颁布了《全国农业农村信息化发展"十二五"规划》，2012 年年底印发了《全国农村经营管理信息化发展规划（2013—2020 年）》等重要文件。全国各省也纷纷出台了农业农村信息化建设的相关政策和规划举措，这都表明农村信息化建设正迎来全新的机遇。

（二）农民的需求日益迫切

当前，农民的信息需求意识日益增强，农民对信息的认知意识普

---

① 高万林、张港红、李桢等：《关于农业信息化与农村信息化关系的探讨》，《中国农学通报》2011 年第 1 期。

② 胡大平、陶飞：《农村信息化的基本内涵及解决对策》，《科技进步与对策》2005 年第 3 期。

遍提高，对信息的需求更加广泛和深入。传统农民在农业生产和生活过程中主要以电视、广播、书刊等为信息获取渠道，现在随着农村科技的发展、互联网的逐步普及，农民的信息需求也发生着变化。

在信息内容上，农业科技致富类信息、农作物病虫害防治技术、孩子教育等内容是农民需求最迫切的，需求比例都达到50%以上，可见农民信息需求实用性较强。[①] 并且，现代农民不仅需要一些大众信息，还需要更专业化、系统化、全面化，以及更深层次的信息，需要能够从根本上提升自身素质的信息。

在信息类型上，当前农民的信息需求内容很广泛，涉及生产中的粮食种植技术、养殖技术、农作物病虫害防治、农业气象、农产品加工等，涉及医疗卫生方面的疾病预防与治疗、饮食营养、健康保健等，还涉及科技教育、技能培训、文化娱乐、社会政策法规普及等。在调查研究中，列举的所有信息里，几乎没有一种信息是农民完全不需要的。

（三）农民文化水平的逐步提高

农民是农村信息化的重要依托和落脚点，如果没有农民对现代科技信息的认可和接受，农村信息化只是空中楼阁。现在我国的农民已经不同于传统农民，特别是20世纪80年代和90年代出生的新生代农民，他们普遍都接受过义务教育，或者接受过职业技术培训，文化素质较之他们的父辈有了很大的提高，并且他们所接受的教育与现代农业和工业的要求更加接近，特别是对于网络、通信知识的了解和学习是他们的父辈所望尘莫及的。新生代农民所具有的文化和科技素质为农村信息化创造了必备的条件。

（四）信息技术的快速发展

随着信息技术的广泛发展和应用，我国自20世纪80年代起就已在农业自然资源数据处理、农业信息管理与推广服务、人工智能专家系统开发与应用、信息网络研究和建设等领域取得了很多成果。因

---

① 刘敏、邓益成、何静等：《农民信息需求现状及对策研究——以湖南省农民信息需求现状调查为例》，《图书馆杂志》2011年第5期。

此，从技术上来说，农村信息化已经具备相当的基础。信息科技的飞速发展也带来了信息产品生产效率的提高，价格也逐渐大众化，能被普通民众所接受。手机、电视、广播等在农村迅速普及，部分经济发展较好的农村地区电脑也已实现了普及，这为农民生活生产的信息化、农业的信息化提供了基本的条件。

二 农村信息化的挑战

农业信息化建设是农业发展、农村建设过程中一项重要而紧迫的任务。六十多年以来，我国农业信息化体系的基本框架已经搭建起来了，但这一方面仍不能够满足农民的信息化需求，同时也不能适应现代市场化环境的需要。与此同时，我国的农业信息化建设也存在地区性差异，主要的农牧产区的信息化发展尤为滞后，与现代农业的发展要求和实现农民收入稳定持久增长的客观需求仍有较大差距，这表明我国在发展农业信息化过程中，仍然面临着较大挑战。

从国内看，其一，幅员辽阔且区域经济发展水平差异较大。经济体制改革以来，我国农民的收入不论是绝对水平还是增长速度都迅速提高，农村居民家庭人均纯收入有了较快增长，但是由于我国地域辽阔，区域产业分工发展状况不同，自然条件、地理位置、政策倾斜等方面的原因，造成了我国农村经济社会发展水平区域差异显著，这种区域差异主要表现为东、中、西三大地带的差距以及省际差距、省内差距。值得注意的是，改革开放以来这种区域农村经济发展差距越来越突出。从地域差异来看，2000 年全国农民收入水平东、中、西部地区依次为 3587.7 元、2071.2 元、1594.9 元，东部是西部的 2.25 倍。2004 年东部地区农民人均收入水平是西部地区的 2.24 倍，2005 年和 2006 年东部地区农民人均收入水平分别是西部地区的 2.29 倍和 2.34 倍。农民收入表现为东部地区最高、中部地区次之、西部地区最低的状态，反映了东部地区与中、西部地区农民生活水平的差距问题依然存在。[①] 不同农村地区之间的经济水平存在的差异阻碍了我国

① 李雪苑：《我国东、中、西部地区经济差异分析》，《特区经济》2009 年第 11 期。

农业信息化的均衡性发展，不利于农业信息资源的区域共享，给农业信息化的深入推进带来了较大的挑战。

其二，农业信息化基础设施建设存在区域性的不均衡，使得农业信息化服务难以有效实现。虽然我国的农业信息基础设施建设已经取得了较大的进步，但地区非均衡性并未得到缓解，反而有不断扩大的趋势，特别是一些经济欠发达地区农业信息化基础设施建设还比较落后，地区差异大，区域发展不平衡。总体上看，中国东部经济发达地区的农业信息化基础设施建设相对完善，而中西部特别是西部地区则比较落后。此外，农业信息资源的开发水平决定了农业信息化的质量和水平。当前我国农业信息资源开发呈现总体开发不足的状况，而且布局分散，产业管理分散、发展无序、自建自享等问题严重。例如，有些地区在记录、报送和发布农业信息数据时还采用手工方式，没有充分发挥计算机的功能；有些地区信息处理和报送不及时，信息内容时效性差，难以实现信息的及时更新，无法适应现代市场条件下的服务需求；有些地区信息采集的网络体系尚不健全，采集方法还不够科学，对农业信息体系内部各信息采集渠道也缺乏系统有效的整合与规范；部分地区的农业信息指标体系还不健全，标准化程度尚有限；有些地区没有完善的信息产品市场，农业信息服务体系不完善，信息发布的渠道不畅，影响了运行效率，降低了信息的使用价值。

其三，农民信息意识不强，农业信息网络传播受阻。近年来，我国加大了对农业信息化工作的支持力度，全国各地在农业信息网络建设方面做了大量工作，也取得了一定成效，但是从大多数地区对农业信息资源的利用情况来看，效果并不十分理想，农业信息网络推进到县、乡后，在进村入户上遇到了障碍。究其原因，与农民的文化水平是密切相关的。现阶段，从事农业生产的农民有很大一部分还是文盲，农业生产还是采用原来的方式，对于怎样借助信息技术来为农业生产服务还不了解，农业信息网络传播到乡镇后，出现了停滞现象。农民低层次的文化素质直接影响了农民的信息素质，限制了农民学习信息技术和网络知识的能力以及理解农业信息的能力。很多农民对信息的重要性缺乏认识，有些地区的农户对网络信息持不信任态度，认识不到网络在农业生产中所能起到的巨大作用，不能积极主动地应用农业信息网络，造成农业信息网络传播的终端受阻。当然，农民信息素质也同样存在区域上的差异，沿海地区以及农业商品化程度较高地区农民的信息素质与信息意识普遍强于内陆地区以及农业商品化程度较低的地区。

其四，农业信息资源整合不够，供需矛盾突出。所谓信息整合就是指依据特定的功能需求，对各个相对独立的信息资源系统中的信息对象进行重新组织合成，形成功能完整的新的信息资源体系，提供不同信息资源的统一检索和处理机制。[①] 对农业信息资源的整合，不是摒弃已有的农业信息资源，重建信息资源库，也不是各地独立开发，自建自享，而是要对已有的农业信息资源进行整合，使各地分散的农业信息实现汇聚，提升信息的集中度，针对不同的用户群，提供不同的农业信息。目前，我国农业信息的提供者与信息的使用主体之间，即政府与农户之间存在信息不对称现象，农村信息供需矛盾突出。从信息需求看，表现出明显的层次性、区域性、时效性和个性化，即信息需求主体从事专业不同，对信息需求层次也不尽相同；所处的地理位置不同，对信息需求的差异也较大；农时季节不同，对信息需求变化大；农村行业繁多，它们对信息需求呈现个性化。例如，政府部门作为信息需求的大户，所需信息多是用于决策的宏观信息，而农户所需信息多是关于农产品的市场供求、农产品及生产资料价格、新技术和新品种的情况等信息，农户与政府所需信息存在较大差距。从信息供给看，信息资源大量存在于政府农业部门、书籍报刊、新闻部门、科研部门、涉农部门、农业企业和农民手中，但如果组织协调不力，大量信息将会处于部门所有、相对封闭的分散状态中，加之信息在分类分级、指标术语、收集渠道和应用环境等方面尚未形成统一的标准体系，不同部门提供的数据在口径和数值上往往差异较大，难以实现资源共享，致使政府和农户很难及时获取全面、系统、准确的信息，

---

① 孙梅：《信息整合和数字图书馆的发展》，《图书馆学研究》2011 年第 9 期。

资源浪费严重。[①] 就农业信息的发布方式来看，也呈现出多元化的特点，主要有利用互联网发布、电视发布、电话发布、手机发布、乡村服务站发布以及通过中介组织发布等，每一种发布方式都有各自的优缺点，在这些信息发布的方式中，还缺乏一个科学的规范机制，发布方式之间还没有一个有效的整合方式。

其五，农业信息化法制建设滞后。有法可依是依法治国的前提，法制建设是构建和谐社会的重要条件，也是农业信息化建设的保障。但是，目前我国还没有完全形成针对农业信息化建设方面的法律法规体系，还缺乏对农业信息服务组织的补贴、支持和有效的监管机制，农业信息产品的开发还存在不足，诸多农业信息产品没能及时得以推广应用，农业信息市场竞争无序比较普遍。由此可见，关于农业信息化法律和法规建设的滞后，在一定程度上制约了我国农业信息化的发展。

其六，农业信息化投入不足，服务体系还不健全。农业信息服务需要大量持续性的资金投入。尽管各地通过列入财政预算、设立专项资金等方式加大了支持力度，但由于目前农业信息化建设资金来源渠道相对单一，投入主体较少，对社会资金的有效利用不足，农业信息化建设普遍存在资金投入量不足的问题，特别是缺乏开展农业信息化服务的运行经费。例如，李奇峰等人就指出，尽管多数地方政府已经认识到了农业信息化建设的必要性和重要性，但对具体实施方法和所需要的支撑体系还不完全清楚，特别是部分农业管理单位尚未将农业信息化纳入单位中心工作范畴。[②] 与此同时，农业信息的收集、发布的格局虽初步形成，但是农业信息的加工、分析、利用及农业信息渠道的开通与农业信息市场的培育等发展缓慢，特别是农业信息服务市场、农产品设计（农业生物工程技术）市场、农业资金（筹集、调动、投入）市场、农产品加工市场、农产品存储和运输乃至包装市

---

① 郑红维、葛敏、史建新：《我国农业信息发布问题的理论探讨》，《中国农村经济》2003 年第 9 期。

② 李奇峰、梁丽娜、秦向阳：《我国农业信息化建设面临的主要问题及对策研究》，《安徽农业科学》2012 年第 5 期。

场等尚未开发或形成，农业信息化服务体系尚不健全，缺乏针对性。[①] 农业信息服务的总量不足、结构失衡又导致了农民生产上的新的盲目性，部分地区农民被动地、单向地接受农村基层干部和农业信息机构的信息传播，极易导致农业生产的大起大落，导致农产品生产过剩，引起价格波动，以致无法真正实现农产品的价值。另外，农业信息技术及服务人才缺乏，农业信息技术应用面不广等也是我国农业信息化建设进程中要面临的问题和挑战。

从国际上看，我国农业信息化建设还落后于发达国家，农业信息化对当前我国农业的贡献率远低于发达国家，而市场的开放性又必然要使我国农业面临国际市场的冲击，这就给农业信息化建设提出了更高的标准和要求。面对国际市场，我国农业生产与农产品的供给如何实现有效对接，提高农产品的国际竞争力，是农业信息化建设过程中不能回避的问题。随着我国农产品市场进一步开放，进出口贸易不断增加，我国农业与国际市场的关联度越来越大，农业在逐步融入世界的进程中受到国内、国际市场相互作用的影响越来越大，农业将面临前所未有的竞争与挑战。与此同时，当前我国农业发展还面临着资源约束问题，主要农业资源占世界总量比重大大低于人口比重，加之近年来我国耕地面积存量在减少，而人口在增加，人均耕地面积逐年减少。另外，国外发达国家在农业信息化建设过程中，建立了规范的农业信息发布体系，形成了多元的投入主体，农业信息服务组织数量多，分工明确，在信息技术运用于农业生产上积累了丰富的经验，拥有了较多的成功案例，这些都加大了我国农业信息化建设与发达国家的差距，当然也为我国农业信息化建设提供了重要借鉴与启示。

---

① 姜华：《我国农产品电子商务发展现状、问题和对策研究》，《安徽农业科学》2006 年第 19 期。

第二章　农村信息化的理论依据和现实意义

第一节　农村信息化的理论来源与研究架构

一　现代化理论

“现代化”一词在英语中是一个动态名词，意为“成为现代的”。“现代化”具有两种含义，一是可以泛指“更新”，即成为新的东西；二是特指用来概括人类近期发展的变化过程。[①] 一般而言，它所特指的是从17、18世纪以来人类社会所发生的巨大变化，包括从传统经济向工业经济、从传统社会向工业社会、从传统政治向现代政治、从传统文明向工业文明转变的历史进程及其变化。

现代化理论从萌芽至成熟，大致经历了三个阶段。第一个阶段是现代化理论的萌芽阶段，从18世纪至20世纪初。这一阶段以总结和探讨西欧国家自身的资本主义现代化经验和面临的问题为主，其中主要的学者有圣西门、孔德、迪尔凯姆和韦伯等。第二个阶段是现代化理论的形成时期。从第二次世界大战后至20世纪六七十年代，以美国为中心，形成了比较完整的理论体系，主要学者有社会学家帕森斯、政治学家亨廷顿等。第三个阶段是从20世纪六七十年代至今，这一时期研究的核心是如何处理非西方的后进国家现代化建设中的传统与现代的关系。

---

① 燕继荣主编：《发展政治学：政治发展研究的概念和理论》，北京大学出版社2008年版，第55页。

现代化理论认为，现代化既包括社会现代化，又包括人的现代化。人的现代化既是现代化的重要内容，又是实现现代化的根本前提和条件。社会的现代化，归根结底取决于人的现代化。美国社会学家、《走向现代化》一书的作者英格尔斯在论及人的现代化的重要性时曾精辟地指出："一个国家可以从国外引进作为现代化最显著标志的科学技术，移植先进国家卓有成效的工业管理方式、政府机构形式、教育制度以及全部课程内容。在今天的发展中国家里，这是屡见不鲜的。进行这种移植现代化尝试的国家，本来怀着极大的希望和信心，以为把外来的先进技术播种在自己的国土上，丰硕的成果就足以使它跻身于先进的发达国家行列之中。一个国家，只有当它的人民是现代人，它的国民从心理和行为上都转变为现代的人格，它的现代政治、经济和文化管理机构中的工作人员都获得了某种与现代化发展相适应的现代性，这样的国家才可真正称为现代化国家。否则，高速稳定的经济发展和有效的管理，都不会得以实现。即使经济开始起飞，也不会持续长久。"① 人的现代化的含义分为广义和狭义两个方面：广义的人的现代化是指整个人类状况的现代化，即包括适应社会现代化要求的人口素质的现代化和人的主体意识的现代化；狭义的人的现代化主要是指人的个体素质的现代化以及个体素质与社会现代化协调统一发展。②

农村信息化建设的发展有助于我国从传统社会向现代社会转变。众所周知，农业系国之命脉，而破解农业困境的根本出路在于现代化，现代化的必要条件则是信息化。从国际农业发展规律来看，农业现代化与信息化发展紧密相关，信息化在农业现代化中起到"酵母"或"增强剂"的作用，已成为农业现代化的关键手段、载体和核心内容。因此，在我国，用现代信息技术改造传统农业，不仅有助于提高农业生产过程中的技术含量及劳动生产率，为农业的长远发展提供动力，而且还是推进现代农业发展，努力实现产业倍增，促进农民持续稳定增收的重要举措。

---

① ［美］英格尔斯：《人的现代化》，殷陆君译，四川人民出版社 1985 年版，第 4、8 页。

② 杜金亮：《人的现代化与人的全面发展》，《山东社会科学》2000 年第 4 期。

二 社会发展理论

社会发展理论是探讨社会变迁规律性及其具体表现形式的学说。社会发展一直是马克思主义理论关注的核心问题。马克思在运用唯物辩证法考察与分析人类社会及其发展的基础上，提出了科学的社会发展理论。马克思认为，人的全面而自由发展是社会发展的最高目标和价值标准，要与自然界和谐共生、经济与社会协调发展，这对我们今天在现代化的进程中正确把握社会发展的目标和价值取向，具有重大的启迪意义。[①] 马克思把社会发展问题置于理性的科学认识上，立足于事实思考，探索社会发展的各种实然问题；同时始终突出人的发展这个中心，回答对于主体来说社会发展的目的、尺度、价值选择等各种应然问题，从而发现了人类历史的发展规律，为人类指出了一条全面发展的道路。概括地说，马克思对社会发展规律的揭示，主要体现在以下几个方面。第一，生产力与生产关系的矛盾运动是人类社会发展的内在动力。马克思认为，人类社会的发展是一个不断前进的过程，其中起根本作用的是生产力与生产关系的矛盾运动。马克思曾经深刻指出，人们在自己生活的社会生产中发生一定的、必然的、不以他们的意志为转移的关系，即同他们的物质生产力的一定发展阶段相适合的生产关系。这些生产关系的总和构成社会的经济结构，既有法律和政治的上层建筑树立其上，也有一定的与社会意识存在相适应的现实基础。物质生活的生产方式制约着整个社会生活、政治生活和精神生活的过程。第二，社会发展主要表现为社会形态的更替。例如，在《德意志意识形态》中，马克思提出了原始的、古代的、封建的和现代资产阶级的社会形态，在《政治经济学批判》序言中，他指出了亚细亚的、古代的、封建的和现代资产阶级的生产方式，这也是五种社会形态的萌芽。马克思还认为，人类社会的发展是一个从低级到高级不断演进的发展过程，但是社会发展的具体途径和道路多种多

---

① 于幼军：《马克思的社会发展理论及其当代价值》，《中国社会科学》1998 年第 4 期。

样，不同的民族国家可以有不同的发展形态和道路。从这个角度上说，关注人的生存状态，揭露不合理的社会制度对人的发展的压抑和扭曲，为人的解放和自由发展指出一条现实的道路，就成为马克思社会发展理论的主旨。①

农村信息化是国家信息化建设不可或缺的一块，既是社会主义新农村建设的题中应有之义，又是实现惠农强农的重要手段，对推进农村社会经济与农民的全面发展起着重要作用。农村信息化建设可以实现传统农业生产要素信息化和信息生产要素化的双向转换，为传统农业生产的发展提供新的路径，也为农民增收提供重要条件。农村信息化可以促进农村基层政权执政理念和社会治理方式的转变，有利于形成一种充分发挥农村居民和社会各界积极性和主动性的“主体平等、多方参与”的参与式治理格局。信息化的推进和由此带来的现代性入驻还可以改变农村居民长期以来沿袭下来的沟通方式、行为方式和非正式制度，从而重塑农村社会的秩序基础。同时，农村信息化还可以为农村经济社会发展提供历史性契机。通过农村信息化发展，有望在不久的将来实现对长期以来形成的城乡二元格局的历史性弥补，有利于实现农村城镇化和县域经济的发展，实现农业和工业、农村与城市、农村居民与城市居民的双赢共盛、和谐发展。总之，大力发展农村信息化，是促进农村社会健康发展、实现农民自身全面而自由发展的重要途径。

三 社会资本理论

布尔迪厄认为，所谓社会资本是“实际的或潜在的资源的集合体，那些资源是同对某种持久的网络的占有密不可分的，这一网络是大家共同熟悉的、得到公认的，而且是一种体制化的关系网络，换句话说，这一网络是同某团体的会员制相联系的，它从集体性拥有的资本的角度为每个会员提供支持，提供为他们赢得声望的凭

① 陈士兵：《马克思的社会发展理论及其当代价值》，《山东省青年管理干部学院学报》2008 年第 5 期。

证，而对于声望可以有各种各样的理解。这些资本也许会通过运用一个共同的名字（如家族的、班级的、部落的、学校的或党派的名字，等等）而在社会中得以体制化并得到保障，这些资本也可以通过一整套体制性的行为得到保障，在这种情况下，资本在交换中也就或多或少地真正地被以决定的形式确定下来，因而也就被维持和巩固下来了。这种确定和维持是建立在牢不可破的物质的和象征的基础上的"①。根据布尔迪厄的论述，卜长莉认为社会资本一般具有以下特点：（1）社会资本是一种从中可以汲取某种资源的、持续性的社会网络关系。（2）社会资本是一种体制化的网络关系，而不是由亲属关系和血缘关系建立起来的自然联系，是在特定的工作关系、群体关系和组织关系中存在的，它要通过某种制度性的关系来加强，社会网络不是自然形成的，必须透过某种投资策略来建构，这种投资策略的主要目的是要稳固关系，使其成为可靠的资源，否则就是变动的偶然联系，而不是作为具有稳定联系的社会网络。（3）社会资本具有潜在性和现实性，只有当社会网络被行动者调动或利用时，它才能以某种能量或资源发挥资本在实践中的作用，这时它就是现实的资本，而当它未被利用和调动时，它仅仅是静态的网络关系，是潜在的社会资本。（4）社会资本作为一种资源，每一个被联系在其中的社会成员都可以从中受益，但受益的程度要依每个人实践能力的大小而有所区别。②

卜长莉还进一步分析，布尔迪厄的社会资本以关系网络的形式存在，是一种通过"体制化"的关系网络的占有而获取资源的集合体，这种"体制化"的关系网络是与某个团体的会员制相联系的，获得这种会员身份就有权利调动和利用这种资源。个体所占有的社会资本的多少取决于两个因素：一是行动者可以有效地加以运用的联系网络的规模；二是网络中每个成员所占有的各种形式的资本的数量。社会资本如果运用得当，将是高度生产性的，因为它具有高度的自我增值

① ［法］布尔迪厄：《实践与反思——反思社会学导论》，李猛译，中央文献出版社1998年版，第102页。

② 卜长莉：《布尔迪厄对社会资本理论的先驱性研究》，《学习与实践》2004年第6期。

能力，从一种关系中自然增长出来的社会资本，在程度上要远远超过作为资本对象的个人所拥有的资本。为了积累和维护社会资本，个体必须不间断地花费相当的时间和精力，只有这样，才能使那些简单的、偶然的社会关系成为一种义务。这种时间上的特性和社会交换本身具有的根本意义的含混结合在一起，使得社会资本的运用成为一种微妙的时间经济。①

在农村信息化建设过程中，充分利用农村社会资本十分重要。这是因为：首先，农村社会资本的存在将促使农户支持农村信息化建设。农村社会资本能够为农户提供感情支持与制度约束，可以提高他们参与公共事业的热情，能够动员和组织农户自愿地参与到信息化建设中来。其次，农村社会资本将促使农民参与到农村信息化管理中去。农村社会资本可以提升农户间的相互信任，促进合作互动；能够在缺乏正式管理控制的情况下规约各自的行为；能够通过相互沟通、理解和协同，形成一种整体性秩序；能够培育农户普遍公共责任意识，促进他们参与到农村信息化管理中来。再次，农村社会资本将有助于农民对信息化的运作进行有效监督。最后，农村社会资本能够改善农村信息化的薄弱环节。目前农村信息化建设过程中存在着农户获益较少、信息内容少、信息化经济回报无法持续运行等问题。农村社会资本的开发将有助于缓解信息化发展中存在的难题。然而，目前我国农村社会资本中传统资本较多，现代资本存量较少，因此，如何促进我国农村社会资本从传统资本向现代资本过渡十分重要。

四 城乡一体化理论

城乡一体化主要是指城市与乡村在经济、社会、文化、生态环境、空间布局等方面实现整体性的协调发展与共同繁荣的发展过程，它是经济社会发展到一定阶段的产物，其目标是无论居住在城市还是农村，都能够享受现代城市文明生活。城乡一体化既体现着经济社会

---

① 卜长莉：《布尔迪厄对社会资本理论的先驱性研究》，《学习与实践》2004 年第 6 期。

发展的自然规律，又体现着制度选择的人为因素。[①] 城乡一体化是双向的，不是单向的，是在经济社会高度发达的条件下，城乡完全融合，互为资源、互为市场、互相服务的过程。因此，城乡一体化绝不是全部乡村都转变为城市，更不是城市乡村化，应该是城市与乡村互相吸收先进和健康的因素而摒弃落后的、病态的东西的一种双向演进过程，以求在发展中逐步融合和发挥城乡发展的组合优势，双向拓展发展空间，缩小发展水平的差距。

同时，城乡一体化又是一个渐进的过程。城乡一体化是在经历乡镇培育城市、城乡分离、城乡对立、城乡联系、城乡融合的演进阶段以后，在工业化发展到一定阶段、城市化水平达到一定高度、社会生产力高度发达的条件下，通过循序渐进的方式实现的。[②] 如果工业化、城市化尚未达到相应水平就超前进入城乡一体化，必然落入发展陷阱，由此带来农村衰落和城市停滞的双重困境。城乡一体化也不是简单地通过移民或改变户籍制度，脱离就业结构现状去变农民为市民的过程，它是一个渐进的长远发展的过程。它随着生产力的发展而促进城乡居民生产方式、生活方式和居住方式的变化，使城乡人口、技术、资本、资源等要素相互融合，互为资源，互为市场，互相服务，逐步达到城乡之间在经济、社会、文化、生态、空间、政策（制度）上的协调发展。

最后，它也是中国现代化和城市化发展的一个新阶段。城乡一体化强调一种整体主义思维，即把城乡、工农作为一个整体进行谋划和综合开发，通过体制改革和政策调整，促进城乡在规划建设、产业发展、市场信息、政策措施、生态环境保护、社会事业发展等方面的一体化，改变长期形成的城乡二元经济结构，实现城乡在政策上的平等、产业发展上的互补、国民待遇上的一致，让农民享受到与城镇居民同样的文明和实惠，使整个城乡经济社会全面、协调、可持续

① 肖良武、张艳：《城乡一体化理论与实现模式研究》，《贵阳学院学报》（社会科学版）2010 年第 2 期。

② 杨家栋、秦兴方、单宜虎：《农村城镇化与生态安全》，社会科学文献出版社 2005 年版，第 26—27 页。

发展。

城乡一体化离不开信息化，以信息化带动工业化，走新型工业化和城市化道路是我国当前以及未来城乡一体化发展的必由之路。

首先，农村信息化建设是统筹城乡发展的重要机制性保证。第一，信息化是传统农业向现代农业迈进的“转换器”。利用现代信息技术手段可以改变传统农业的经营方式，武装农业的生产和销售。第二，信息化是农村开发的“助推剂”。信息技术有助于加大对农村开发的力度，这是对传统开发的一种新超越。第三，信息化是服务农民的“保证单”，实现城乡一体化管理服务、促进城乡公共资源的均衡配置离不开信息化的服务作用，信息技术有助于真正实现城乡的一体化。

其次，农村信息化建设是统筹城乡发展重要策略性方略。党的十七大指出，“要加强农业基础地位，走中国特色农业现代化道路，建立以工促农、以城带乡长效机制，形成城乡经济社会发展一体化新格局”。这是基于我国基本国情和发展需要的重大战略。加快农业农村信息化建设能够“在资源配置方面改变传统空间关系，突破城市地理界限，缩小城乡之间信息占有和利用的差别，缩短城乡之间距离，建立城乡之间的信息传递、互动、交换的平等关系，从而推动城乡经济社会良性互动、协调发展”①。只有适应信息化发展的世界大潮流，在各个方面运用现代信息化的管理方法和技术手段，才能积极促进区域城乡一体化的顺利进行，提高区域在未来发展中的综合实力和可持续发展能力。②

第二节 农村信息化建设的代际更替语境

党的十八大报告提出要实现工业化、信息化、城镇化和农业现代

① 吕永辉：《关于信息化推动新农村建设的思考》，《河北农业科技》2008 年第 22 期。

② 许大明、修春亮、王新越：《信息化对城乡一体化进程的影响及对策》，《经济地理》2004 年第 2 期。

化“四化”同步协调发展，这是应对新的国际国内形势的新的发展方向。在这个发展路径中，推进农村信息化建设成为重点和难点。信息化是21世纪的主流大势，也是现代化转型的题中应有之义。在未来社会，谁能够快速地掌握信息，使用现代信息技术，谁就能够站在时代的前列。从国内来说，随着市场化、社会化的发展，农民对技术、政策和市场信息的需求急剧增加（尤其是在农业方面，越来越依赖于市场信息），如何获取有用的信息在一定程度上成为农村社会经济发展的关键因素。然而，中国社会长期以来的城乡“二元”经济社会结构使我国的信息化建设缺乏平衡性和协调性，农民农村的“信息贫困”问题较为严峻。

自改革开放以来，中国政府已经将信息化作为消除农村贫困和提升农民生活水平的重要方式，不过我国农村信息化的挑战依然存在，表现在以下几个方面：一是规划相对滞后，部门协同还不够；二是商业化模式的不可持续和过度依赖政府投入；三是需求动力不足以及地方相关信息资源缺乏、公共意识和能力较低；四是国内信息工业与农村应用的研发工作之间关联性低，缺乏系统的学习和评估机制等。[①] 相对于这些农村信息化建设的硬件缺陷而言，农村信息化的落脚点最终要在作为主体的农民身上。可以这样说，没有农民信息能力的提升，就没有农村信息能力的真正实现，信息化和农业现代化的“最后一里路”问题就将仍然存在。所以，在现代化理论、社会发展理论等理论的支撑下，本书将对农村信息化进行更细致的讨论，着力于从代际的更替层面来研究农村信息化的提升战略。

一 农民的代际与信息化

从21世纪初开始，国家已经着手提出社会主义新农村建设的政策规划，现代农业和农业现代化也成为国家的重要战略选择。而农村农业的信息化既是新农村建设和农业现代化的题中应有之义，也与政

① Christine Zhen – Wei Qiang, Asheeta Bhavnani, Nagy K. Hanna, Kaoru Kimura, Randeep Sudan, “Rural Information in China”, *World Bank Working Paper*, No. 172.

府对信息化发展的认识有关。农村信息化是一个过程，即将现代信息技术引入到农村农业，推动新型农村的建设和现代农业的发展。农民代际更替的社会性意义突出体现在空间的差异上。我国地域范围广大，各地区由于自然禀赋条件的不同所产生的限制性发展要素存在差异。苏贾认为“区域性的不充分发展，是延伸的抑或扩大的再生产不可分割的一部分”。[①] 从自然经济空间来看，我国存在着东、中、西三部分，自然地理的差异影响着经济发展的优先选择性。此外，在平原地区和山区，如华北平原和东北大平原，从实现农业规模化经营向现代农业迈进上来说有其优势，从农村信息化建设的成本上来说，也有着对山区农村的比较优势。

除了自然经济空间之外，经济发展上的主观选择也造就了空间差距。亨廷顿认为，“现代化的一个至关重要的政治后果便是城乡差距”。[②] 当前中国的农村信息化建设是处在工业化、城镇化的叠加时期，由于现代化造就的城乡差距，信息化建设也在城乡之间呈现出明显的“马太效应”，农村和农民的“信息孤岛”现象严重，[③] 或者称之为“信息贫困”，而城市的发展在很大程度上是衡量现代化的尺度。因此，经济发展的选择性形成了城乡差异和相对孤立。但由于人们有着对美好生活的追求，由农村向城市流动而形成的城镇化成为现代化的重要指标。

总的来说，从农民代际层面来研究农村信息化建设，需要解决两个问题：一是农民的自然代际更替，这是培养更能适应农村信息化的主体的重要方面；二是农民自然代际更替的社会性意义，这种社会性体现在农村信息化建设的区域差异和城乡差异上，从而农村信息化建设和农民信息能力的提升，要注重差异性和整合性。

---

① ［美］爱德华·W. 苏贾：《后现代地理学》，王文斌译，商务印书馆2004年版，第160页。

② ［美］塞缪尔·P. 亨廷顿：《变化社会中的政治秩序》，王冠华、刘为等译，上海世纪出版集团2008年版，第55页。

③ 孙贵珍、王栓军、李亚青：《基于农村信息贫困的河北城乡信息化相关因素比较研究》，《学理论》2011年第5期。

二 代际农民的信息化

代际是因种族的延续而自然生发的一种人际关系，这包含了横向和纵向两个方面。从横向上来说，作为同代人具有一些趋同性的特征；从纵向上来看，代与代之间具有不可逆的时间性和不可避免的差异性。代际农民就是指代际内的农民和代际间的农民。代际内的农民，他们着力要解决的是信息化的认知与信息能力的掌握之间的差异，通过对信息能力的掌握来化解自身信息能力的不足。而代际间农民，则是农民的自然代际造就的不同时间段内的农民，他们要面对的是两个问题：一是上一代际的农民尚没有解决的信息化难题，二是与社会发展相适应的新型信息化要求。

为了开展本文的研究，本部分提出“代际期许”和“代际适应”这两个概念。从农村信息化的供给与需求来说，“代际期许”指的是“种田人”对信息的主观需求，“代际适应”则指的是农村信息化建设的客观成效与“种田人”主观需求之间的契合性。

首先，代际期许的产生是农村信息化建设的社会大势下的产物，但它高于当前信息化建设的实践。期许是一种主观体验，它来源于客观实践。代际期许也就有了两个方面的内容：一是作为同代人的信息期许的相同性和差异性；二是作为不同代际农民之间的信息期许的相同性和差异性。不过，从代际分化的角度来说，同代人的信息期许的相同性是主要的，不同代际农民之间的信息期许的差异性是主要方面。而同代人之间的信息期许的差异性受社会情境的影响，不同代际农民之间的信息期许的相同性是一种传承性的体现。

由于生长的环境、年龄程度等相差不大，同代农民之间的信息需求具有相对稳定性，但受到社会条件的影响，这种相对稳定性又会呈现出差异性。就当下来说，农村的老年农民已经经历了几十年的人生历程，但这几十年的人生历程基本上是在乡土大地上耕作。他们的生产和生活形态已经固定，对于农业信息来说，他们觉得最为可靠的是他们长久浸润在土地上所琢磨出来的老传统。很明显的一点，要他们参与市场信息的发掘，将耕作的产品与市场信息对接起来很明显是存在困难的。现代的信息化务农，很难改变他们的自身的务农实践，但是可以创造环境和条件，提高农村信息服务设施和水平，而不是过于关注如何提升农民获取信息的能力。这便是老年农民所呈现出来的对信息需求的稳定性。很明显，这种稳定性也不是绝对的，由于受教育程度的不同、家庭收入的不同，以及经济地理区位的不同，即便是同代农民也会呈现出不同程度的差异。

由于不同代际农民之间的社会化程度不同，不同代际农民的差异性表现得尤为突出。相反，代际农民之间的相同性则是在自然代际延续下的传承的产物。就当下来说，年青一代的农民由于受教育程度的提高、置身于信息化的环境中，尤其是互联网、通信工具等的迅速革新，他们具有掌握信息的潜在可能性。此外，他们具备的知识结构和社会阅历，使他们能够迅速习得信息技术的运用、迅速适应信息环境的更新换代，而这是当前的农村老农所不具备的。但作为自然代际的农民的更替，他们的代际变化也存在一定程度的相依性，即农民的代际差异并不是自然而然地一下产生的，而有着一个缓慢的变化历程，这个缓慢的历程是对代际相同性的逐步消解过程，是对代际差异的逐步增强过程。

其次，代际适应是对代际期许的回应而产生的，代际期许提供了农民信息能力提升的方向，而代际适应对代际期许张力的缩小即意味着农民信息能力的完善和发展。马克思认为，“他们的需要即他们的本性”①。对于信息的“需要往往直接来自生产或以生产为基础”②。在农村老农的身上，我们能看到从传统的乡土社会习得的传统对于他们从事生产生活的影响，在这个意义上，他们惯于那种习得的信息，他们是一种被动的接受。然而，随着农业现代化的推进和信息技术的广泛运用，农村的信息化环境得到了很大的改善，在这个意义上，正如马克思所说，“由于生产条件的变革及其所引起的社会结构的变化，又产生了新的需要和利益”③。传统的信息习得模式和被动接受

① 《马克思恩格斯全集》（第 3 卷），人民出版社 1960 年版，第 514 页。
② 同上书，第 87 页。
③ 《马克思恩格斯全集》（第 21 卷），人民出版社 1965 年版，第 192 页。

者姿态已经不能满足农民在新的信息化环境下的需要了，他们的信息需求就必然会产生变化。这种变化正好与农民的自然代际更替有着时间和程度上的相依性，而且是在代际农民身上体现出来。可见，社会化信息环境的变化在某种程度上体现在农民信息需求上的变化，农民的信息需求实际上就构成了农民信息能力提升的方向。

有需求就有市场，就有实现需求的客观和主观可能性。不论是依靠政府推进的我国农村信息化建设，还是由农民面对信息环境变化主动作出改变，都是对农民信息需求的回应，可能这种信息需求的回应有着主观选择和被动卷入的差别。在这个意义上，代际的需求并不仅仅依靠代际农民的主观选择来适应，而且即便如此，代际农民的主观选择也是在信息化的社会环境中作出的。从代际更替的语境来说，正是农民代际的适应逐渐与代际期许的张力的缩小在改造着农民信息能力和农村信息化环境，而这个过程是交互促进的，代际期许与代际适应的张力扩大和张力缩小造就了农村信息化建设的主体——农民信息能力的提升，农民信息能力的提升又是农村信息化建设和农业现代化的重要推进力量。

第三节　倡导和强化农村信息化建设的现实意义

信息化、科技化是衡量现代农业的两个重要因素，现代“种田人”是农业生产的主体，是农业生产的直接实施者和受益者。了解和践行农业信息化是现代“种田人”的现实选择。在当前实现农业现代化、农业信息化的背景下，现代“种田人”必须掌握根据已有信息作出合理决策的能力，这就要求他们能快速收集、发布农业信息，具备准确研判农产品市场行情的能力，从而提高农业生产的科学性并实现农业的经济效益。借助农业信息化建设，农村经济结构能够实现调整，农民的经济收入和生活水平能够快速提升，农业的综合竞争能力也将得到加强，所以信息化是我国农业发展的重要途径。

一 农村信息化是农村经济结构调整的必然要求

党的十八大将经济结构调整作为我国现阶段最重要的战略任务之一，而产业结构是经济结构调整的核心内容。农业产业结构调整包括农作物种植比例的变化，农产品质量的提高，农业产业结构和区域布局的优化。当前农业和农村经济结构的战略性调整也将依赖于农业信息化的发展，即通过农业信息化建设促进农村和农业经济结构的优化与升级，为农村经济增长与农业社会发展奠定坚实基础。农业信息化的推进将有助于促进农村经济增长方式由粗放型向集约型转变。

（一）有利于改变农业经营方式

近年来，国家为增加农民收入，提出了诸多惠农政策。例如，在"三农"问题上实施政策保护和倾斜，提出了深化农村体制改革，加强农村基础设施建设，改善农村社会和经济环境，集中力量支持粮食主产区发展农业生产等政策措施。国家对农业发展的重视为农业发展带来了巨大机遇。而要想抓住这次机遇，就必须在正视我国农业发展的不稳定性和生产经营方式的落后性的基础上，构建起适应市场社会发展的社会化、专业化、组织化等相结合的现代农业经营体系，从而在根本上解决农民靠天吃饭的困境，把农业的发展和农产品产量的增长途径拓展延伸到依靠科技进步和提高劳动者素质上来。

（1）农业信息化可以大幅度提升农业生产水平。以计算机和现代通信技术为基础的信息技术的应用，可以实现农业生产过程的自动化与信息化，改变传统农业生产方式，增强农民抵御风险的能力，同时降低生产成本，提高农业生产效益和增加农民收入。（2）农业信息化可以带来农村劳动力就业结构的显著变化。一直以来，我国农村信息相对闭塞滞后，被称为"信息孤岛"，信息的不畅严重阻碍了农村劳动力的有效有序转移。信息技术的引入将有效推动农村剩余劳动力向其他产业转移，通过转移农业剩余劳动力，提高农业的投入产出比。（3）农业信息化有利于拓宽农产品的销售途径。当前我国农业和农村经济发展受到资源和来自市场化的双重压力和限制，农产品销售不畅、农民收入增长缓慢等问题也开始涌现。产生这些问题的原因之一就是信息不通畅，服务不到位。利用网上销售服务平台，可以最大范围地推销农产品，有效解决农产品滞销问题，同时可以更为方便、快捷地了解国际国内两个市场的变化情况，为及时调整生产结构以避免农业生产的盲目性和趋同性提供条件。（4）农业信息化有利于提高资源利用率，优化资源配置。社会的发展使得传统依靠个体农户和政府指导的农业生产方式难以为继，以牺牲生态环境为代价或者依靠通过增加人力等生产资料的投入而提高农业收益的做法已经不能适应社会的发展，因为这种生产方式终将会导致生态环境的失衡和资源的枯竭，要改变这种农业生产方式，就需要把信息技术应用于农业生产领域，实现农业资源的量化和共享，在此基础上对农各种业资源和影响农业的各种因素进行定量分析，做出最佳决策。

（二）有利于优化农业产业结构

合理的农业产业结构是实现资源优化配置的基础。技术的进步是农业产业结构优化的重要推动力，随着劳动生产率的提高，农业农村经济的发展将焕发新的活力。20 世纪 90 年代后期，随着社会主义市场经济的推进，农业发展受到市场的影响越来越明显。目前我国农业产业结构还处于初级阶段，不能有效解决当前出现的增产不增收等诸多新问题，要优化农业产业结构，实现农业产业结构的优化升级，必须推动农业信息化。（1）农业信息化有助于推进农业科技产业的开发。新的农业科技产业，是指在新的农业革命推动下，运用重大技术创新成果建立起来的以现代生物产业、生物技术、信息技术为中心的为农业生产提供先进科技产品和服务，具有战略意义的新兴产业，是现代农业发展的趋势和未来农业的特征。[①] 此外，农业信息化的发展也催化了新的诸如农业信息网络服务业、农业应用软件制造业等的开发。（2）农业信息化有利于改造传统农业，提高农业劳动生产率。计算机技术和现代通信技术在农业领域的广泛应用，能显著推动农业产业化朝着自动化、信息化、高效化方向发展，以改造传统农业生产方式，大幅度提高农业劳动生产率，农业生产的劳动密集型比重将下

① 宋帅官、张天维：《辽宁农业新兴产业发展研究》，《农业经济》2011 年第 8 期。

降，这就意味着农村劳动力得到了有效转化，这对于推动农业产业结构的优化和农业经济的发展有重要作用。

（三）有利于改善农业劳动力结构

农业信息化建设，有利于培养和造就一支高素质、高水平的现代农业信息技术专业化队伍，提高农民的信息运用能力，优化农村劳动力结构。改革开放以来，我国农村教育事业取得了显著成效，农民的受教育水平有了较大提升，农民学习和应用科学文化知识的意愿更加强烈。但是从整体来看，当前我国农民的文化素质仍然普遍不高。根据人口普查资料显示，我国农民大部分只受过小学或初中教育，农机推广人才尤为短缺，农民文化素质偏低直接影响了农业科技推广的效果，农民接受和应用最新科技成果的速度缓慢，时间过长，难以适应市场经济的发展。借助信息技术，通过基地培训、联合授课、流动培训等方式，对农民开展信息网络运用方面基本知识的培训，提升农民对现代信息技术的运用能力，启发和培养农民的信息需求，调动农民积极参与农业信息化建设。同时通过信息技术，还能培养农机专业化人才，使其掌握计算机应用操作知识、农业信息基础知识、农产品市场行情收集与发布等相关本领，进而从整体上提高农村农业信息化。

（四）有利于优化农业投资结构

投资结构是指在一定时期的投资总量中，各要素的构成及其数量的比例关系，它是经济结构中的重要方面。在农业经济投入中，农业信息技术与咨询服务产业的投资比重在不断上升，在投资趋向上，诸如农业信息基础设施等硬件和智力、人才、农业信息服务等软件投入并重。农业信息化对农业经济结构诸要素的优化作用是其促进农业经济增长的关键所在，技术作为现代经济发展的一种核心生产要素，其改造投资乘数效应大、杠杆作用显著，对加大转变经济发展方式发挥着举足轻重的作用。因此，必须大力发展农业信息化，加大对农业科技进步与创新的投资，这既包括对技术应用、科技研发、人力资本提升等方面的直接投资，也包括对创新平台载体建设、创新基础设施改善等方面的间接投资。在投资方向上应注重把资金投入基础技术、关键技术研究方面，争取在这些方面取得突破性进展，引导更多社会资金投入到新技术、新产品、新设备的研发与应用中。

二 农村信息化是农业产业化的基本动力

（一）可以增强农业产业化的生产经营能力

农业产业化就是要将农业推向市场，通过市场规律指引农产品的生产经营，运用现代工业思维发展农业产业。信息化把信息和知识作为新的资源要素，融入农业产业化的各个环节，通过信息化使土地、劳动和资本等生产要素达到紧密结合，引导、控制并改变土地、劳动力和资本等传统要素的集约程度和配置关系，促进农业产业结构调整，增加农业收益。

（二）可以对农业生产过程进行流程再造

农业信息化通过对农业生产全过程进行流程再造，优化生产过程的组织和管理，加强对农产品生产过程环境效应和农产品安全性的监管，提高生产效率，增加农业生产经营的科学性，为农业产业化创造良好条件。通过对我国传统农业生产和农产品流通过程的技术性改造，实现农业的规模化集约化生产，降低农业生产成本，并在农业生产标准化、规范化的基础上，通过开发特定的软件程序，把在企业信息化建设中发挥重要作用的相关系统引入到农业生产过程中，加强对农业生产过程的控制和管理，实现农业生产的企业化。同时推进农业生产的智能化建设，如实现病虫害防控的自动化，土壤水分养分监测，农产品仓储和物流系统监控的信息化，农业专家系统的普及化，农业生产分析与决策系统的数字化等。① 通过对信息资源的开发利用和对业务流程系统的改造，提高生产经营效率，降低生产经营成本，形成覆盖农业生产全过程的信息化、数字化、集成化和科学化局面，提高农业生产的产业化程度。

（三）可以助推农业物流系统发展

农产品的商品化与跨区域销售，离不开健全的农业物流系统。农

---

① 卢光明：《农业信息化是促进农业产业化的重要手段》，《中国管理信息化》（综合版）2007 年第 6 期。

业物流信息点多、面广、量大，既囊括了基本的农用物资和农机器械，也包含了种养殖、林业等方面的生产资料；既有生产性的经济组织，也面向广大的一家一户的小农。所以，提供及时、准确和有效的农业物流信息将有助于降低物流成本，增加农民收入。同时农业信息的畅通，有利于实现市场供需平衡，促进农业生产要素的合理流动，克服低层次农产品相对过剩的问题。目前，我国农业物流发展还处于初级阶段，与发达国家还有着巨大差距，推动现代农产品物流的快速、健康发展，必须充分利用现代信息网络技术，加强信息交流与合作。我国农产品物流产业规模大，但技术水平低、行业管理能力弱，只有加快现代农业物流信息化建设，才能更好地实现信息资源的转化，才能提升农业的社会效益。

（四）可以拓展农业产业化活动空间

在经济全球化的今天，农业产业化必须紧扣市场，依托信息化手段，农业生产经营者可以打破传统资源约束，通过农业信息服务，进一步推动农业信息收集、处理、分析以及农业信息中介、网上农科教育、网上农产品交易、网上结算、订单农业、物流配送等一系列农业信息活动。① 这样才能适应市场的需要，建立以信息技术和知识为纽带的灵活多样的农业经营实体，同时与国内外不同地区相互沟通，互通有无，在全世界范围内进行交换，拓展我国农业产业化的空间，使我国的农业走出国门，走向世界。

三　农村信息化是农业竞争力提升的关键

（一）提高农业生产效率

现代农业是与发达的市场经济紧密相连的，它的各个环节都离不开信息化的支撑，通过信息化可以把土地、劳动和资本各要素紧密联系起来，从而减少生产经营中的不确定性，降低成本，提高效益。在农业生产之前，根据市场需求变化提供及时信息指导；在农业生产

---

① 陈松等：《加强农业信息化建设是实现农业产业化的有效途径》，《商业经济》2004 年第 9 期。

中，根据生产目标实行严格的生产控制；在农产品销售阶段，根据市场行情确定最优价格，并根据价格变化趋势以及相关产业的销售情况确定销售的方式方法，获得最好的经济效益。可见，农业信息化与决定农业内生经济增长的因素有密切关系，农业信息技术、农业科技知识对于农业生产要素优化组合、农业利润的有效实现发挥着越来越重要的作用。

（二）提高农产品的竞争力

由于品种、管理、科技等因素的影响，目前我国农产品的竞争力普遍较低，要想从根本上解决这一问题，必须大力发展农业信息化，提高农产品的竞争力。信息技术是农业农村发展的强大技术支撑，也有助于推动农业科技实现更深程度的合作。农业科技人员利用信息技术缩短科研周期，促进更多、更加优秀的新品种问世，推动科技成果的推广和转化。农民通过信息网络，可以在极短的时间内，掌握大量的农产品市场行情，为优化专业化生产、经营的各个环节，实现农业资源的优化配置奠定良好基础，进而增强农产品在国际市场的竞争力。

（三）提高农业资源的成果转化效率

农业信息化有利于节约农业资源，增强农业的竞争力，信息资源对经济发展、社会进步起着越来越突出的作用，新信息技术的推广、新科技信息产品的运用以及相关信息服务系统的建立和完善，极大地减少了对包括土地、水、人力和资金等在内的各类农业生产基本资源的浪费，建立起高效能动的农业生产体系，提高了农业资源的成果转化效率。例如，发达国家建立的农田灌溉自动决策系统，使得水资源利用效率极大提高，投资与效益比高达 1∶250。[①] 倘若我国学习借鉴类似农业技术，必将产生巨大的经济效益和社会效益，专家估算，仅北方冬小麦灌溉一项，就可节约用水 102 亿立方米，节约资金 2 亿元，同时还可以节约大量的人力、物力和财力，全面降低农产品生产过程中的成本，提高我国农产品的市场竞争力。尤其是在入世之后的

① 缪小燕：《试论我国农业信息化的发展》，《图书情报知识》2003 年第 2 期。

国际市场背景下，农业产业化越来越重要。目前，获得农产品生产、交换主动权的关键之一就是要及时、全面地掌握重要的市场信息，所以，无论是国际市场竞争还是国内市场竞争，农产品竞争力的核心都是对市场信息的掌握程度的竞争，只有拥有先进的网络信息技术和手段，才有可能在激烈的市场竞争中取胜。

四 农村信息化是农业抗风险能力提高的有效途径

农业自身的弱质性使农业生产经营过程面临巨大的风险，农产品需求收入弹性较低，在扩张需求总量上存在着较大的困难，加上农业生产周期长且很容易受到自然条件的制约，农民控制农业生产的能力还不强。在农业生产中，往往会出现投入了大量的资金但是农业产值仍然较低的现象，有些农产品贮存空间大、贮存难、自身价值不高、市场竞争力较弱，这些都是农业弱质性的体现。以农业信息化建设为载体，充分运用现代科学技术，可以降低农业自身的弱质性，提高农产品的科技含量，增加农产品的附加值，抵御或转移风险，增加农民收入。

（一）可以增强农业抵御风险的能力

通过加大对农业的科技投入，培育新品种，不断增强农作物自身抵御自然灾害的能力，同时在农业生产过程中利用遥感技术、地理信息系统、全球定位系统等农业信息化手段，配合专家指导，在对农业地区自然状况进行综合评价的基础上，合理调整种植品种，优化种植结构，改善种植环境。利用信息技术准确预测天气情况，积极预防自然灾害，力求把自然灾害的不利影响降到最低。农业信息化还能增强农业抵御市场风险的能力。市场经济是信息引导的经济，信息在市场经济的有序运行中发挥着重要作用，借助信息技术，有助于实现农业生产的产前、产中、产后的有效衔接，处理好农业生产、分配与消费的关系，从而使农产品适应市场需求，使农业得以良性发展。农业信息化能够帮助生产者和收购者直接联系，减少流通环节，简化交易程序，节约交易费用，进而增加农民收入。农民可以利用现代网络信息技术及时获取相关政策、科技、市场等方面信息，根据市场需求决定种植种类和数量，能有效规避市场调节的缺陷。

（二）能促进农民收入的增加

随着社会主义市场经济体制的完善，越来越多的农产品进入市场是一个必然趋势，但是目前我国农业市场化尚处于起步阶段，许多体制尚不健全，加上农产品市场本身的不稳定性，农民的生产往往带有盲目性和滞后性，使农产品的生产和交易存在着较大风险。农业信息化则有利于改变传统一家一户生产经营模式，发展规模化、集约化经营，通过信息的收集、传递和利用实现多地区、多部门的分工与协调，提前掌握农产品市场信息，避免项目重复建设，少走弯路，进而显著增加农业生产效率和农民收入，实现农业增产和农民增收。

五 农村信息化是农村政治文明发展的客观要求

随着农业信息化的不断推进，广大农村经济、政治、文化等正在发生着深刻的变化，人们的思想观念以及群众与政府之间的关系也发生着巨大的变化，这要求政府转变职能，改革管理理念、管理机制和运作模式。加强农业信息化建设，对我国新农村的政治发展、政治文化融合等具有巨大的推动作用。

（一）有利于拓宽参与途径，推进重大决策民主化

扩大农民有序的政治参与，是当前农村政治发展的重大课题，是中国共产党代表人民利益的重要体现。农业信息化将改善农民民主参与的技术手段。例如，相关网站的建立不仅为农民提供方便快捷的信息服务，同时也为农民开辟了表达政治呼声、参与政治生活的新渠道。同时，农业信息化手段的应用把广大农民被动表达意愿转变为主动，推动农民与各级政府开展更加广泛而直接的交流，激发了农民参与公共决策的热情，既有利于提高政府工作的科学性，又强化了农民的主人翁意识。

（二）有利于加强对政府的监督，推动决策科学化

网络服务平台不仅是政府及时便捷地传递政策信息及农业最新成果的窗口，而且是农民反映民意、建言献策的途径，通过网络，可以有效加强农民对政府工作的监督，增强农民参与政治生活的积极性，进而推进农村基层民主的发展。目前我国基层政府网站的参政议政功能还比较欠缺，有的仅停留在群众反映情况的阶段，因此需要更加深入地推进信息化发展，实现技术手段上的革新，方便农民通过网络参与政治生活。信息技术的运用可以极大降低农民参与政治生活的成本，农业信息化的发展也为农村各级党政机关及其工作人员提供了密切联系群众的方式和途径，通过网上直播等形式，各级党政机关及工作人员可以听取农民对关系自己切身利益问题的观点和看法，从而提高政府决策的科学性和可操作性。由于网络具有开放性、平等性、自由性等特点，网络信息在传递、整合的过程中使得政治决策更加透明，能促使政府真正做到想百姓之所想、急百姓之所急。同时，政府可以直接从政府信息网上获得第一手资料，减少由于中间环节层层过滤造成的信息失真，密切与人民群众的关系，使决策更具有针对性，提高决策的民主化和科学化水平。

（三）有利于推进管理体制创新，实现农村治理现代化

体制创新是理论创新、科技创新的前提和保障。在社会主义新农村建设中，政府管理体制的创新较之以前更为紧迫和重要。政府部门的各项工作都离不开信息的收集、整理、发布和实施，信息网络的发展促进了政府组织机构的创新，提高了政府运作效率。信息技术的运用在降低政府运作成本的同时使政府运行更加开放和透明，有助于增强政府工作人员的责任心，提高工作绩效。政府信息网站的建立，打破了部门间隔，建立了广纳民言、广聚民智的信息渠道，推动政府实现由管理到服务的转变，促进政府工作的高效化、廉洁化。政府以网络化为载体，加强信息化建设，能够完善管理服务职能，改进行政管理组织、方式和行为，使政务逐渐走向公开化、透明化，为公众提供丰富的信息资源，进而增强政府的服务职能，促进经济、社会和谐发展，为社会主义新农村的建设做出应有的贡献。

六 农村信息化是新农村乡风文明建设的重要载体

乡风文明就是要优化乡村人文环境，让现代文明进入和渗透到农村经济社会的各个领域、各个层面，让社会主义先进文化占领农村文

化阵地。乡风文明包括农民生活方式文明、道德行为文明、社会风尚文明，涉及教育、文化、科技、卫生、社保、治安等各个领城。[①] 乡风文明是新农村建设的“灵魂工程”，是社会主义新农村建设的总体要求之一，也是开展农村精神文明建设的工作取向。目前我国农村文化建设比较落后，先进文化还没有完全实现与农村传统文化的融合。农村文化呈现出现代性与传统型相互交织，先进文化与传统文化相杂糅的形态。为进一步建设社会主义精神文明，需要加强农村思想政治工作，引导农民群众摒弃陋习、崇尚文明，提高精神文化生活质量，形成良好的道德风尚。当前我国正处在全面建成小康社会的时期，广大农民不仅需要富足殷实的物质生活，更需要丰富的文化生活。因此，有必要借助农业信息化建设的契机，充分利用技术手段，有序推进农村乡风文明建设。

通过开展面向农村的各种信息服务，推动先进理念和科学文化知识的传播，广大群众可以掌握一些科学技术，提高农民的知识水平，促进农民的消费观念和方式的改变，树立现代种田人的良好形象。通过农业信息化的建设，实现电话网、电视网和电脑网的“三电合一”，农民可以利用网络及时了解国内外经济、社会和科学技术动态，扩大知识视野、丰富文化娱乐生活、转变落后思想观念。另外，农业信息化还可以推动农村文化设施建设。我国农村文化设施建设投入一直都处于较低的水平，只有很少的村建有完备的文化活动室、图书室、老年活动中心等基础设施，有些农村虽有文化设施，但效益不大，农民劳作之余的娱乐方式十分单一，文化生活单调，精神生活贫乏。借助农业信息化可以大幅度降低文化设施建设的成本，扩大文化基础建设的范围，增加农民获得先进文化信息的途径，为社会主义乡风文明奠定坚实的物质基础。

① 刘本锋：《试析乡风文明建设的“瓶颈”》，《求实》2006 年第 12 期。

第三章　农村信息化建设与代际“种田人”

第一节　“种田人”的历史线索与脉络

古往今来，作为农业大国的中国，“种田人”是我国人口的主要组成部分，这凸显了其作为国家最广大阶层的实质。因而，“种田人”的存在也就成为影响国家根基的决定性因素，成为最基础的生产力，决定着国家经济社会的发展与稳定。

因此，历史与现实的国情决定了“种田人”和“种田人”的事情在中国社会的发展中具有重要且特殊的意义，而“种田人”的生活好坏也毫无疑问成了攸关国家盛衰的基石。

一　“种田人”的历史与变迁

“种田人”的历史随着农耕时代的到来而产生。在我国，从农业兴起于黄河中下游地区到春秋时期，至少已有五千年以上的历史，可以说中国作为世界上最具代表性的农耕文明之一的文明古国，其几千年的历史满载着将原本荆棘草莱的茫茫大地辛勤耕作为良田美畴的滔滔画卷。

（一）长期的“主旋律”：“种田人”的战争史

中国人素来重视历史的记载，史学发展在我国也拥有着非常悠久的历史。但是，在漫长的传统史学中，汗青蠹简摆于正堂的往往是功勋赫赫的“王侯将相”，而“种田人”往往只有在充当犯上作乱的“盗贼匪寇”之时才会被提及，其余的时候，他们的存在基本处于默默无闻的状态。这种状况在1949年中华人民共和国成立后得到了改善。农民开始被作为史学研究的重要对象，这可以说是“工农联盟”以及“农村包围城市”在取得巨大胜利后逐渐引起史学界重视的表现。因此，我们现在看到的“种田人”的历史基本都是新中国成立以后的研究成果，也是众多专家与学者从过去的文山书海中所研究、提炼出来的结果。

不过，在相当长的一段时间内，“种田人”的历史基本不再等同于“种田人”的“造反史”，而是通过后来学者的“平反”，给予其新的形象。但是这段历史也仅仅转变成为“种田人”的“起义史”抑或是“战争史”，其主要内容依旧是围绕着农民起义与封建王朝对抗的线索来开展，包括战争（抑或是“起义”）的背景、原因、策略、影响等。出现这样的现象与这一学术领域的历史发展背景息息相关：一来过去对于农民的史料大多集中在农民起义的层面上；二来这种长时间所形成的对于中国“种田人”的认识也造成了此方面视角的停留。

对此，在对农民战争的反思基础上，有不少学者开始强调要繁荣农民战争史的研究，重新评价其历史地位。而在对农民战争史的展望上，济南大学党明德教授在《造反环境转换为执政环境后的“农民战争”问题研究的几点想法》一文中，基于苏双碧、黄敏兰、孟祥才三位学者对中国农民战争史研究的总结，阐述了自己对中国农战史研究的一些认识，如加强对乡村中坚力量的研究，重视对人与自然关系与乡村社会矛盾激化现象的研究，重视运用社会学的研究方法来研究农民战争问题。① 当然，关于“种田人”的漫长历史，绝对不仅仅只有起义、战争一条道路可循，从不同的视角来研究“种田人”也就成了学术界的重要使命，并且随着学术交流的不断深入，一些外来的研究方法与视角也不断地融入研究过程中，也使得“种田人”的历史变得更富多样性。

① 党明德：《造反环境转换为执政环境后的“农民战争”问题研究的几点想法》，《济南大学学报》（社会科学版）2010年第2期。

（二）极尽还原历史的原貌：古代“种田人”的生活百态

先秦时期的史料并不丰富，而关于如何阐述“种田人”的历史，其研究的角度与方法由于相关学者的不断创新与挖掘而使得这方面的成果不至于是一片空白。例如研究较好的周代，其“种田人”的历史从《诗经》入手来揭示宗族公社内部血脉交融的伦理结构、剖析当时农民们在群体生活中的种种日常经历，从而呈现出周代“种田人”的生活概貌。赵雨认为，《诗经》保留了周代“种田人”从“疾病相忧”的朋友情谊，到温厚深挚的婚恋生活，再到“夫唱妇随”的夫妇伦理，足以呈现出周代民间种种家庭关系真实而又广阔的图景；[①] 另外，也有从这一时期的相关文献中看到“民”“氓”从最初的族名转变为阶级名再到大多数人的通名这一语义上的重大变化，从而洞悉当时社会结构和阶级关系所发生的新变化，提出作为社会结构主体的“氓”，其身份并非奴隶，而是从事农业生产的农民的说法。[②] 不过，该领域研究也绝不能算得上是“百花斗艳”，甚至因为史料的不足，使得这一领域的研究瓶颈不断，甚至只能说是“雾里看花”。例如，在关乎“种田人”问题上目前资料还算较多的“井田制”方面，周新芳就指出，因为史料的少且混乱，以及理论标准的不统一，其中还主要体现在马克思理论在运用中的混乱造成了井田制的研究停顿不前，[③] 因此，对于“种田人”更为翔实的了解多开始于春秋战国至秦汉时代，这也是目前史学界详细研究中国“种田人”早期发展的重要阶段。

随着生产力的不断发展，商品交换成为人类生活的日常活动，而商品的交换需要固定的场所，因此也就有了“城”存在的意义。说到中国古代“城”的定义，张全明在《论中国古代城市形成的三

---

① 赵雨：《诗经与周代村社农民的情感生活》，《内蒙古农业大学学报》（社会科学版）2003年第4期。

② 周书灿：《“民”、“氓”语义转换及周代“氓”之身份考察》，《苏州大学学报》（哲学社会科学版）2011年第1期。

③ 周新芳：《井田制讨论的困难与不足》，《安徽史学》1998年第4期。

个阶段》[1] 一文中指出：中国古代的城市，必须满足以下四个基本要素，才能称得上是真正意义上的城市，即：有环绕居民区的能够起防御作用的墙垣设施；有相对集中的非农业人口；有进行经常性的商品交换的场所；在地域上具有一定的政治、经济中心作用。如在春秋战国时期，临淄、邯郸、郢、咸阳、大梁等既是政治中心也是经济中心，此外，定陶、中山、雍、宛等也都是当时著名的商业都会。

这样一来，随着城市经济功能的增强，从人口构成的角度看，此时的城内居民构成开始不断地发生变化，这首先便体现在城市居民的分化上。《汉书·食货志》有云："是以圣王域民，筑城郭以居之，制庐井以均之，开市肆以通之，设庠序以教之；士农工商，四民有业。学以居位曰士，辟土植谷曰农，作巧成器曰工，通财鬻货曰商。"[2]

宋仁桃认为，农民，作为社会底层构成的基础，一直都处于主体位置。而在战国秦汉时期，农民在城市居民中也仍占有很大的比重，甚至在某种意义上讲还是城市居民的主体。两汉时期，这种来自战国的传统虽仍然延续着，但由于交换经济和土地兼并的破坏，城内农业人口的数量不断趋于下降，甚至被迫弃农经商，由于有能力、有资金、有条件从事工商业的毕竟是少数，大多数人只能是散居四野，或者成为官僚地主的依附民，或者卖身成为奴隶，总的来看，城邑居民中农民的比重有下降的趋势。但随着东汉大庄园的普遍兴起和社会工商业不断遭受战乱的打击，城市经济必然日益衰退，农民的数量又有所回升。[3]

而除此之外，也有学者对于这一时期农民的"道德政治经济学"进行自己的理解与阐述。如张金光认为："农民道德政治经济学有三

---

① 张全明：《论中国古代城市形成的三个阶段》，《华中师范大学学报》（社会科学版）1998 年第 1 期。

② （东汉）班固：《汉书》，中华书局 1962 年版，第 1117 页。

③ 宋仁桃：《战国秦汉城市人口结构初探——以农民问题为中心》，《史学月刊》2006 年第 5 期。

大原则：生存安全第一、均平第一、政府社会保障。生存，是人生第一要义。官社经济体制下，农民经济活动的目的就是求生存。对生存的极力关注与强调，决定了农民的社会生活和政治生活的行为方式和一些基本内容。”[①] 同时，他认为：“民之生存应由政府来保障，亦即政府的职责应是以保障民之生存、规避风险为重要指归。能保障社民生存，使之脱离生存困境的就是好政府。因此，孟子‘仁政’的价值标准便成了其道德经济观。”[②] 经济基础决定上层建筑，这样的道德经济观也反映了当时中国历史上包括官民社会经济体制在内的传统农业社会经济活动的本质。

秦汉社会作为中国地主封建制社会的第一个发展阶段，具有典型的地主封建制社会初级阶段的特征，保持有浓厚的国家封建制因素。同时，随着生产力的不断提高，中国社会到了魏晋时期已向成熟的地主封建制社会逐步过渡。以封建公田制、名田制为代表的等级土地所有制关系的破坏，以及国家奴役制的衰弱，封建农民对地主个人依附租佃关系的发展，这些都创造了魏晋南北朝时期封建生产关系发展的新格局。[③] 这一时期，编户农民向“客”及其各种形式的变种转化。而“客”及其变种，就依附程度而言，处于奴婢与编户农民之间，这个社会阶层从西汉末年便开始出现，但在东汉尤其是魏晋南北朝时期有着突出的发展。[④] 另外，动乱的社会和黑暗的政治迫使这一时期大批文人舍弃官场隐居农村，过起田园生活，从而将农村、农民纳入创作题材之中，不仅描写美丽的田园自然风光，还涉及众多农事方面的内容[⑤]，这也成为研究这段时期“种田人”的重要资源。魏晋南北朝无疑是一个分裂、动荡的时代，但它上承两汉，下启隋唐，为隋唐

---

① 张金光：《生存权第一：一个根本的道德律令——战国、秦官社经济体制下的农民道德政治经济学及赋税原理研究之一》，《西安财经学院学报》2011 年第 4 期。

② 张金光：《“仁政”：生存政府保障论——战国、秦官社经济体制下的农民道德政治经济学及赋税原理研究之二》，《西安财经学院学报》2011 年第 6 期。

③ 陈长琦：《秦汉魏晋南朝时期地主封建制的发展》，《史学月刊》1990 年第 5 期。

④ 李光霁：《从奴婢农奴化和编户农民私人依附化谈起》，《文史哲》1987 年第 1 期。

⑤ 陈文华：《魏晋隋唐时期我国田园诗的产生和发展》，《农业考古》2004 年第 1 期。

经济文化的高涨作了充分的准备。[①]

在英语语系的中表达农民的有两个词，分别是 farmer、peasants。农民（farmer）完全是个职业概念，指的就是经营 farm（农场、农业）的人，这个概念与 fisher（渔民）、artisan（工匠）、merchant（商人）等职业并列；而 peasants，在古英语中，作动词用时，有“附庸、奴役”的意思，而作名词时还兼有“流氓、坏蛋”之意。很明显，它更强调的是一种身份。根据户口类别这个典型的“先赋”指标来看，恐怕中国的绝大多数农民用 peasants 更为确切，因为，农民在中国不仅具有职业特征，更是在社会心理上表明社会地位低下的身份特征。[②]

而“整个汉唐时代，个体农民的普遍性是国家授田制的实施结果，无论是在授田，还是在占田、均田的名义之下，农民在本质上都是国家的课役农，都依附于国家；而以丁身定额征收田税、赋役的制度则加速了自耕农的破产，使农民由国家课役农转变为地主依附民，是赋役制度的缺陷使农民走上破产、流亡以至于揭竿起义之路的第一动因”[③]。由秦汉时期的税“丁口”向税“资产”过渡，唐代征收内容也由征收实物向货币形式转变，并最终以具有划时代意义的两税法形式具体下来。它在一定程度上减轻了农民的家庭负担，“分地舍人而税地”促使国家对农民人身控制弱化，也放弃了用行政手段调整土地占有状态的努力，对唐代农民家庭结构、农民家庭产业调整和生活方式产生了很大的影响，使农民经营方式向多样化发展，并向货币形式渐进。因此，唐代的税制改革开启了中国传统社会后期税收模式的先河，并对农民群体的社会经济分层具有重要影响，也使得农民与国家的关系、农民与地主的冲突进入到一个新的历史阶段。[④]“农民

① 蒋福亚：《略谈魏晋南北朝时期的历史地位》，《文史哲》1987 年第 1 期。

② 罗玉达、康小红：《“农民工”权益保障的法社会学思考》，《贵州大学学报》（社会科学版）2006 年第 6 期。

③ 臧知非：《汉唐土地、赋役制度与农民历史命运变迁——兼谈古代农民问题的研究视角》，《苏州大学学报》（哲学社会科学版）2005 年第 4 期。

④ 张福安、王春辉：《唐代税制改革对农民家庭生活的影响》，《石河子大学学报》（哲学社会科学版）2009 年第 4 期。

供养的这类脱离农业生产单纯消耗社会财富的人口愈多，农业就愈加萎缩，农民人口再生产的条件就愈加趋于恶化，再加之，随着社会经济尤其商品经济的发展而带来的人们消费结构的变化，生产高级消费品和奢侈品的手工业及经营这类产品的商业特别是长途贩运商业畸形发展起来。这类工商业所需的劳力和人手远较一般工商业为多，这就导致了这一时期弃农从商的人口大量增加。”①

到了宋朝，农业人口的构成以及从业人群又有了新的发展。在农民家庭经济方面，陈国灿、陈剑锋指出：“随着农村市场的快速成长和商品经济的发展，在两浙，农村家庭生活性消费和生产性消费越来越由传统的自给自足走向市场供应。生活上，家居、婚丧、宗教活动得依赖市场的供给；生产方面则主要有工具、物种、生产工具，以及劳动力之类需依靠市场的供给。这个时候农村家庭的专业化生产也有所发展，出现了不少农副业的专业户。此外，南宋政府在赋税征收过程中的赋税货币化程度不断提高、采取‘折变’的征收方式等，这些都加强了农村家庭经济与市场的联系。”② 而武建国、张锦鹏也提出：“中唐以后至宋朝时期，农村消费水平总体上有了一定的提高，乡民对高档消费品开始有了追求，社会性消费中奢侈铺张之风突出。同时，由于商品经济的发展，农户的货币性消费有了明显增加。”③也有学者针对宋代农村大量出现的雇佣劳动力的现象进行了分析，得出了“这是由于农村人地矛盾、人身依附关系的松弛、手工业的发展、农民生活贫困的现实压力、农民思想的变化等因素作用的结果”④。

社会矛盾的加剧在这一时期也突出表现在“流民”这一问题上，程民生在对宋代流民的分析中认为，流民的出现首先是赋役沉

---

① 宁可：《宁可史学论集》，中国社会科学出版社 1999 年版，第 288 页。

② 陈国灿、陈剑锋：《南宋两浙地区农村家庭经济探析》，《浙江师范大学学报》（社会科学版）2005 年第 4 期。

③ 武建国、张锦鹏：《从唐宋农村投资消费结构新特点看乡村社会变迁》，《中国经济史研究》2008 年第 1 期。

④ 杨贞：《论宋代农村雇佣劳动力发展的原因》，《商情》2010 年第 36 期。

重，其次是土地兼并，再次是宋代“贱农而贵末”的现象，最后是人口的剧增。而庞大的流民显然是社会不稳定的因素，宋代政府也进行了安置、分流。流民的出路主要也有以下几方面：应募参军、服役、从事手工业、经商或进入城市，抑或出家为僧，还有沦为流氓或盗贼。①

到了明清时期，农业人口迁业问题、兼业化现象变得较为突出。明清时期，在商品经济高度发达的背景下，更多的农民被卷入商品经济的浪潮中。他们或远走他乡外出经商，或在自己的土地上“改粮他种”，种植更能获利的经济作物。这一现象的产生与徭役的沉重、自然灾害等有一定的关系。农民从事非农业的生产，促进了商品经济的发展，同时也带来了一系列的社会问题。②

中国传统经济条件下，农民主要依靠传统的农业经济为生，自给自足的小农经济是传统农业社会家庭经济的特点。一旦农业经济的收入不足以维持家庭生计，农民就会考虑从事其他职业，这种行为称为兼业化行为。明清时期处于封建社会晚期，资本主义萌芽已经出现，正处于社会转型期，小农的行为趋向正反映了该时期的历史特点。农民兼业是出于压力、需求等动因；而农民的兼业行为一方面对于农民自身的生活条件改善和自身观念的变化带来影响，另一方面对稳定社会秩序和促进社会经济发展等具有重要作用。正确理解明清时期农民的兼业化行为，对于今天建设社会主义和谐社会、妥善解决农民问题具有一定历史借鉴意义。③

（三）近代的“种田人”：“长时段”的综合分析

对于近代“种田人”的探讨要着眼于整个近代这个大的历史背景。首先，鸦片战争爆发后，在外来列强的船坚炮利的不断迫使下，一系列丧权辱国的不平等条约的签署使得中国的传统市场开始半遮半掩地打开了房帘，但外来技术和资本的涌入，已给中国基层的传统经济造成了不可磨灭的影响，农业必然是首当其冲的关键环节。白银的

---

① 程民生：《论宋代的流动人口问题》，《学术月刊》2006 年第 7 期。

② 赵国号：《明清农民迁业问题》，《安徽文学》（下半月）2008 年第 3 期。

③ 李华丽：《明清时期农民兼业化趋向研究》，《中国农学通报》2011 年第 8 期。

大量流失，造成农民所需缴纳的租税升值，加之，政府战败后的大量赔款也转嫁到了农民身上，这使得在不断面临外国竞争的同时，农民的处境无疑雪上加霜。

另外，彭南生先生认为："从1840年到抗日战争发生前的1936年，虽然由于战争、饥荒、瘟疫等天灾人祸的影响，人口增长的势头趋缓，但人均占有土地的数量并未上升，人多地少现象依然是近代中国最基本的经济国情。据统计，人均耕地面积1851年1.75亩，1873年2.7亩，1887年2.27亩，1901年2.14亩，1911年2.67亩，1932年2.71亩，始终未能超出3亩。"① 农民只有依靠土地才能收获自己的劳动价值，从而拿到市场上通过交换的手段实现价值，说得简单点就是靠土地的收成养活自己。但是在天灾人祸不断，中国的农民又并未掌握先进农业技术的情况下，人均占有土地的缩小无疑给农民的生产积极性造成伤害。因此，在近代，农业人口迁移的问题成为一个焦点。

造成这种现象的主要原因是职业收入差异问题。表1反映的是平均每一户农民家庭以及工人家庭在全年的总收入、总支出上的情况：

表1 **工人与农民平均每家全年总收入和总支出比较表** 单位：%

收入与支出组别	工人收入		农民收入		工人支出		农民支出	
	各收入组调查数	比重	各收入组调查数	比重	各支出组调查数	比重	各支出组调查数	比重
100元以下	2	2.71	—	—	—	—	3	4.20
100—200元	10	13.51	14	21.90	7	8.75	25	34.70
200—300元	21	28.38	23	35.90	30	37.50	30	41.70
300—400元	18	24.32	12	18.80	25	31.25	10	13.90

① 彭南生：《也论近代农民离村原因——兼与王文昌同志商榷》，《历史研究》1999年第6期。

续表

收入与支出组别	工人收入		农民收入		工人支出		农民支出	
	各收入组调查数	比重	各收入组调查数	比重	各支出组调查数	比重	各支出组调查数	比重
400—500 元	15	20.27	8	12.50	11	13.75	3	4.20
500 元以上	8	10.81	7	10.90	7	8.75	1	1.30
总计	74	100	64	100	80	100	72	100

资料来源：张东刚：《总需求的变动趋势与近代中国经济发展》，高等教育出版社 1997 年版。本资料由表格“城市工厂工人平均每家全年总收入和总支出（1923—1939）”（第 30 页）以及表格“农民平均每家全年总收入和总支出（1917—1941）”（第 51 页）综合而成。

由以上数据可以看出，工人阶层的家庭在收入高低的分布上明显优于农民阶层的家庭，然而在支出上却又大抵差不多，这就意味着对于农民而言，改行做一名工人或许更能为自己的家庭带来财富，这样势必就推动了农业人口向外迁移的趋势。

值得一提的是，整个近代，农业人口的发展产生了各种的阻碍，从而挫伤了他们的积极性，致使众多的农业人口向外迁移，但这并不意味着整个近代的农业发展就一直停顿不前或是直线倒退。农业总产值反映了农业所创造的纯收入。而农业总产值上升，则说明整个农业收入的上升。因此，通过表 2 则能反映出，近代农业的曲折发展以及“种田人”在近代的波折命运。

表 2　**近代中国历年农业总产值（扣除成本）**　单位：千元

年份	种植业	林业	牧业	副业	渔业	农业总产值
1840	7542801	147672	804386	555092	142996	9192947
1894	8992975	186382	788157	638190	178277	10783981
1911	9686019	235258	930197	722482	190830	11764786
1920	7436709	207493	971505	834814	164500	9615021
1933	11881422	371866	1076353	996094	283434	14609169

续表

年份	种植业	林业	牧业	副业	渔业	农业总产值
1936	12071581	344396	961384	1011375	275230	14663966
1946	9645784	286832	742340	932150	230251	11837357
1949	7889081	237780	780061	772933	190923	9870778

资料来源：莫曰达：《1840—1949 年中国的农业增加值》，《财经问题研究》2000 年第 1 期。

以上数据表明，在 1936 年以前，农业总产值增长速度较快，尽管在 1920 年，总产值出现了回落的现象，但是到了 1936 年，这一年的农业总产值在以上数据中创下了一个高峰。这不仅意味着从 1840 年到 1936 年，中国农民在创造农业生产力上得到了一定的改善，也意味着在 1920 年后的中国农民的农业生产得到了较好的保护与恢复，尤其在 1920—1936 年的增长最为迅速，说明此阶段农民在农村经济的生产方式上得到了不少帮助与改善，因而，农民的生活水平也有所提高。不过在 1946 年，农业总产值的数量又发生了跌落，这是因为在 1936 年后的 1937 年日本帝国主义发动了对中国的全面侵华战争，因此，毁灭了以前的发展成果。分析从 1840 年到 1949 年的中国农村的农业总产值，从首末两端来看，并未有突出增长，但这并不意味着农民的生活水平停滞不前，其中间的变动性也是极其可观的。

然而，与此同时，生活水平的提高并不能改变生活水平仍然很低的事实。当时的工人阶级已是处于社会最底层的阶级，而从表 1 得知，农民的生活水平甚至低于工人阶级，那么，农民的生活处境可想而知。但是，从另一方面，却能反映出人口迁移的背后人们对提高生活质量的要求与渴望。

在近代“种田人”追求经济物质生活不断提高的同时，在精神诉求方面，由于农业人口大多目不识丁，因此，也无法奢望他们留下多少思想成果以此探得究竟。不过，太平天国时期的领导者倒是留下了不少思想著述，这对我们了解农民在这一时期的精神诉求有极大的帮助。洪秀全即是运用《礼记 · 礼运》中关于“大同”的论述作为基础构建“太平天国”理想王国的。而“大同”社会，不仅仅是近代中国农民对理想社会制度所做的审美追求，也是整个封建社会时期文人雅士对于“王道乐土”的共同构想。所谓“太平”，即包含着世间景象万物和谐，不分贵贱，男子“尽是兄弟之辈”，女子“尽是姊妹之群”，人与人之间既无“此疆彼界之私”，也无“尔吞我并之念”①，从而老百姓才能过上安乐的生活。不过太平天国的领袖们为了使这一思想更富有神秘的宗教意味，将儒家伦理与基督教教义中人人平等的“天国”理念结合在一起，型构了一幅人人平等、平均分配的小农经济的理想社会蓝图。因此，“太平天国”不仅仅只是一次农民起义中领导者所封的建号，更可以作为一种口号、一种策动，便于直接形象化地给农民们展现出一个“理想国”的概貌，在满足他们对理想社会的孜孜诉求的同时，形成一股精神上的凝聚力为己所用。但是，在这个理想社会中，正是由于儒家经典中的“大同”思想被他们形象化为一个以绝对平均主义为分配原则的地上天国，才使得这一思想到了最后只能是“竹篮打水一场空”。农民对于“理想国”的平均、平等的诉求，体现在“大家能都有”一份私产的基础上，即是在小农经济基础上所搭建的产物。过于强调所得结果的平均化，而忽视了人与人之间的差别性，因而，这种想法的出发点就变得仅仅是从自我利益、个体小生产的利益出发，并非真正地着眼于现实，因此，这对于社会生产的发展产生了消极及破坏性的作用。

另外，在对人与人之间的相处上，更倾向于如同家人关系般相处，太平天国时期，其内部印发的《幼学诗》中有写道：“家庭亲骨肉，欢乐且融融，和气成团一，祯祥降九重。”② 它反映的是以“家庭”构成形式来凝聚身边的人们，这也是一种对于人与人之间真诚相待、互爱互助的追求。

当时，在广大的中国农村，由于内忧外患、长时期动荡不安的时代背景，加之灾害频发，小农业生产方式不仅被严重打击、削弱，而

---

① 中国史学会主编：《太平天国》（一），神州国光社1952年版，第92页。

② 同上书，第232页。

且“种田人”自身农业技术及相关资金的匮乏造成其无法抵御大的灾害。这就造就了农民们对于家族、家庭成员间和睦相处，人与人之间相互帮助、扶持的渴望，在这种情况下也只有这样才能减轻自然与社会给他们带来的灾祸。

二 “种田人”的现状

在飞速发展的现代社会，中国过去贫困农业国的面貌得到了巨大的改变，工业总产值的发展在中国的发展中扮演着举足轻重的角色。但与此同时也反映出中国农业发展的紧张需求。伴随着社会的发展、人民日益增长的物质文化水平的提高，以及相关信息技术的飞跃发展，“种田人”的利益诉求开始与日俱增且更具多元性。另外，由农业人口的分化伴随而来的农业人口减少、迁移入城问题及并发的各种城市化问题，也逐渐映入人们的眼帘。所以，关于“农业、农村、农民”的问题便成了一个时时刻刻都需要关心的“热话题”。

（一）“种田人”群体的分化

农民的分化问题贯穿于整个中国历史的长河中。整个社会的发展带动了中国农民的社会分化，某种意义上，整个社会结构的分化导致了农民分化，而社会分化的实质是社会发展不平衡。

随着城市改革的进行和改革引起的农民思想观念的变化，流入城市并从事非农职业的农民也越来越多，汇成了浩浩荡荡的民工潮，并引起了农民的社会分化，在农民阶级内部，出现了不同的阶层，包括农业劳动者阶层、农民工阶层、雇工阶层、农民知识分子阶层、个体劳动者和个体工商户阶层、私营企业主阶层、乡镇企业管理者阶层和农村管理者阶层8个阶层。[①] 传统意义上的农民是指“种田人”，是专门从事农业生产的人，既是一种职业又是一种身份，但是随着现代社会的变迁，现代社会农民阶层逐渐分化和流动，不再专指“种田人”，而包括“种田人”、农民工和拥有农村户口的人。

---

① 陆学艺：《当代中国社会阶层研究报告》，社会科学文献出版社2002年版，第22页。

要厘清和界定农民、农民工、“种田人”及几者之间的关系。首先要界定“农民”的概念和确定“农民”的范围。目前我国在“农民”这个概念的使用上差异较大，主要有两层含义：一是指一种职业，是指以土地为生产资料并长期和专门从事农、林、牧、副、渔业的生产劳动者，我们姑且称这种按照职业划分的农民为“职业农民”，与之相对应的概念应该是工人、教师、公务员、商人等；二是指一种身份，1958年以后随着户籍制度的实施，我国开始以户口为准，将持有农村户口的农村人口统称“农业人口”，与此相对应的是“非农业人口”。当前在不同的语境中“农民”这一词汇包含着复杂的含义，它往往不是一种职业含义，而更多的是一种社会等级、个人身份、社会资源占有状况、生存状态社会组织形式，甚至是一种文化模式和社会心理结构，因此我们把这种按身份划分的农民称为“身份农民”。与“身份农民”相比，“职业农民”概念过于狭窄，主要是指正在务农的农村劳动力，而未包括多数农村未成年、老年人口以及已经步入城市生活和在非农行业工作的农村人口。这与我国实际情况不符。

农民，以农为职业，《辞海》中解释为“直接从事农业生产的劳动者（不包括农奴和农业工人）”。随着中国农村经济社会的发展，农民的劳动形式呈现多样化的发展态势。“从职业上看，农民不再单纯地从事农业生产，而是转向工业生产、服务等领域，这给农民带来了重要影响，主要体现在两方面：其一是在收入来源方面，由原来主要来源于第一产业转变为主要来源于第二、第三产业；其二是在市场参与方面，从间接参与市场转变为直接参与市场。”①

从农民现状来看，大致可将现在户籍意义上的农民分为三个群体：一是完全从事传统农业生产的全职农民；二是不再从事农业生产的户籍意义上的农民；三是介于两者之间的从事农商兼业的农民。本书中所指的“种田人”，主要是指完全从事农业生产的全职农民，但

---

① 文军：《被市民化及其问题——对城郊农民市民化的再反思》，《华东师范大学学报》（哲学社会科学版）2012年第4期。

也包括既从事农业生产也从事非农职业的农民。

（二）“种田人”失地问题

农民与土地永远都是息息相关的“命运共同体”，所以，在社会的发展过程中关于农民遇到的众多问题里，没有比农民失去土地更为重要的大事。失地农民问题一直是城市化发展过程中无可避免的问题。据统计，在1987—2000年，国家非农建设实际占用耕地272万—295万公顷。我国失地农民2006年人数应在5100万—5525万之间。按当时我国城市化水平和经济发展速度推算，10年后失地农民总数将接近1亿人。[①] 其实，国内农民失地问题早在20世纪八九十年代的时候就已经存在了，但是规模不大，矛盾不深，未引起社会的广泛重视。而到了2000年以后，“第三次圈地运动轰轰烈烈地到来了”。[②]

值得一提的是，由于城市地域的扩大而被迫完全失去土地，从而无法再从事农业活动的现象本身不一定能成为问题，但是如果在农民失地的过程中其权益无法得到妥善的保障，那么，问题便真正地出现了。而失地农民失地前后的幸福感便是反映这一问题的晴雨表。

例如，高进云等人以湖北省武汉市5个区（包括洪山区、汉阳区、江夏区、蔡甸区和东西湖区）处于城乡交错区的31个村作为调查区域，就此关于农地城市流转前后农户对于福利变化展开模糊评价，其结果反映，由于农地的流转，原本由农地带给农民的保障作用急剧下降。同时，由于食品支出的增加，总收入未能同步增加，造成由恩格尔系数反映的农地生活保障功能对农民的作用下降。虽然国家给被征地农民以养老保障，使得这方面的模糊评价值有所上升，但被征地农户认为获得社会保障功能的总体状况还是变差了。[③]

---

① 沈关宝、王慧博：《城市化进程中的失地农民问题研究》，《上海大学学报》（社会科学版）2006年第4期。

② 章友德：《我国失地农民问题十年研究回顾》，《上海大学学报》（社会科学版）2010年第5期。

③ 高进云、乔荣锋、张安录：《农地城市流转前后农户福利变化的模糊评价——基于森的可行能力理论》，《管理世界》2007年第6期。

对此问题，许多专家学者也提出了自己的看法。陈锡文曾撰文指出："政府征地所支付的也不是土地的价格，而是土地的补偿金。从现在的情况看，补偿金肯定要比地价低。农民本来是土地的所有者，但我们在征时付给农民的却是'补偿金'，实际结果是农民吃亏。"[①]之后也有学者提出："从现有补偿标准看，农地使用权的补偿仅仅是农业土地使用价值的补偿，属于一种消费基金的补偿，不包括土地发展权收益。所以，这一补偿是相当低的，维持被征地农民原有生活水平都相当困难。"[②] 另外，他还指出，"一些地区耕地征用缺少民主程序，缺乏透明度"，暗箱操作严重，并且"农民在土地征用过程中没有知情权或知情权较弱，信息获取状况较差"[③]。因此，在本身相关规定不完善，以及农民自身相关知识缺乏，加之维权意识缺乏的情况下，农民在失地以后成了社会的"弱势群体"，这样的结果增加了社会矛盾，从而容易诱发社会的不稳定。

但对于失地农民而言，不管其在物质上能否得到应有的补偿，终归都是要面向社会的，因此，这时候在面临新环境、新挑战的原本"种田人"更需要专门的辅导与培训，为以后的生活做准备。可是，目前关于失地农民的教育培训，也面临诸如以下的境况：政策缺失与机制不健全；培训质量不高，效果不明显；失地农民自身素质的"先天不足"与后天教育的残缺。而在这个问题上的具体体现，首先在于，培训内容忽视了失地农民进入城市首属劳动力市场的希望。第二，由于师资的来源和知识能力结构，目前的培训仍侧重传统单一的讲授方式，缺乏多种形式的实践操作。第三，政府、培训机构和失地农民都从自身的利益出发评价培训，彼此间缺少相互制约和权衡的机制，体现出评价体系的不健全。[④]

---

① 陈锡文：《关于我国农村的村民自治制度和土地制度的几个问题》，《经济社会体制比较》2001 年第 5 期。

② 张良悦：《论失地农民的身份补偿》，《经济问题探索》2007 年第 6 期。

③ 同上。

④ 朱玉莲、薛枝梅：《我国失地农民教育培训研究述评》，《继续教育研究》2012 年第 8 期。

（三）“种田人”收入和消费水平低

农业是我国首要的物质生产部门，在我国国民经济中占据基础地位，为人们提供必要的生活资料，为第二产业与第三产业提供必要的物质资本和人力资本。农民作为农业生产的主要实践者，农村中的主要人口组成部分，他们的生活质量如何事关大局。因此，在“三农”问题中，农民问题是核心，而农民收入问题则又是当前农民问题最主要的体现。这样一来，如何从根本上解决农民收入增长问题已经成为目前经济社会发展中需要研究的重要课题。2010 年我国农民人均财产性收入为 201 元，与 2005 年的 88 元相比年均增长 18%。城乡差距较大，地区差异显著。根据陈建东等的研究显示，2002 年我国城镇居民财产性收入与农民财产性收入之比为 2.01∶1；2010 年扩大为 2.57∶1。随着近年来城镇房地产市场的火爆和金融市场的发展，城镇居民的财产性收入自 2003 年以来一直保持 22.6% 的年均增长率，高于同期农民财产性收入年均 18.9% 的增速。①

张晓山等认为，长期以来，我国税收与国民收入再分配在城乡之间存在较大的差距。改革开放前，为了完成重工业的跨越式发展实现工业化，我国国民收入的分配格局主要是向重工业倾斜。改革开放后，为了使城市尽早实现现代化，我国国民收入的分配格局主要是向城市倾斜。这是一种扭曲的国民收入分配格局，是对农村、农业、农民的长期歧视与不公平。② 吴敬琏也指出，农村人口和农村剩余劳动力过多导致人均占有资源变得紧张。首先就体现在土地资源的数量过少上，因而土地报酬递减的趋势十分明显。另外，在生产率提高缓慢而成本却迅速增高这种基本态势得不到改变的情况下，其他措施也很难起到提高农业生产效率、增加农民收入的显著成效。③

---

① 陈建东、晋盛武、侯文轩等：《我国城镇居民财产性收入的研究》，《财贸经济》2009 年第 1 期。

② 张晓山、崔红志：《“三农”问题根在扭曲的国民收入分配格局》，《中国改革》2001 年第 8 期。

③ 吴敬琏：《农村剩余劳动力转移与“三农”问题》，《宏观经济研究》2002 年第 6 期。

陈艳认为："中国农民接受的低水平教育是制约其收入增长的重要原因。一方面，农民接受的教育水平的高低会影响他们的生产效率；另一方面，农村人口素质普遍较低，其从业渠道因自身素质低而受到限制，难以转入其他行业。"① 韦鸿等认为，从我国农户拥有的资源来看，大致分为以下四类：土地、生产性固定资产、人力资本、储蓄和手持现金。这四大类资源是农户获得收入的主要渠道。在市场经济中，资源的多寡决定收入的高低。农民拥有的资源数量稀缺，农民收入低就成必然了。②

另外，也有学者看到，农民权益也在不断影响着农民收入的增长。这主要体现在以下几方面：首先是经济权益的缺失，包括财产权益的缺失和市场主体权益的缺失；其次是政治权益的缺失，包括选举权和被选举权的缺失和结社组织权的缺失；最后是社会权益的缺失，包括劳动就业权的缺失、迁徙权的缺失、教育权的缺失、社会保障权的缺失以及社会尊重权的缺失。农民各种权益缺失的严重状况，势必影响农民收入的增长。③

如今，农民消费结构的现状，一是消费水平由温饱型向小康型转变；二是消费行为由传统波动型向稳定发展型转变；三是消费需求由自给型向商品型转变；四是消费模式由雷同型向多样型转变；五是消费内容由生存型向发展型转变。而农民消费结构存在的问题则是，非商品消费支出比重偏低，食品消费支出比重偏大和消费需求梯度不明显。④ 城乡方面，城乡居民消费行为出现了分化并日益加剧，城市居民已经形成了 5 种主导着消费市场的消费行为，即持币待购的观望行为、随用随买的理性行为、谨慎的中长期行为、超前消费的潇洒性行为和"买涨不买落"的行为；而农村则存在着消费观念保守、强烈的后顾意识、求同的从众行为、盲目的攀比心理

---

① 陈艳、王雅鹏：《我国农民收入增长环境分析》，《调研世界》2002 年第 5 期。

② 韦鸿：《资源数量、制度环境与农民增收问题》，《农业技术经济》2003 年第 3 期。

③ 杜旭宇：《农民权益的缺失及其保护》，《农业经济问题》2003 年第 10 期。

④ 卢嘉瑞：《中国农民消费结构研究》，河北教育出版社 1999 年版，第 134—135 页。

和不良的消费习俗。[①] 这些消费行为一方面体现着如今农民在消费问题上的思想转变，同时也作用于农业人口市场的走势。

另外，农民收入水平低也直接导致了农村居民消费启而不动。张海燕就通过实证分析得出结论，1978—2005 年，农村居民人均收入变动1%，人均消费支出相应正向变动0.759%，[②] 不论是农村居民还是城市居民，其消费和收入的情况一般都成正相关关系。这些数据表明，收入的低速增长严重制约了农民的实际消费能力，农民的增收问题也依然困扰着农民这一阶层更为长远的发展，只不过，综上看来，农民物质生活水平的巨大提高也是不容忽视的现实。

（四）“种田人”需求层次多样化

随着社会发展和物质经济状况的巨大改善，“种田人”的需求从生存型向发展型转变，需求层次逐步向精神需求发展。前文也涉及过他们对于消费有了更为多元的需求与看法，另外，除了信息社会带给他们的各种精神充实外，农民健身、娱乐方面也开始取得了发展。截至 2010 年 12 月 31 日，全国共建设完成农民体育健身工程 231306 个，超额完成国家规划任务 131306 个。5 年间，全国共投入 118.3 亿元，其中，中央资金 12.4 亿元，地方财政资金 60.6 亿元，带动社会资金投入 45.3 亿元，新增体育场地面积 2.3 亿平方米，受惠人数 3.3 亿。尽管超额完成了“十一五”农民体育健身工程任务，但我国 63.4 万个行政村仍有 40.2 万个没有体育健身场地，受益人口也只有 3.3 亿，仅占农村总人口的 40%。[③] 由此可以得知，国内关于农民体育建设提供了大量的投入，不过对于广大的农民需要而言，这只是杯水车薪。

江苏太湖周边地区属于中国比较发达的地区。学者刘江山等对该地农民体育健身工程实施现状的调查显示：农民体育健身工程硬件设

---

① 严先溥：《我国城乡居民消费行为分化加剧》，《经济研究参考》2003 年第 62 期。

② 张海燕：《拓展农村消费市场的实证分析》，《消费经济》2006 年第 6 期。

③ 国家体育总局主编：《改革开放 30 年的中国体育》，人民体育出版社 2008 年版，第 41 页。

施建设良好，但农民主动参与体育锻炼的意识仍然不强，健身活动经费投入匮乏、体育组织建设及骨干队伍培养工作开展不力。① 而许月云调查福建农民时发现，53.6%的村民表示经常利用工程的体育场地和设施进行锻炼，并感到锻炼效果较好；31.3%的村民表示受自身技术、方法、年龄等因素的影响，很少参与体育锻炼，但从其他参加锻炼的村民口中感受到锻炼效果较好。② 可见，要改变我国农村体育资源严重缺乏，特别是体育场地设施的匮乏问题还任重而道远。一些专家、学者也对此提出自己的看法与解决的办法，例如，关博、董新秋认为，今后乃至更长的时间里体育场地的建设是摆在我国广大农村体育建设中的重要内容。因此，需要采取有效合理的体育干预，使广大农民享受到最基本的体育公共服务。③ 不过，要想使农民在健身娱乐上得到更好的提高，更需要政府加大投入，农民加大参与力度。

在农民经济状况有所提高从而带动农民精神生活相对丰富的同时，也存在着相对不足的情况，例如在精神需要及其导向方面。首先，农民建设中关于如何提高思想道德的问题也日渐被人们所重视，这些做法大多都从农民思想道德状况的现状出发、从农民关心的利益得失入手，针对农民的荣辱观念和从众心理，用爱国、爱家、爱人、爱己以及尊老爱幼等优良传统文化激发他们的道德良知，用“黄、赌、毒”等丑恶现象以及封建迷信所带来的惨痛教训警醒农民，以此来倡导健康、文明、科学的生活方式和思维习惯，克服愚昧落后的状态，并且这些提议与想法也正在不断地被提炼、深化。例如，在指导思想上，李宝才、焦庆海主编的《用先进思想教育农民》一书中，指出了提高农民思想素质的指导思想和基本策略。作者认为作为教育农民的完整的先进思想体系，理应包括以下几个方面：中国共产党执

---

① 刘江山、郃崇禧：《江苏太湖周边地区农民体育健身工程现状及对策》，《体育成人教育学刊》2010年第3期。

② 许月云、许红峰：《新农村建设中农民体育健身工程效应的研究》，《山东体育学院学报》2009年第3期。

③ 关博、董新秋：《对影响我国农民体育健身工程实施效果若干因素的研究》，《体育与科学》2010年第1期。

政的先进思想、先进的民主与法制思想、先进的道德思想。而上述这几个方面构成一个有机的共同体从而更好地作用于提高农民思想道德的建设。[①] 而张艳莉、王雅文、张鹏程的文章《提高农民思想道德素质必须以社会主义核心价值体系为指导》指出随着改革开放的不断深化，我国农民的思想观念、道德意识、价值取向趋于多样化，农村的思想道德建设出现了许多新情况、新问题，建设社会主义核心价值体系指明了社会主义和谐文化的发展方向，因此，提高农民思想道德素质必须以社会主义核心价值体系为指导，总结农村思想道德教育工作的经验教训，结合新时期农村的现实状况，探索提高农民思想道德素质的有效途径。[②]

综上来看，种种发展在一方面反映出了如今“种田人”日益多样丰富的生活状况，另一方面也向社会展现出广大“种田人”阶层在生活中所面临的问题与困难，从而希望能够引起足够的重视、相关部门采取有力的措施，使问题得到更为妥善的解决。民以食为天，国以农为本。众所周知，“种田人”是封建社会以来在中国一直都起着重要作用的阶层，因此，我们今天重温中国有关于“种田人”的历史，思考如今“种田人”的发展现状，并对与之相关的问题与论述展开阐述，我们会发现它们仍然对我们具有很多的启迪，即使是在工业文明高度发达、社会相对稳定的今天，仍需辩证、发展地看待“种田人”赋予我们的一切，也只有这样才能更好地看清当今社会的真实面目，妥善地提出解决的方法，推动整个国家、社会的繁荣与安定。

第二节 现代“种田人”及其素养

一 “种田人”角色的现代化

农业要由“传统”走向“现代”。中央对我国农村当前发展的现状以及面临的问题做出了正确的分析。针对我国农村当前发展面临的

---

① 李宝才、焦庆海：《用先进思想教育农民》，中国文联出版社 2005 年版，第 11 页。

② 张艳莉、王雅文、张鹏程：《提高农民思想道德素质必须以社会主义核心价值体系为指导》，《通化师范学院学报》2007 年第 9 期。

问题，《中共中央　国务院关于加快发展现代农业　进一步增强农村发展活力的若干意见》明确提出："统筹协调，促进工业化、信息化、城镇化、农业现代化同步发展。"《中共中央　国务院关于积极发展现代农业　扎实推进社会主义新农村建设的若干意见》也明确提出："要用现代物质条件装备农业，用现代科学技术改造农业，用现代产业体系提升农业，用现代经营形式推进农业，用现代发展理念引领农业，用培养新型农民发展农业，提高农业水利化、机械化和信息化水平，提高土地产出率、资源利用率和农业劳动生产率，提高农业素质、效益和竞争力。建设现代农业的过程，就是改造传统农业、不断发展农村生产力的过程，就是转变农业增长方式、促进农业又好又快发展的过程。"可以说，农业要发展，就必须依靠现代的技术，实现传统农业到现代农业的转变。

传统农业到现代农业的转变一定要体现在"种田人"角色的转变上，即"种田人"要由"传统"走向"现代"。因此，培育新型农民是实现农业现代化的重要任务。《中共中央　国务院关于推进社会主义新农村建设的若干意见》明确要求"加快发展农村社会事业，培养推进社会主义新农村建设的新型农民"。《中共中央　国务院关于积极发展现代农业　扎实推进社会主义新农村建设的若干意见》同样要求"建设现代农业，最终要靠有文化、懂技术、会经营的新型农民"，"普遍开展农业生产技能培训，扩大新型农民科技培训工程和科普惠农兴村计划规模，组织实施新农村实用人才培训工程，努力把广大农户培养成有较强市场意识、有较高生产技能、有一定管理能力的现代农业经营者"。新型农民才是现代农业发展的必要基础。因此，要想实现现代农业，必须要具备现代"种田人"。

（一）生产方式的转变

中国传统社会是以自给自足的小生产方式为基础的。在长期的历史发展中，虽然历经朝代更替，但以自然经济为主的小生产方式却很少变化。"鸡犬之声相闻，民至老死不相往来"是其典型特征。[①] 归

① 袁银传：《小农意识与中国现代化》，武汉出版社 2000 年版，第 23 页。

纳起来看，小生产方式有如下特征：以家庭为本的生产单位，分工明确，男耕女织，自给自足，没有社会意义上的分工，更没有广泛的社会交往；以简单生产工具进行生产；活动范围狭小，生于斯、长于斯，宗法关系和血缘关系是主要的社会联系纽带。

传统社会的生产方式长期稳定，缺少变化。一方面，“种田人”不具备变革生产方式的能力；另一方面，统治阶级的主要精力也不在此。因此，耕作技术和生产工具的改进在传统社会非常缓慢，农民一般不愿主动尝试新技术和方法，只有在统治阶级的干预下才会进行，一项新的耕作技术的推广需要相当长的时间。

在传统社会，农业生产是一种自然经济，从事农业生产的“种田人”，具有自给自足、自我封闭这样一种小生产者的特征。在我国最常见的是租佃制封建地主经济条件下的小农家庭经营。对于佃农来说，他的一切生产都是为了满足自己家庭的生活需要。“每一个农户差不多都是自给自足的，都是直接生产自己的大部分消费品，因而他们取得生活资料多半是靠与自然交换，而不是靠与社会交往。”[①] 马克思当年对西欧农民的分析，同样适用于中国传统社会中的农民。

在我国广大农村，在耕作方式、生产工具的使用上，至今仍然可以看到不少历史的痕迹。农民以粗陋的、长期不变的铁器工具为主要生产资料，借助于畜力、人力、自然力而进行分散的、自给自足式的低效率的农业劳作。在这种分散、孤立的生产生活方式之下，农民同“自然因素”耦合，缺乏“社会”交流与分工，显得毫无生气，其劳动目的是种田吃粮、子承父业，只要保住命根子——土地，就是获得了生存权，没有更多、更大的奢望。[②]

尽管如此，近年来，随着高新技术的不断发展和广泛运用，我国的农业生产技术不断革新，农业生产正逐渐向现代农业迈进，生产方式也由原来的传统手工耕作转向现代化机械耕作。发达的农业灌溉系统、农村交通系统和农村通信系统的运用为我国的农业生产打开了新

---

① 《马克思恩格斯全集》（第1卷），人民出版社1965年版，第693页。

② 周沛：《农村社会发展论》，南京大学出版社1998年版，第5页。

的局面。各项农业新技术的运用，在降低农业生产成本的同时，扩大了农产品的销售范围，增加了农业生产利润，使农业生产积累较过去大大提高，为进一步发展农业生产力水平提供了良好的基础。

（二）生活方式的转变

在传统社会中，土地是农民维持生存的基本生活资料。因此，费孝通先生用“乡土性”来概括中国传统社会是非常精准的。既能把农民相对集中起来劳作，又能把农民绝对隔离开来的就是土地。费孝通先生在《乡土中国　生育制度》一书中指出，这种黏在土地上的特点使得以农为主的人，世代定居是常态，而迁移则是变态。① 农村社会的这种恋土性同时具有双重性：既表现为农民对土地的依恋，又表现土地对农民的束缚。长期以来人们离不开土地，又不愿意离开土地。具体来看，中国传统社会中农民的乡土性，表现在同质性、封闭性和稳定性方面。

在信息化水平不高的过去，我国农民的生活方式大多处于一种比较单调的状态，农民的生活方式和沿袭数千年的“日出而作，日落而息”模式。但随着信息技术逐渐进入农业领域，农民也开始渐渐成为信息技术的使用者和受益者。据不完全统计，在中国信息通信技术扶贫能力建设22个项目村中，27%的农民经常到信息服务站上网查询信息，另有13%的农民偶尔上网。信息系统的开通，使农民从技术屏蔽的状况，进入可以自由选择技术的广阔空间，劳动技能和水平普遍提高。同时。农产品“卖难”的问题得到缓解，农户生产经营的市场空间扩大，经济效益得到提升。到2003年8月，项目村81%的农户收入增加，人均增收258元。②

信息技术的发展在改变农民生活方式的同时，也提升了农民的文化娱乐需求。多年来，由于经济发展的落后，我国农村处于信息相对封闭的状态，农民的文化娱乐方式多局限于闲聊、打牌。“早晨听鸡叫，晚上听狗叫”成为多数农民的“享受”。近年来，随着农村经济

① 费孝通：《乡土中国　生育制度》，北京大学出版社1998年版，第7页。

② 杨健：《信息技术再立新功　改变三万农民生活方式》，《人民日报》2004年5月17日。

的发展，在国家多项惠农政策的助推下，农民收入水平逐步提高。农村家电产品和通信产品保有量逐年增加。2006 年，全国电视观众总户数已达到 3.06 亿户，电视观众总人口数达到 10.7 亿人，全国平均电视机普及率达到 85.88%。[①]截至 2004 年 12 月底，中国农村固定电话用户突破 1 亿户，达到 1.16 亿户。[②] 中国移动 2006 年上半年的新增用户有一半来自农村用户[③]，表明农村手机用户的增长十分迅速。而据信产部相关官员透露，截至 2006 年 7 月，我国农村上网普及率约为 6%。[④]网络进入农村的推动与发展，将使农民的传统娱乐方式实现快速更新，更好地满足农民不断增长的文化娱乐需求。

（三）结构分层的转变

20 世纪 50 年代初期，国家在农业领域实行“土地政策”，在工商业领域进行“工商业改造”以力图消灭旧中国阶级体系，人与人之间的差距大大地缩小。在高度集中的中央计划经济体制下，围绕着行政权力和政治身份形成了新的社会分层结构。城乡分割的二元体制把农民排斥在中心社会之外，农民处于社会分层体系中的边缘环节，人民公社严密地组织农民的生产、生活，严格地限制他们的盲目流动，特别是向城市流动。农工产品都按照国家规定的价格政策实行“统销统购”，形成了工农产品间的巨大“剪刀差”。

改革开放以来，随着农村所有制结构和经营方式的改变，农民在不同地域、不同产业、不同职业间的社会流动开始出现。农民已经开始逐步从农业劳动者这一单一的社会角色中分化成为多个阶层。随着农村经济体制改革的深入，改革前高度均质化的农民逐渐分化。农民劳动空间的拓展、收入差距的扩大以及权力的分化，使得农民不再是

---

① 《中国电视观众超过 10 亿人 电视机普及率达 85.88%》，http://www.xici.net/b242423/d13731183.html。

② 刘育英：《信息产业部：中国农村固定电话用户突破 1 亿户》，http://comm.ccidnet.com/art/1881/20050121/207519_1.html。

③ 罗绮萍、江炜琦：《中移动新增用户一半来自农村 SP 投诉下降 30%》，《21 世纪经济报道》2006 年 8 月 21 日。

④ 金朝、杨海玉：《农村上网普及率仅 6% 信产部“十一五”目标升级》，http://tech.sina.com.cn/t/2006-07-25/02591053067.shtml。

单一性的社会群体，农民分化为不同类型、不同地位、不同利益特点的阶层，呈现出日益明显的多元化倾向。

（四）社会流动的转变

合理有序的社会流动是现代社会一个显著的标志。自改革开放以来，以经济为中心的发展目标的确立，使得广大农民开始摆脱身份的限定，以家庭为单位积极地从事着生产经营活动，发家致富成为当时农民的热切期盼。以家庭联产承包制为主的经营体制的确立，使得农民能够在生产中掌握主动权和自由选择权，相对于人民公社时期的集体生产和集体经营，此时的农民有了自主支配的时间和空间，农民开始逐步从农业生产中分离出来，进行跨地域、跨产业、跨行业之间的流动。

农民的社会流动，在经历了从“离土不离乡”“离土又离乡”到“进厂又进城”的变化，在追求物质财富的利益驱使下，广大农民开始背井离乡，到城市寻求致富的机会。他们这种“候鸟式”的迁徙和流动，成为中国现代化过程中最具中国特色的一幕，“农民工”一方面身份是农民；另一方面，从事的是产业工人的工作，这种看似矛盾的统一体是转型时期中国社会的生动写照。[①]

（五）社会心理的转变

信息社会中的信息洪流向农民们展示了与其传统生活经历大相径庭的现实世界，各种先进的通信设施、新潮的生活方式、多功能合一的娱乐设备以及另类的价值观念都带给了农民强烈的视觉和心理冲击。农民比过去任何时候都更快捷地接触和感受到世界的最新变化。这种出现在农民身边且时刻更新着的变化，使农民的心理出现了嬗变。

首先，农民的民主和权利意识空前上升。过去囿于信息传播的不发达，农民们处于先天的信息弱势地位，农村管理者享受着基于政治秩序而带来的信息优势。一些国家的大政方针政策都是由农村管理者率先获悉然后再传达给农民，有关农村管理法律法规的解释和实施也是掌握在农村管理者手中。而今天，国家的新政策一出台，通过广

---

① 张端：《新中国成立以来中国农民的变迁及走向》，博士学位论文，中央党校，2013年，第61页。

播、电视和网络，农民可以在第一时间掌握，农村管理者的信息获取时间差优势已经荡然无存。同时，信息的及时掌握也使农民得以更好地维护自己拥有的民主权利，农民的政治参与意识较过去大为提高。农村管理者再也不能凭借信息垄断而忽视、损害农民的民主权利。如在少数干群矛盾较为突出的乡村，自发形成了一些以“上访代表”“维权代表”等名义出现的利益代言人，这些人对关系农民民主权利的法律法规研究得甚至比基层干部还要透彻。

其次，农民的经济心理由“小富即安”向积极进取转变。传统社会中农民对外界的发展不甚关心，自给自足，“小富即安”是典型心理表现。信息社会的到来向农民展示了丰富多彩的外部世界。各地日新月异的发展成就和极富特色的财富积累模式刺激着他们传统的“小富即安”心理，冒险、尝试、学习、竞争开始成为许多农民特别是中青年农民的心理特征。很多农民通过外出打工的机会，学习一技之长然后再回乡创办实业，发家致富。据有关部门测算，在农民工总量中，有7%至10%基本上完成了资本的原始积累，他们具有创办工商企业、农业企业的能力。[①]据农业部乡镇企业局统计，全国累计有1.2亿农村劳动力外出务工。同时，近500万农民工回到农村发展现代农业、开办工商企业，兴办的企业总数约占全国乡镇企业总数的1/5。[②]

最后，农民文化心理日趋开放，传统观念受到冲击。信息技术的发展带来媒体传播的革命。有线电视在农村地区的普及使电视文化对农民传统文化心理和传统观念的影响越来越深远。从2001年到2005年，中国的电视剧年产量以每年1000集的速度增长。2001年，全国的电视剧产量约为8000集，到2005年已达到12247集。[③]农民的文化心理在耳濡目染中发生嬗变，传统的道德伦理和人生价值观念被多元

① 《引导和促进农民工回乡创业》，http://news.sohu.com/20070129/n247895042.shtm。

② 董峻：《农民工回乡创业：回家去打造自己的新家园》，http://news.qianlong.com/28874/2006/10/01/2502@3444739.html。

③ 《欧阳常林谈电视剧：从十年磨一剑到一年磨十剑》，http://ent.sina.com.cn/v/m/2006-10-29/17361304557.html。

化、异向性的价值取向所代替，农民的文化心理和城市文化、工业文化日渐趋同。①

综上所述，新中国成立至改革开放前，这段时期的中国农民经历了从生产方式、生活方式到阶层结构、社会心理等多方面的变化。具体来看，在生产方式上，农民经历了由集体生产到家庭经营的转变，家庭成为生产和经营的组织者和管理者，家庭获得了生产的自主权和选择权，农民生产的积极性被充分调动起来，科技对农业的贡献率在不断增长；在生活方式上，农民逐渐改变了自给自足的小生产方式下的生活状态，正在向以市场为导向的消费型为主的生活方式转变，农民的生活水平也经历了从温饱到小康的过渡；在阶层结构上，农民的阶层结构日趋多样化和复杂化，正在从单一同质性的阶层结构转变为与市场经济相称的、符合现代社会要求的多元异质的现代社会阶层结构，农民的流动性较之以前逐渐增大；在社会心理上，处于社会转型期的中国农民，其社会心理也表现出传统与现代交织的状态，既有现代性的民主法治意识又有传统道德观念；既有竞争意识、时间观念又有传统小农的自由懒散。通过对新中国成立以来中国农民历史演变轨迹的梳理，我们得出了这样的结论，即中国农民正在经历从传统到现代的变迁。②

二　社会环境变化下的“种田人”能力要素

农业生产活动是农民获得农产品进而获得其他生活资料的来源。只有进行农业生产活动，农民才可以收获自己种植的农产品；只有将剩余的农产品进行交换，农民才可以获得货币以及自己再生产或生活中需要的物质。因此，农民的很大一部分时间都要花费在从事农业生产活动上。随着社会的不断发展，农业也随之发生变化。因此，无论是具体的技术操作还是对农业的理解，现代“种田人”都与传统农民有着明显的区别。就农业生产中的品格与素养而言，现代“种田

---

① 林瑜胜：《中国农村社会转型的信息化特征分析》，《社科纵横》2008 年第 11 期。

② 张端：《新中国成立以来中国农民的变迁及走向》，博士学位论文，中央党校，2013 年，第Ⅰ—Ⅱ页。

人”在农业生产中的品格与素养的要求主要体现在农业生产三个阶段中的九种能力与素养上。

（一）前农业生产活动阶段的能力与素养

前农业生产活动只是对农业生产活动进行细化之后的一部分，是在严格区分农业生产准备活动、具体生产活动和农业生产活动的结束阶段基础上得出的概念。这里的前农业生产活动可以具体理解为农业生产活动的准备阶段，不是具体的操作阶段。具体的表现为环境认知素养、政策解读能力、信息收集能力。

一是环境认知素养。社会与自然环境的变化日益呈现出快速化、多样化的特点，现代“种田人”需要在多变的环境中认识自己所处的位置和任务。环境认知素养主要分为生存环境认知素养与发展环境认知素养。生存环境认知是指现代“种田人”需要对于自己生存的土地状况、生态状况等自然条件做出科学、合理的判断，生存认知素养解决的是现代“种田人”处在什么样的环境、在什么样的环境发展的问题。发展环境认知指的是现代“种田人”对于如何增强自身文化水平、实现自身的社会流动等方面的认知，解决的是如何发展、怎么样发展的问题。

二是政策解读能力。前农业生产活动也需要现代种田人有着较强的对党和政府政策的解读能力。在现代信息社会，农民与国家间的关系随着通信技术、交通的发展变得越来越紧密，对政策的了解程度也在加深。一方面，国家对农业的扶持力度不断加大，农业政策性文件数量多且覆盖面广，农业、农村、农民的发展与国家的关系更加紧密。例如，连续多年的中央一号文件均是关注“三农”问题。具体政策有：粮食直补、农资综合直补、良种补贴资金、农机购置补贴、粮食最低收购价等。作为前生产活动，对具体的农业发展具有较大的指导意义，引导着农民的选择。另一方面，农业、农村的发展也需要农民有较强的政策解读能力，现代“种田人”必须具有对国家政策性信息的解读能力，只有这样，才可以紧跟国家的发展要求，找到农业发展的捷径，抢占农业发展的先机。尤其是当今国家的新增补贴会更多地偏重于种粮大户、家庭农场、农业生产合作社等新形式，如果现代“种田人”具有利用政策的意识，就会采取相应的措施改变现有的生产活动，既减少了自己对生产活动的投资又可以享受到新政策、新技术带来的效益。

三是信息收集能力。信息社会突出地表现为信息多样化、信息时效性、信息全球化等特点，尤其是电子计算机以及新兴的多媒体终端技术发展越来越快，信息走进了每一个人的世界，信息影响着每一个人的生活。作为传统信息死角的农村，就更加凸显出信息的重要性。信息在某种程度上即意味着致富的“金点子”，先掌握信息就可能先实现富裕。因此，现代“种田人”必须具备通过各种方式收集信息的能力，其中包括生产技术类信息、农业政策类信息、生活娱乐类信息等。现代“种田人”只有及时收集到信息才可以实现信息的整理、解读、运用，进而指导自己的农业生产活动与日常生活。如果农民无法收集到信息或者信息收集不及时、不准确，都可能会对农业增收、农民致富造成负面影响。

（二）生产活动阶段的能力与素养

生产活动是指狭义的生产活动，指具体的技术操作层面的农业生产活动。以往的农业生产活动由于设备简单、生产规模小，所以对农民的要求较低，农民仅仅按照原有的经验进行生产即可。现代“种田人”面对的不是过去那种单一化、规模小、劳动密集型的农业生产环境，而更多体现为多样化、大规模、技术与资本密集型的特点与趋势。在种植选择上，现代“种田人”可以选择更多的种植种类，经济作物与粮食作用可以共同发展；在经营规模上，随着国家提倡发展家庭农场、种粮大户以及生产合作社，原有的小规模经营将转变为大规模的集约化经营；在劳作方式上，原有的依赖人力资本的劳动密集型生产方式由于效率低下、人力资本提高等劣势将被依赖机械化、信息化的技术与资本密集型的劳作方式取代。这就要求现代“种田人”在具体的生产过程中具备以下能力与素养。

一是种植选择能力。现在农作物的种植品种已经不单单是水稻、小麦、玉米等简单的粮食作物，经济作物因为经济附加值高、市场紧俏，更加受到农民的青睐。但是近些年出现的一些问题却暴露了盲目选择经济作物的问题。比如盲目跟随别人的种植脚步，纷纷改变原有的种植作物而集中种植同一品种，这就导致了该种作物的产量剧增，供大于求，价格下降，最后农民的本钱也无法收回。这就要求农民要对种植作物有理性的选择能力，即要根据自己土地土壤的自然状况，选择适合种植的作物；要根据市场信息，避免由于滞后效应带来的损失。

二是机械操作能力。现有的农业生产正走向大规模的机械化生产，从种植到产品收割均要实现机器取代手工，具体如水稻插秧、土地深松、化肥深施、作物收割、秸秆粉碎还田等都需要借助机械化才可以提高效率。机械化，不仅仅要求机器的进步，也要求人的进步，只有农民掌握操作机器甚至复杂的、大规模的机器的能力才可以实现农业的机械化。“农业机械是先进农业科技的载体，发展生产、实现农业现代化，必须发展农业机械化。要提高农业机械化程度，就必须使农民、机手的素质有较大提高。”[①] 因此，这就要求现代“种田人”对农业生产过程中使用的现代机械有一定的了解，对插秧机、播种机、收割机等机器的运行和维修知识有一定的掌握。而且市场上的很多机器还是国外进口的，这就对现代“种田人”的技能提出了更高的要求。

三是灾害防治能力。由于农作物的生长周期较长，所以农业生产活动的持续时间也比较长。在这一段时期内，极容易发生自然灾害。据统计，2011 年我国受灾面积就达 32471 千公顷，成灾面积 12441 千公顷。[②] 在农业生产活动中出现的自然灾害，在一定程度上是可以通过其他方法减少损失的，现代“种田人”就需要具有一定的灾害防御与治理能力。既能对病虫害进行防治，又能对旱灾、水灾之后的农业生产活动进行自救，减少损失。现代“种田人”要转变为农业生产中的主动者，争取实现利益最大化、损失最小化。

（三）后生产活动阶段的能力与素养

后生产活动是指农作物生产过程结束之后的后续活动，具体表现

---

① 谭影航：《论提高农民素质在新农村建设中的地位及措施》，《河北农机》2012 年第 5 期。

② 国家统计局：《中国统计年鉴 2012》，http：//www. stats. gov. cn/tjsj/ndsj/2012/indexch. htm。

为农产品的贮藏、农产品销售以及再生产调节等。

一是农产品贮藏能力。农作物收割之后，尤其是大宗作物如水稻、小麦等需要贮藏，农产品保存的质量好坏直接影响着农产品的实际销售价格。保存的方法不当、贮藏的地点选择不当等都会对农产品的质量以及数量产生影响。比如室外堆放的玉米，由于雨雪的融化就会导致其霉变。因此，现代“种田人”要尽量避免保存环节出现问题，学习农产品贮藏相关的知识，减少损失。

二是农产品销售能力。以往的农产品出售方式是单一的，农民在市场中的地位也是不均衡的。原来的农民将农作物收割之后，只是静等商贩的收购，对于市场中的供求状况以及未来的价格走向没有一个明确的判断，而商贩则可借机多获取利益。在这样一个信息地位不平等的状态下，农民应得的利益被中间环节大大地吞噬。因此，现代“种田人”不仅仅是懂得生产技术、会利用政策信息的新型农民，更要懂得经营，要具备主动出击市场的能力，由原来单一的农产品生产者的角色转变为农产品的推销者。

三是再生产调节能力。农业生产活动从种植、收割再到销售，可以说已经是一个完整的过程。但是，农业再生产准备与调节活动是不应该被忽略的。农业再生产既是上一个周期生产活动的节点，同时也是下一个生产周期的起点。当“种田人”销售出农产品之后，要进行再生产的准备，对农业生产活动中出现的问题进行调节，具体地表现为对生产经验的总结、对生产中出现问题的反思、对土地的保养等。通过农业再生产的准备与调节，促进农业生产力的提高、“种田人”收益的增加等。

三 生活方式变化下的“种田人”素养

随着信息化时代的到来，农民的生活观念、生活方式甚至更深处的价值观都产生了很大的变化。农民生活体现出多样化、城市化的趋势，再也不是过去的家与田间地头两点一线的生活。农民同样需要丰富多彩的业余生活，并且在努力学习科学的生活方式，进而缩小与“城里人”的差距。因此，就需要对现代“种田人”在生活中需要的品格与素养进行初步的探索，以期采取实际的行动提升现代“种田人”的综合素质。

现代“种田人”应该是一个全面发展的角色，不局限于只掌握农业生产活动的知识，更需要在生活方式上有所改进。现代“种田人”的品格与素养在生活上主要体现在科学文化素养和思想道德与法律素养两个方面。

（一）现代“种田人”的科学文化素养

实现农业现代化的关键是提高农民的科学文化素养，只有农民的科学文化素养得到提高，劳动的效能才会提高。规模化、专业化、标准化的农业需要高素质的农民，现代“种田人”必须掌握科学的知识，传统的经验传授是不够的。

一是科技素养。电话、电视、电脑等通信工具走进普通农户的家庭，“信息已经融入了小农的生产和生活”。[①] 信息影响着每一个农民的生活，同时农民也日益渴望了解新鲜的、新奇的世界。“当今小农在生产、生活、交往中都免不了与信息发生千丝万缕的关系，信息使小农社会化，成为小农生产生活的重要部分。小农再也不像从前可以关门生产、不出村庄，现在离开了信息举步维艰。”[②] 可以说，农民已经从原有的信息封闭向信息开放转变。同时，随着科技的发展，获取信息的工具更新换代的周期在缩短，新的设备层出不穷，功能多、操作复杂，尤其以手机为代表的新一代多媒体操作终端更是对现代种田人提出了挑战。因此，现代“种田人”需要具备的首要素养就是科技素养。要能够使用新的工具进行信息的收集、发布，这样才可以及时地获取农业信息以及信息的发布，使现代“种田人”由信息世界的“局外人”转变为信息世界建设的参与者和科技信息的享有者。

二是文化素养。农民的文化水平偏低一直是限制我国农村发展的重要原因之一。传统“种田人”由于不太重视教育，导致农民及其子女知

---

① 徐勇、邓大才：《社会化小农：解释当今农户的一种视角》，《学术月刊》2006年第7期。

② 韩轶春：《信息改变小农：机会与风险》，《华中师范大学学报》（人文社会科学版）2007年第4期。

识水平有限，一般无法学习到先进、前沿的知识。而现代“种田人”具有的一个突出特点就是要具有一定的文化素质，要接受一定的系统化、科学化的学校正规训练。首先，对“种田人”本身而言，文化知识的学习可以为“种田人”有能力进行专业性的再学习、接受专业的技术培训提供一定知识储备。其次，对“种田人”的子女而言，“种田人”文化素质的提高，可以提高其对下一代教育的重视，下一代的文化素质得到更大的提高才有可能实现。再次，对农业生产活动而言，“种田人”文化素质的提高，可以为农业生产活动的有效开展奠定基础。因为一旦“种田人”的文化储备达不到需要的水平，就会影响“种田人”的判断和选择，进而使“种田人”的农业生产、生活偏离科学的轨道。最后，对“种田人”信息鉴别而言，信息社会突出地表现为信息量大、信息传播快、信息内涵多等特点，在纷繁复杂的信息海洋中信息多样化、娱乐化的趋向也更加明显。因此，现代“种田人”不能在信息面前迷失自己，要懂得对信息的鉴别与取舍。

三是身体素质。由于传统农业生产方式的工具落后，所以传统的农业生产方式对农民的身体消耗是很大的，劳累过度最终会造成农民的身体素质较差。而现代“种田人”更多的是依赖现代的机器进行农业生产，可以从繁重的体力劳动中解放出来。但是，在机械化的时代，“种田人”的身体素质却面临严峻的挑战。由于食品的不卫生、电子产品的辐射、“垃圾围村”等问题最终造成农民的身体素质下降。现代“种田人”是一定要以一个良好的身体素质作为前提的。因此，现代“种田人”需要具备的一个素养就是要有一个良好的身体素质，对医疗、卫生方面的常识有一定的了解，对基本的疾病防治有比较科学的认识。

四是管理素质。现代农民，不仅要懂得农业生产，还要会经营现代农业。《中共中央　国务院关于积极发展现代农业　扎实推进社会主义新农村建设的若干意见》要求“建设现代农业，最终要靠有文化、懂技术、会经营的新型农民”。因此，管理素质是现代“种田人”必备的素质之一。现代“种田人”由于互相合作以及承包土地等方式，使土地经营规模比原来大，种植的农作物品种多样，而且直接面对市场，这些都决定了现代“种田人”与传统“种田人”的专注方面不同。传统“种田人”把更多的精力放在农作物生产上，而现代“种田人”则要把一部分精力分到经营管理上，通过科学的管理与经营提高效益。也就是说，农民要由单一的向土地要产量转变为向土地要产量与向管理要效益相结合，通过生产的现代化，提高农作物产量；通过管理的科学化，提高经济效益，实现既增产又增收。

（二）现代“种田人”的思想道德与法律素养

加强农民的思想道德与法律素养建设，对社会主义新农村的建设具有特殊意义。健康、科学、文明高尚的道德伦理和基本的法律常识是现代“种田人”不可缺少的核心素养之一。

一是现代“种田人”的思想道德修养。经济的发展对农村传统的道德秩序造成了巨大的冲击。在新的条件下，原有的道德要求已经不完全适用于现代“种田人”，现代“种田人”需要具有一套既不能完全脱离传统又要与时代发展相结合的道德体系。

首先，现代“种田人”要具有优秀的传统道德素养。“文化本来就是传统，无论哪一个社会，绝不会没有传统的。”① 中华民族优秀的传统道德文化在今天仍然具有指导意义。农村的传统因素保存较完整，优秀的传统道德在农村具有较好的发展土壤。现代“种田人”应该继承并发扬优秀的传统道德文化，比如正确的财富观、社会交往观、婚姻观、诚信意识、公德意识等。正确的财富观可以指导农民正确地认识金钱的作用，鼓励农民通过辛勤劳作、合法经营致富；正确的社会交往观可以构建和谐的乡村社会；正确的婚姻观指导人们科学、理性地看待婚姻以及婚姻背后的社会关系；诚信意识是人的立足之本，不可缺少；公德意识引导“种田人”关心国家、关爱社会。现代“种田人”要成为公民道德、家庭美德、个人品德三者的完美融合体。

其次，现代“种田人”要具有信息时代下的网络伦理。由于电子计算机的普及以及功能增多，人们可以满足互相交流、网上购物、电子娱乐等多方面的需求。然而，由于法律不健全、监管不到位等原因

---

① 费孝通：《乡土中国》，上海人民出版社 2007 年版，第 48 页。

使得网络上乱象丛生。“网络世界是一个无中心的资源共享体，尽管作为一个特殊的‘公共场所’是客观存在的，但是网络界面是不公开的、不透明的，及时有效的监督十分的困难。”[①] 在互联网的环境下，电子诈骗、信息泄露等事件时有发生。农民作为网络的使用者，要注意区分网络信息的真伪，同时要遵守相关的网络基本规范，增强自律意识，经得起消极内容的诱惑，提升自身的鉴别能力，自觉抵制落后、腐朽信息。

最后，现代“种田人”要具有环保意识。党的十八大指出：“建设生态文明，是关系人民福祉、关系民族未来的长远大计。必须把生态文明建设放在突出地位，融入经济建设、政治建设、文化建设、社会建设各方面和全过程，坚持生产发展、生活富裕、生态良好的文明发展道路，努力建设美丽中国，实现中华民族永续发展。”[②] 建设环境友好型社会已经成为新时期的发展战略，而农村的生态建设无疑将是建设美丽中国的重点。“加强农村生态建设、环境保护和综合治理，努力建设美丽乡村。搞好农村垃圾、污水处理和土壤环境治理，实施乡村清洁工程。”[③] 这些要求都需要农民的配合落实。因此，农民在进行农业活动中，要具有生态伦理，要树立起对未来的责任感，通过减少对现在环境的污染进而减少对未来环境的污染。

二是现代“种田人”的法律素养。法律素质是现代“种田人”必不可少的核心素质。现代农业是要有法治做保障的，农民的产权确立等都需要法律做基础。因此，现代农民要知法、懂法、守法，并能正确运用法律武器维护自己的合法权益。

首先，现代“种田人”要具有法律意识。法律意识是现代“种田人”内在的素质之一。无论是现代“种田人”在农业生产、经营活动中发生的纠纷，还是拆迁等发生的纠纷，都可以通过法律的途径

---

① 孙伟：《网络时代大学生伦理道德教育的思考》，《中国高教研究》2003年第2期。

② 人民网：《中国共产党第十八次全国代表大会关于〈中国共产党章程（修正案）〉的决议》，http：//cpc. people. com. cn/18/n/2012/1115/c350824 - 19583616. html. 2012 - 11 - 15/2013 - 3 - 12。

③ 新华网：《中共中央　国务院关于加快发展现代农业　进一步增强农村发展活力的若干意见》，http：//news. xinhuanet. com/2013 - 01/31/c_ 124307774. htm. 2012 - 12 - 31/2013 - 3 - 12。

解决。法律意识，不仅仅体现为现代“种田人”在进行诉讼活动中请律师这么简单，更重要的是现代“种田人”对法律的敬畏与信任。当现代“种田人”在面对民事、刑事以及各种经济纠纷时首先想到的是通过法律途径解决，那么既可以锻炼农民自我的法律意识，也可以实现示范效应进而影响其他人，在农村形成一种尊重法律、敬畏法律的氛围。

其次，现代“种田人”要具有基本的法律运用能力。现代“种田人”不仅要具有法律意识，还要懂得如何使用法律。现代“种田人”要掌握基本的法律常识，通过各种途径学习生产以及生活中涉及的基本法律知识，比如《消费者权益保护法》《物权法》等与自身生活贴近的法律。同时，现代“种田人”也要具有查阅并理解一般的法律条文的能力。通过丰富自身的法律知识储备，依法维护自己的合法权益。

总之，现代“种田人”是全面发展的新型农民。现代“种田人”在农业生产活动中以及农民生活方式中所要求具备的各项品格与素养也是相互联系的，不能将某一项品格与素养局限于某一部分中。各项品格与素养之间的联系非常紧密，比如文化素质既对农业生产活动作用明显，又对农民生活方式产生重大作用，这一项素养是与农民的存在分不开的。之所以将各项素养分别论述，只是因为每种素养的偏向不同，有的偏向于生产活动，有的更多是涉及生活而已，并无孤立探讨现代“种田人”的品格与素养之意。因此，在现代“种田人”品格与素养的培养过程中要注意全面培养与交叉培养，努力实现“种田人”的现代化。

四 现代“种田人”信息素养的现状

（一）现代“种田人”信息素养的基本情况

1. 调查对象的受教育程度

从调查的情况看，调查对象接受过小学教育、初中教育、高中教育、中专教育和大专教育的分别占比 16.55%、52.90%、23.79%、3.74%和 1.81%；没有上过学的占调查总数的 1.21%（见图 1）。调查结果说明虽然我国农民大多数都接受了义务教育，但接受过中等职业教育和高等教育的人很少，农民总体接受教育的程度还偏低。

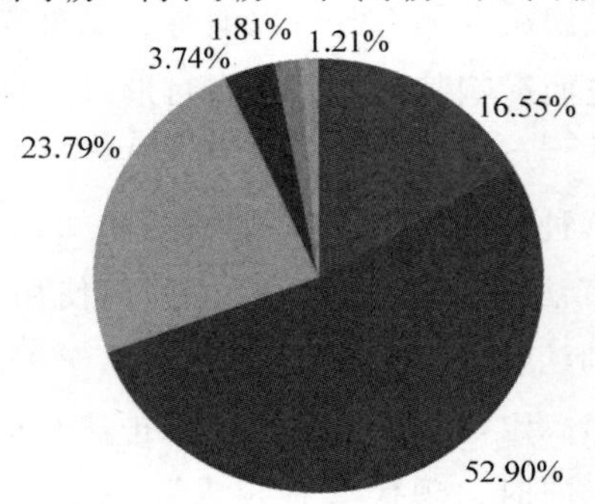

图1 农民受教育程度

2. “种田人”的信息意识

（1）农民对利用信息发展农业重要性的认识较为充分

调查表明，对于“信息对提高农业生产、农民生活水平起到重要作用”一题的回答，持“非常重要”“一般重要”的分别占比77.30%和20.40%；有2.30%的农民表示“没有认识到信息的重要性”，认为自己和信息没有什么关系（见图2）。这说明农民对信息重要性的认知程度是非常高的。

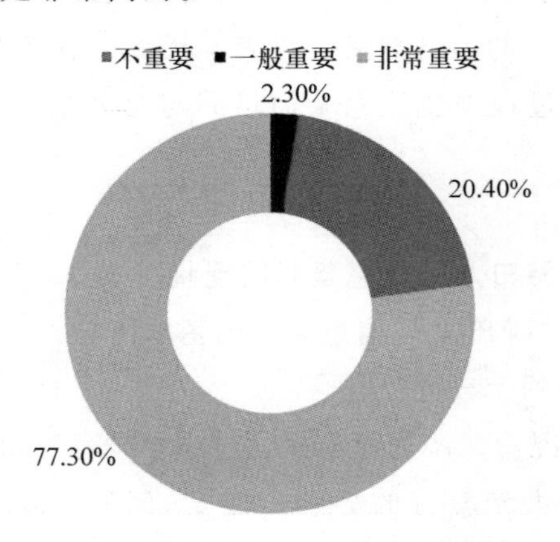

图2 农民对信息重要性的认识程度

（2）农民对现代信息工具的渴望强烈

调查数据显示，对于“农民是否有必要学会上网”这一问题，76.09%的人持肯定态度；有11.11%的调查者持没有必要的态度；还有12.80%的调查者以“不知道”作答（见图3）。这说明农民普遍认识到了网络的重要性，但也有极少数的认识还亟须提高。

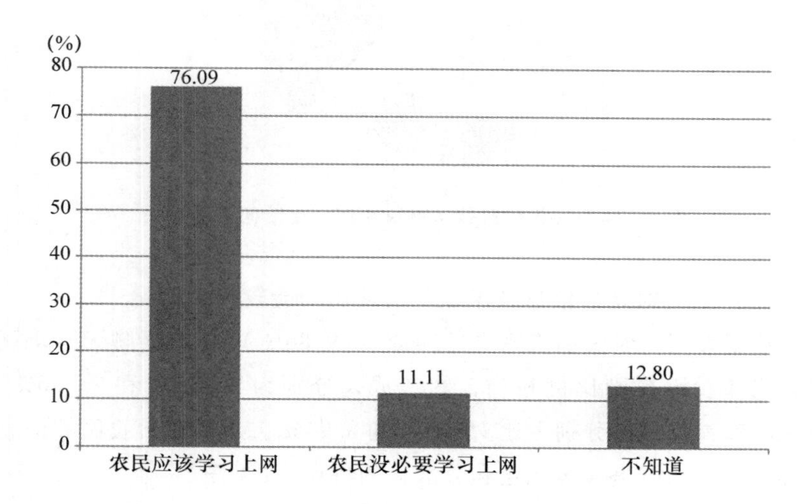

图3 对是否应该学会上网的认识

（3）农民自主利用现代信息技术工具的主动性在增强

调查数据显示，采取查阅书籍、借助网络、咨询他人等方式解决生产生活中的难题的农民比例依次分别为10.63%、27.78%、61.59%（见图4）。这说明农民仍然习惯于传统的解决问题的方式，对于网络的利用比例虽然不低，但却是第二选择，这既与大多数农民对“网络社会”不熟悉、不接受，对网络存在一种恐惧心理有关，也与日常生活的惯性思维有关，但这并不是农民的不足，只是表明农民较为依赖传统的惯性行为方式，而不愿意过多尝试新的解决问题之道。不过近三成的比例也说明，农民自主利用现代信息技术工具的能力在增强。

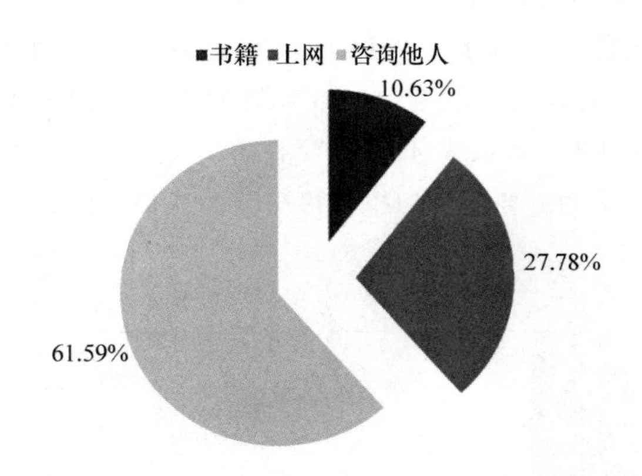

图 4　利用现代信息技术解决生产、生活问题的意识

（4）农民对现代信息技术工具的使用功能较为多元化

数据表明，农民利用网络近四成（39.86%）是上网聊天，玩网络游戏和看影视剧比例相当，约二成，分别为 22.10% 和 21.86%。看新闻和查询信息分别占比 15.46% 和 8.94%。这体现出农民的信息工具的使用功能呈现多元化和分散化的特点。（见图 5）

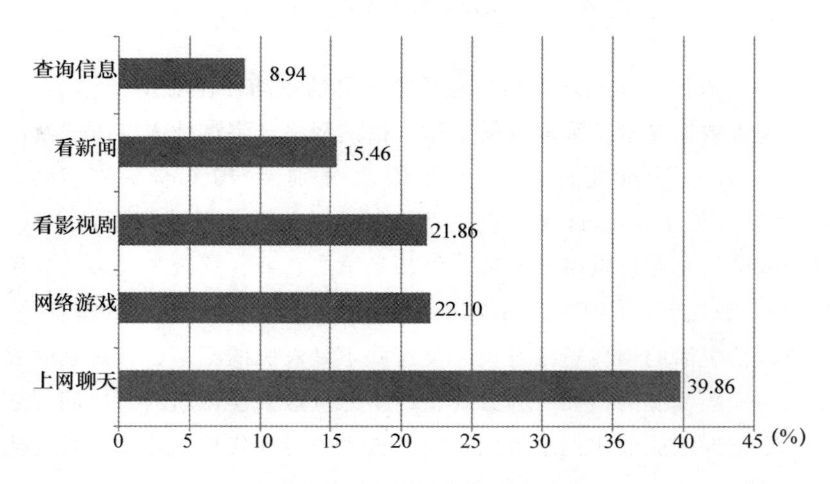

图 5　农民利用网络的主要内容

对喜欢的电视节目的调查表明，选择农业生产相关节目的占比很低，为 10.39%，绝大多数的选择是以娱乐为主，如影视剧占比 37.68%，文艺节目占比 29.47%。（见图 6）

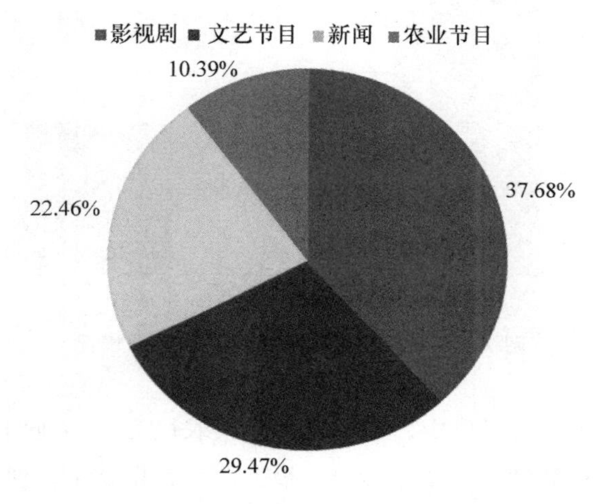

图 6 农民最喜爱的电视节目调查

由以上分析可以看出，农民利用网络主要是为了满足生活娱乐的需要，生产需要所占比重有限。现代网络信息在农民的日常生产生活中的影响相对较小，对农业信息化的推动作用有限。

3. 农民的信息知识与能力

（1）农民对农业信息的了解状况仍有不足

通过前面的分析我们可以看出，电视已经成为大多数农民获取信息最主要的渠道。调查表明，七成农民知晓中央七台是农业频道，近三成农民则回答不了解。（见图 7）这说明，尽管绝大多数农民知晓农业信息的相关节目频道，但仍有一定的提升空间。

（2）农民正在了解和使用现代信息技术

农民使用网络情况已较为普遍。数据表明，使用电脑和手机上网的农民均超过三成，分别为 40.34% 和 43.48%，甚至有 18.24% 的农民去网吧上网，不过也有 15.82% 的人不会使用网络，12.44% 的农民缺乏上网的条件。

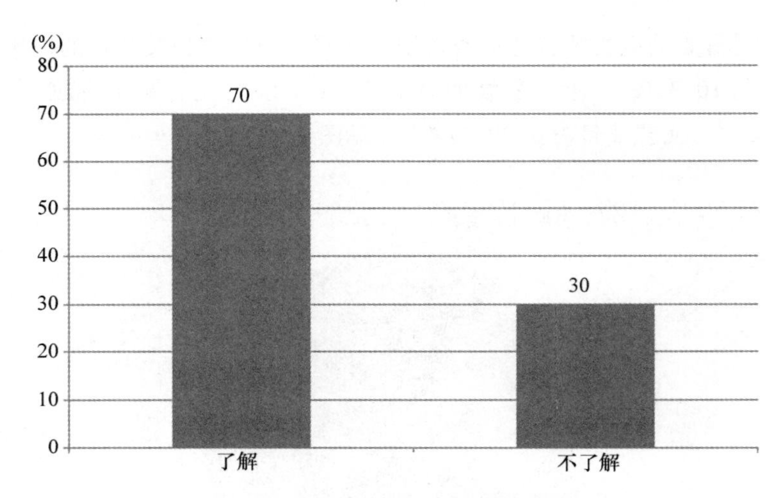

图7 农民对于电视节目信息的掌握情况

在上网的农民群体中，主要以新生代农民为主，他们年轻，较易接受网络等新鲜事物。在这其中，根据调查数据显示，使用百度或谷歌等搜索引擎查询信息的频率为“经常使用”“偶尔使用”的分别为25%和35.99%，有近四成（39.01%）的农民不会使用。（见图8）而通过考察农民利用网络下载和安装软件的调查发现，55.80%的农民表示根本不会。（见图9）这表明农民对现代信息技术工具的使用水平较低。

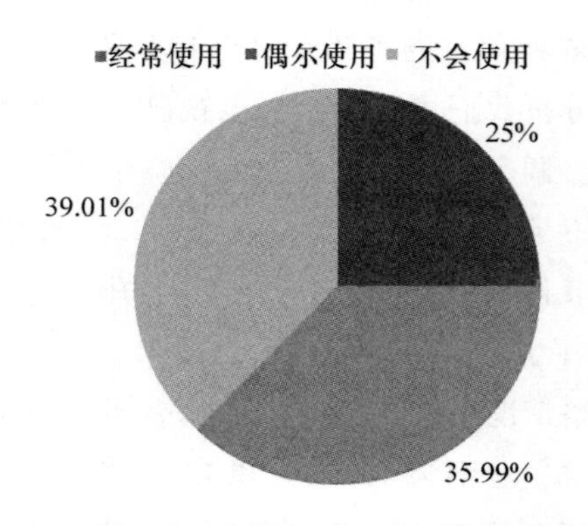

图8 农民使用百度或谷歌搜索引擎情况

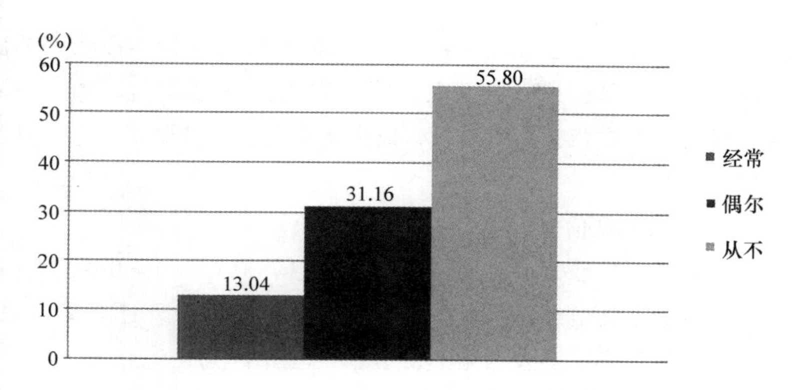

图9 农民利用网络下载和安装软件的情况

通过以上分析可知：有相当一部分农民已经开始使用网络，但仍有近三成的农民没有上网条件或者说不知道如何上网；从农民对网络的使用程度来看，其使用能力更低，仅仅停留在简单的操作上。

（3）“种田人”对信息的判断和处理能力较弱

调查数据表明，对农民选择种植农作物的选择信息源来看，凭过往经验选择的超过一半，占比51.09%；遵循随大溜趋势的占比18.36%。而通过电视、报纸、网络或者依照市场行情选择下一年的品种占比约三成（30.55%）。这表明虽然信息化工具已经进入农村，但农民仍然遵循的是传统的种植习惯，没有与现代市场有很强的挂钩意识。

调查发现，当农民在面对面的信息与电视宣传报道的信息有出入的时候，超过一半的农民选择观察后抉择，占比为55.56%；趋向于现实情况的占比11.96%，而通过网络进行查询、了解后再做决定的占比达三成（32.73%）。数据表明，农民渐趋理性。

通过以上分析可以发现，农民趋向于传统的信息交流方式，这是思维惯性和生活习惯使然。而在要对信息进行判别时，农民又大多呈观望态势，缺乏进行信息鉴别处理的及时回应能力。不过，这种及时回应能力在增强。

4. “种田人”的信息伦理

（1）警惕虚假信息的能力

调查数据表明，约五成（50.12%）的农民明确表示不会理睬虚假诈骗信息，甚至有近五成（47.10%）的农民会选择扩散受到的虚假、诈骗信息，以让身边的家人、朋友知晓。不过只有2.78%的农民会选择向警方或相关部门报告，以便于将此扩散到更多的人使其受惠。（见图10）

（2）抵制不良信息的能力

数据显示，虽然大多数人憎恨不良信息，但65.46%的农民说自己没有浏览过不良信息，无意中浏览过的占比7.13%，还有27.41%的农民表示偶尔发现有人浏览不良信息。（见图11）

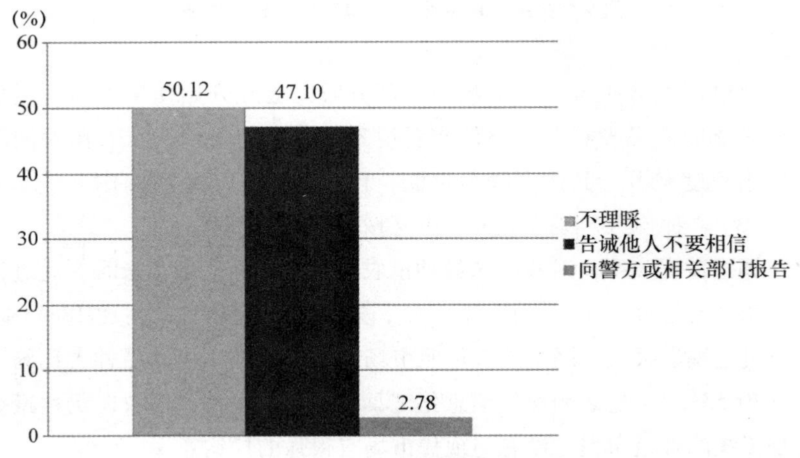

图10 对待虚假信息的态度

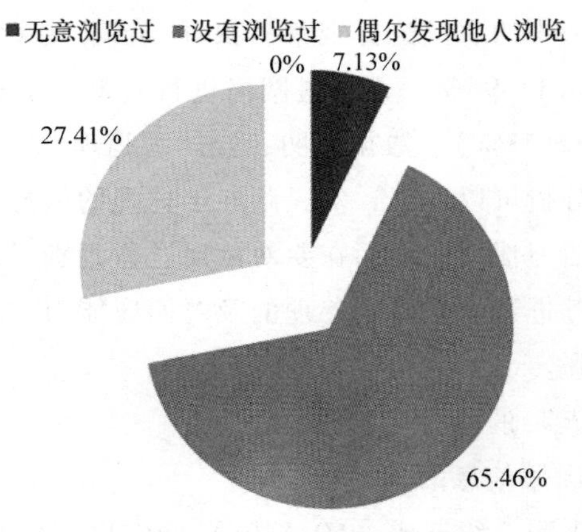

图11 对待不良信息的态度

5. “种田人”其他方面的调查情况

(1) “种田人”在校期间接受信息教育偏少

调查表明，仅有33.45%的“种田人”表示在上学期间老师教授过电脑的相关知识或利用现代化信息手段查询信息。年龄较大的农民上学期间根本无法学习电脑知识，而新生代农民在上学期间学习电脑知识的机会相对较多，这说明我国信息教育在基础教育阶段覆盖程度仍然较低且代际差异大。

(2) 自主学习能力和信息获取能力较弱

自主学习是“种田人”提高自身能力的有效方式。调查表明，“种田人”的自主学习频率呈现“经常”“偶尔”和“从不”的分别占比16.06%、47.46%和36.47%。可见，农民经常性的学习较少，虽然偶尔学习较多，但通过细致的调查发现，所谓偶尔学习是在遇到困难或问题的时候自主利用查询等方式解决。有超过三成的农民从不自主学习，分析其原因可以发现，回答“不知道学什么”的占比超过四成，达44.04%，而选择不愿意学和没有时间学、没有条件学的分别占比24.17%、16.23%和15.56%。（见图12）

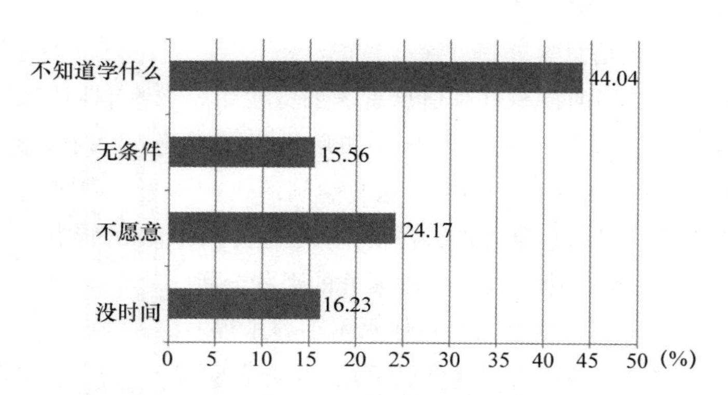

图12 对不能够经常学习的人进行原因分析

同时，调查农民获取信息困难的原因，数据显示，占比最大的是“缺乏系统的学习与培训从而导致不能有效获取信息”，超过五成，为53.14%。认为自己的知识结构和文化水平受限而看不懂的也近四成，为 38.77%。此外，选择电视频道中农业节目偏少和没有相关书报可供阅读的分别占比 31.16% 和 21.50%。（见图 13）

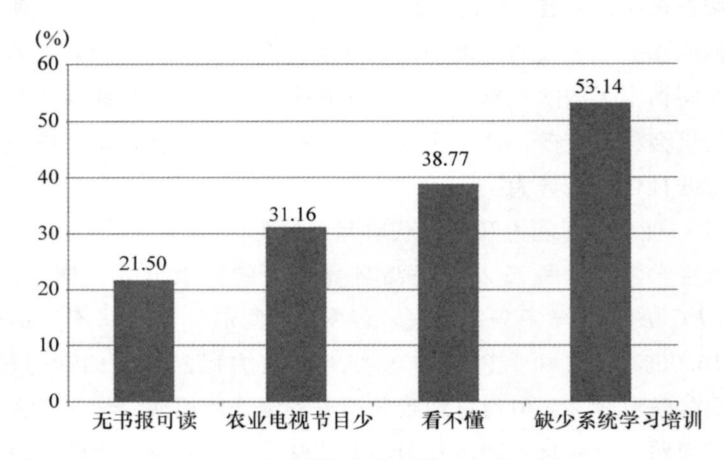

图 13 农民获取信息比较困难的原因

以上数据分析表明，农民的自主学习意识和能力都有所欠缺，在获取信息上的能力也有限，这既与其自身的文化素质有关系，也与缺乏系统的社会培训指导有关。

（3）农民信息素养提升途径较广泛

在农民认同的提高自身信息素养的方法中，选择利用网络学习、看电视学习、看书看报学习和参加培训学习的分别占比 28.86%、29.59%、19.20% 和 26.69%。这些类别的比例相当，同时也反映出农民在提高自身信息素养的方法的认知上呈现多元化的特点。

（二）现代“种田人”信息素养的现状分析

1. “种田人”信息素养总体水平不容乐观

一是“种田人”信息意识淡薄。调查表明仅有约三成的“种田人”表示愿意收看农业节目和新闻，对于大多数农民来说，电视只是一种娱乐工具。二是“种田人”信息技术应用能力较低。如对于软件的下载和安装，有 55% 的农民根本不会利用网络下载和安装软件工具，39% 的农民不会使用搜索工具。另一方面，在对信息的收集、查询和鉴别能力的考察中，有 47% 的农民根本不清楚自己的信息需求，也没有去过图书馆、书店查询书籍，占51%的农民是根据以往的经验来判断农作物种植的选择，这对很大程度上受到市场等因素影响的现代农业生产来说，风险较大。三是“种田人”的信息伦理意识较弱，也亟待进一步提升。农民会选择将虚假、诈骗信息扩散到周边人群的占比较大，但向公安机关或相关部门举报以使得更多人受惠的占比则较小，这说明农民的信息伦理仍有待提升。

2. 农民的信息教育亟须改善

传统的“种田人”由于时代背景的限制，其所接受的教育较为有限，有二成的农民没有接受基本的义务教育；现代“种田人”虽然接受教育较高，但也面临着识别和利用现代信息工具的困难。就“种田人”的自主学习能力来说，36%的“种田人”表示在走出学校后就没有进行过自主学习，这说明“种田人”的自主学习能力较为有限。

3. 经济条件成为制约“种田人”提高信息素养的重要原因

由于“种田人”在校期间接收的信息教育程度有限，所以要提高其信息素养需要依赖后期的培训和自主学习。然而，一方面由于农民本身的信息素养有限，对现代信息工具的使用和学习存在一定的难度，同时也与农民的经济条件有限紧密相关。调查表明，有约一半的农民认为有线电视收费过高，又有四成的农民由于经济原因而无法购买现代信息工具——电脑。由此可见，不单单是“种田人”自身的文化素质问题，经济原因也是农民提高信息素养的重要障碍因素。

第三节 代际更替与农村信息化转型

一 代际更替下的现代“种田人”

（一）代际更替的相关研究及其界定

1. 代际更替的相关研究

通过中国知网的检索发现，目前学界关于代际更替的研究较少，仅有10篇左右的相关文献，用代际更替视角研究农村问题更是少之又少，仅有少数几个学者做过相关探索。目前学界对代际更替的界定也较为模糊，大部分学者都未对代际更替做出准确清晰的界定。

王建国、王付君认为，农村基层干部代际更替是指21世纪以来，在乡村社会发生重大变迁的背景下，农村基层干部基于自然年龄、知识结构、社会年龄等多元因素意义上的代际变化。引起这种代际更替的关键因素是新时期乡村经济、社会、政治变迁。[①] 他们在文献综述的基础上，从代际更替的视角探讨了包括厘清新时期农村基层干部代际更替的背景及影响因素，新时期农村基层干部代际更替的不同模式以及由此而产生的不同基层干部的群体特征，新一代农村基层干部的行为空间和行为方式及其对乡村治理的影响等问题。他们认为在研究二者的关联时，制度—行为—绩效是一个可行的分析框架。[②]

田杰认为从五四新文化运动至今，中国青年研究走过了近百年的历史，经历过三次代际转换，暗合中国近现代历史发展的三个阶段，并由此而铸就其独特的思想风貌、理论特征和学术品格。其中既隐约可见青年研究发展变化清晰的代际链条，也凸显出其由于政治、文化和社会以至研究者及青年自身等原因而导致的断裂、跳跃和迷蒙。百年三代，迄今为止，中国青年研究可认为是有探索、有尝试、有进步，但基本上是无权威、无经典、无传承，而且由于缺乏内部的异见、冲突和论争而缺乏理论的内在张力和创新范式，需要一个新的开端，既是一个新时代的开始，又是一个新时代的诞生。[③]

岳要鹏认为，改革开放以来，贫困农民尤其是新生代贫困农民获得了许多脱贫与发展的权利、机会，有些贫困农民实现了脱贫，有些却仍然延续着贫困的代际传递。为分析贫困代际传递的原因，他将权利、机会操作化为基础设施和资源的使用权利、机会，政治和经济的权利、机会，教育与社会保障的权利、机会这三个维度，以川北J村为例，结合村庄贫困的历史分析，对贫困农民的代际更替问题进行探

---

① 王建国、王付君：《新时期农村基层干部代际更替与乡村治理的关联——问题与框架》，《社会主义研究》2011年第6期。

② 同上。

③ 田杰：《关于青年研究代际更替问题的几点思考》，《中国青年政治学院学报》2012年第1期。

讨。认为改革开放以来有利于新生代贫困农民的脱贫的权利、机会逐渐增多，而新生代贫困农民的"可行能力"状况是影响他们脱贫的重要因素。①

田欣认为，宋代商人家庭成员的身份在代际更替的过程中发生了变化，其中父商子仕的现象很值得关注，并分析了宋代商人育子入仕的主要途径和原因。认为以这一现象为中心考察商人家庭的变化轨迹，可以从一个角度捕捉到宋代商人的家庭观念和心态特征。②

李强从宏观结构角度，以代际更替的视角对市场转型影响下的两代中国人进行了研究。认为市场转型重塑了中国两代人之间的利益结构：作为计划经济社会中间阶层的公有企业职工，即目前的这一代中老年人，在市场经济下出现了整体的衰落；而新崛起的一代年轻人，特别是在一些新兴产业和大城市中，正在形成新的中间阶层。③

邱巍认为，新中国成立以来，在解决党的干部队伍的代际更替和结构改进问题过程中，既形成了年龄结构的年轻化和专业知识结构优化的宝贵经验和传统，也经历过失误和曲折。干部"四化"方针的提出和30年的实践，使干部队伍的代际更替和结构改进问题得到了阶段性的解决，而随着时代变化，探索干部队伍代际更替和结构改进问题的新内涵和新方向仍是长期任务。④

通过以上综述发现，鲜有学者深入地研究代际更替。因此，我们认为，本研究在一定程度上可以丰富相关研究。

2. 代际更替的界定与操作

既然要研究代际更替语境下农村信息化问题，必须对代际更替这一概念有清晰的把握。传统意义上的代际更替指的是新一代人取代旧一代人的过程。然而，本书意义上的代际更替有三重内涵。首先，它

---

① 岳要鹏：《权利、机会与贫困农民的代际更替——以川北J村为例》，硕士学位论文，华中师范大学，2012年。

② 田欣：《父商子仕：宋代商人家庭成员身份的代际更替》，《河北师范大学学报》（哲学社会科学版）2009年第5期。

③ 李强：《市场转型与中国中间阶层的代际更替》，《战略与管理》1999年第3期。

④ 邱巍：《干部队伍代际更替和结构改进探析》，《浙江社会科学》2009年第8期。

包含了传统意义上的代际更替含义，即自然时间产生的人的再生产；其次，它是在现代化的语境下型构的，包含了农业的代际更替，即从传统农业向现代农业的转变，实现以信息化嵌入的新型农业；最后，它蕴含的是社会时间意义上的“种田人”的代际更替，即“旧种田人”向“新种田人”的转变，也即“种田人”从只会从事传统耕作手段的“旧种田人”变为“有文化、懂技术、会经营、高素质”的新型“种田人”。因此，从这个意义上看，在乡村社会发生重大变迁的背景下，代际更替实质上是基于自然年龄、知识结构、生活区域、收入水平等多元因素意义上的代际变化，而引起这种代际更替的关键因素是新时期乡村经济、社会、政治、文化、生态的变迁。

在飞速发展的当今中国，由于各种资源流动的不均衡，农业生态出现了巨大的差异。从地域上看，在发达的东部地区，出现了高度现代化的农庄，其基础配套设施完善，现代高端的云计算、物联网技术也在其生产过程中得到了运用，创造了巨大的经济社会生态收益。与此同时，中西部部分地区农业发展却严重滞后，基础设施落后，生产生活条件差，依然运用着古老的农具，低效而辛苦地劳作，在贫困线的边缘不断挣扎。从代际上看，新生代农民运用先进的技术，扩大生产规模，收益大大增加，走上了发家致富之道，而老一代农民却死守着自己的“一亩三分地”依然饱受贫穷的折磨。从生活层次上看，农村中出现了家财万贯的农民企业家，他们不断地拓展着自己的“农业王国”，更多的机会与财富向他们集中，而另一面则是贫困农民连基本的生存需求都无法满足，在劳作与贫困中艰难度日。这些都反映了我国农村农业发展的不均衡性。

我国是一个传统的农业大国，在传统农业向现代农业转变的过程中，作为农业生产的主要参与者——“种田人”，由于区域、年龄、受教育水平等各方面条件存在巨大的差异，他们对农业信息化的需求也存在着巨大的差异。为了进一步研究代际更替与农业信息化的关系，本书对“代际更替”的概念进行操作化，从“种田人”的收入差异、受教育水平差异、地域差异三个方面来考察代际更替，进而从“种田人”收入、受教育水平、地域三个维度来考察“种田人”对政府提供农业信息的需求、“种田人”对市场需求信息的要求、“种田人”的信息需求度、“种田人”信息设备拥有量等变量的关系，从而综合分析代际更替与农业信息化的关系。

代际更替是适应自然时间的人的变化，作为自然的流化过程，具有时间的不可逆性。在代际更替语境下研究农村信息化建设，就是要将农村信息化建设放在人的自然的不可逆上进行研究。由于人的代际更替在不同的代际对于农村信息化建设的期求和实现将有不同的特点，由此，代际更替的特点表现在：一是代际更替期许性；二是代际适应性。所谓代际期许性是代际农民对于信息化建设的主观需求，这种需要在代际有张力；而代际适应性则是指农村信息化建设的客观成效与主观需求之间的契合性问题，这种适应性在代际有不同的表现。总的来说，正是在代际期许与代际适应之间的张力推动着农村信息化建设的发展进步。

3. 代际更替与代际流动

社会流动是人们在社会关系空间中从一个地位向另一个地位的移动。[①] 虽然社会流动具有个体性行为，不过却具有社会性意义。其中根据衡量流动不同的参照基地来说，社会流动可以分为一生中的流动，即同代流动和代际流动，即异代流动。代际流动是通过同上一代人进行比较而确定的地位变化状态，如与父母、长辈的比较，其参照的基点是父母在同一年龄时的职业和其他地位。如果以流动的原因作为区隔，代际流动又可分为结构性流动和自由流动，结构性流动指由于科学技术和生产力的发展，原有的社会结构发生改变而造成的人们社会地位的变化；自由流动是由于个人原因所引起的地位变化，也称非结构性流动。

而本书所指的代际更替是适应自然时间的人的变化，作为自然的流动过程，具有时间的不可逆性，更侧重强调的是两代人在同一职业、地位上的比较和衡量，以区别两代人随时间、社会经济环境的变

① 郑杭生：《社会学概论新修》（第三版），中国人民大学出版社 2003 年版，第 243 页。

化而呈现出的不同；而代际流动主要是反映两代人的一种变化状态，既可以是在同一职业、地位的比较，也可以是在不同职业地位的比较。其次，代际更替侧重于指群体的代际更替，例如农民、青年、干部等群体，而代际流动侧重于个体。

（二）代际更替的现代“种田人”

相对于上一代“种田人”，本书界定代际更替的现代“种田人”主要是指20世纪70年代以后出生、从事农业生产、以农业收入生存为主且具有独立劳动能力的人。这批“种田人”在改革开放的背景下成长，随着我国的科学技术日新月异，思想观念日趋开放，社会结构、产业结构的调整，农业生产从传统农业向现代农业转变，农民顺应潮流掌握现代信息技术，从只会从事传统耕作手段的“旧种田人”变为“有文化、懂技术、会经营”的高素质新型“种田人”。

首先，良好的文化基础是现代“种田人”在现代化、信息化的背景下务农的基础。无论是对务农信息、技术的识别、认识、熟悉、掌握、使用，还是经营和管理现代农业，良好的教育基础是必不可少的，良好的教育是现代“种田人”道德修养的重要条件，这也是我国当前构建社会主义新农村乡风文明的重要基础。其次，相比较上代“种田人”，现代新型“种田人”通过自主学习能力、相关技术培训，能很好地掌握与农业相关的技术。由此，将告别传统的经验及手工工具和人畜力耕作的传统农业生产方式，依靠现代化的机械、科技来经营农业，增加农业的产出。最后，现代“种田人”不仅要懂得农业生产，还要会经营现代农业。《中共中央 国务院关于积极发展现代农业 扎实推进社会主义新农村建设的若干意见》要求“建设现代农业，最终要靠有文化、懂技术、会经营的新型农民”。因此，管理素质是现代“种田人”必备的素质之一。现代“种田人”由于互相合作以及承包土地等方式，使土地经营规模比原来大，种植的农作物品种多样，而且直接面对市场，这些都决定了现代“种田人”与传统“种田人”的专注方面不同。传统“种田人”把更多的精力放在农作物生产上，而现代“种田人”则要把一部分精力分到经营管理上，通过科学的管理与经营提高效益。

二 农村信息化转型

当前，农村信息化建设面临着转型，农村信息化正从信息技术、信息基础设施向人的信息素养与品格转变。作为占全国总人口2/3的农民，其信息素养水平对于推进社会主义新农村建设、城乡统筹和区域经济均衡发展具有至关重要的意义。没有农民素养的提高就没有全民族素养的提高，没有农民的小康就没有全国的小康，推进农民信息素养的培育已成为在新农村建设过程中发挥信息化作用的关键。

结合我国农民具体情况，农民的信息素养是指在信息社会中，农民能够根据自己的信息需求，利用计算机、网络等设备或技术检索信息源，通过对信息查找、判断和筛选，将有利信息与已有知识体系相结合，并运用到农业生产和农村生活中去的能力和素质。其中，农民的信息搜集与检索能力是其他各种技能的基础和保证，是帮助农民利用信息技能解决工作和生活问题的重要方面。信息时代对人综合素养提出的新要求，不同层次、不同类型的学习者，信息素养的标准和内涵也不尽相同。乡土社会和农民自身在信息化的推动下逐渐远离传统社会和传统农民特征，农村信息化归根结底是“种田人”的信息化，即务农信息素养和品格的养成。

第四章　代际更替语境下的农村信息化建设

第一节　代际"种田人"的总体概况

随着社会的发展变迁，不同时代的"种田人"由于成长和发展的环境的变化，"种田人"也深深地印上了时代的特点，而农村信息化建设也面临着转型，经历从信息技术、信息基础设施向人的信息素养与品格的转变，不同时代出生的"种田人"具有不同思维观念、行为特征，因此对代际"种田人"与农村信息化建设的深入研究就显得尤为重要。

本书将代际"种田人"按照年龄的不同阶段划分成不同类别，按照18—40岁、41—50岁、51—60岁、61岁及以上四个阶段划分为四个务农群体，并且对比在不同的教育、收入水平和不同地域的代际"种田人"在对农村信息的代际需求与期许、对农村信息化的代际适应。通过对全国31个省市6000余名农民的调查，18—40岁的"种田人"占总数的27.6%；41—50岁的"种田人"占总"种田人"的34.7%；51—60岁的"种田人"占总"种田人"的22.8%；61岁及以上的"种田人"占总数的14.8%（见表1）。由此可以得出18—50岁的"种田人"占总"种田人"的62.3%，是目前我国农村劳动力的主力和生力军，更是农村信息化、现代化的中流砥柱，也是新农村建设的坚实基础。

表 1 “种田人”的年龄分组 单位：个,%

	年龄	频率	百分比	有效百分比	累积百分比
有效	18—40 岁	1703	27.5	27.6	27.6
	41—50 岁	2137	34.5	34.7	62.3
	51—60 岁	1407	22.7	22.8	85.1
	61 岁及以上	915	14.8	14.8	100.0
	合计	6162	99.5	100.0	
缺失	系统	30	0.5		
合计		6192	100.0		

一 “种田人”的代际受教育水平

通过交互分类分析，61 岁及以上的教育水平主要处于小学水平，占 50.7%，初中水平比例为 23.5%；51—60 岁的“种田人”的教育水平主要处于小学与初中水平，分别占 38.0% 与 38.1%，高中阶段比例为 16.3%，相比上一代“种田人”，这个年龄阶段教育水平得到很大程度的提高，尤其是高中阶段；41—50 岁的“种田人”的教育水平主要以初中为主，占 51.0%，高中阶段比例为 14.5%；18—40 岁的“种田人”的教育水平初中阶段为 51.3%，高中阶段为 13.1%，大学水平为 14.8%，研究生及以上为 1.2%，这代“种田人”与上几代“种田人”相比，在教育层次上有极大程度的提高，文盲水平的“种田人”数量极大降低，而且高学历、高层次教育水平的“种田人”逐渐增多，这也说明了新生代“种田人”的高教育水平。(见表 2)

61 岁及以上的“种田人”是在 1950 年以前出生①，这代“种田人”饱受战争、灾难的洗礼，没有良好环境进行学习，导致文化水平普遍较低；51—60 岁的这代“种田人”是 1950—1960 年出生，这代“种田人”伴随着新中国的诞生而出生，恰恰在读书的黄金时

① 在此需要说明的是，调研是在 2011 年寒假进行并整理得出，所以本文中的年龄并非当下的年龄。

期遇上了政治运动，读书生涯由此中断；41—50岁的这代“种田人”是1960—1970年出生的，这代“种田人”在读书时正处于政治运动的结束期，较上两代人有较好的读书环境，因而教育水平，尤其是在初中与高中阶段有显著的提高；18—40岁的新生代“种田人”是1971—1993年出生，这代“种田人”在读书时正处于农村在实行家庭联产承包责任制后，当时农村的生产力得到了极大的解放，农村经济环境也极大改善，有着良好的读书环境，因而这代“种田人”文化水平显著提高，大学以上学历也明显增加。

表2　**代际“种田人”的教育水平**　单位:%

年龄分组	教育水平							
	缺失值	文盲	小学	初中	高中	大学	研究生及以上	合计
18—40岁	0.0	1.6	18.0	51.3	13.1	14.8	1.2	100
41—50岁	0.0	2.9	30.1	51.0	14.5	1.1	0.2	100
51—60岁	0.5	5.8	38.0	38.1	16.3	1.1	0.3	100
61岁及以上	0.9	17.5	50.7	23.5	6.2	0.4	0.7	100

二　“种田人”的代际家庭收入

通过表3可知，61岁及以上的“种田人”的收入在2万元以下的占51.9%，这可能是由于61岁及以上的“种田人”的身体等因素，导致务农收入较少。51—60岁的“种田人”的收入2万元以下的为29.6%；收入为2万—4万元的为31.6%；收入为4万—6万元的为16.8%；收入6万元以上的为21.9%，这也说明这个年龄段的“种田人”有着收入上的某种分化。41—50岁的“种田人”收入2万元以下的为24.6%；收入为2万—4万元的为32.6%；收入为4万—6万元的为21.4%；收入6万元以上的为21.4%，这个年龄段的“种田人”的收入分布较为均匀，且相比上两代“种田人”的收入水平，有了较大程度上的提高。18—40岁的“种田人”收入2万元以下的为25.2%；收入为2万—4万元的为34.3%；收入为4万—6万元的为22.3%；收入6万元以上的为18.1%，新生代“种田人”的收入与上几代“种田人”相比，收入水平相当高。（见表3）

通过对四代“种田人”家庭收入的比较可知，以新生代和核心“种田人”为代表的新型“种田人”的家庭收入普遍较高，这与新型“种田人”的教育水平、经营管理能力和技术能力有关。一方面，年轻的“种田人”一般文化水平较高，开放意识较强，勇于接受先进的事物和观念，敢闯敢拼，善于抓住机会和有用的信息；另一方面，良好的经营管理能力也是“种田人”家庭收入提高的关键因素。

表3 **代际“种田人”的收入水平** 单位：%

年龄分组	收入水平					
	缺失值	2万元以下	2万—4万元	4万—6万元	6万元以上	合计
18—40岁	0	25.2	34.3	22.3	18.1	100
41—50岁	0	24.6	32.6	21.4	21.4	100
51—60岁	0	29.6	31.6	16.8	21.9	100
61岁及以上	0	51.9	21.5	12.2	14.4	100

三 “种田人”的代际地域分布

通过对全国31个省市6000余名“种田人”进行调研分析，从表4得知，18—40岁的新生代“种田人”分布的区域从高到低依次是中南、西南、沿海、华北、西北和东北；41—50岁的“种田人”分布的区域从高到低依次是中南、沿海、西南、华北、西北、东北；51—60岁的“种田人”分布的区域从高到低依次是中南、沿海、华北、西南、西北、东北；61岁及以上的“种田人”分布的区域从高到低依次是中南、沿海、西南、华北、西北、东北。（见表4）可见，中南地区和沿海地域的代际“种田人”占据了各个层次“种田人”的一半以上。

表 4　　代际“种田人”的地域分布　　单位:%

年龄分组	地域分布							
	缺失值	东北	西北	华北	沿海	西南	中南	合计
18—40 岁	0.0	7.5	9.4	11.2	18.5	19.1	34.3	100
41—50 岁	0.0	8.1	8.1	10.7	21.1	14.2	37.8	100
51—60 岁	0.0	6.4	7.3	13.2	23.0	12.3	37.8	100
61 岁及以上	0.0	4.9	7.3	11.0	24.3	15.7	36.9	100

第二节　代际期许与农村信息化

一　“种田人”的信息需求与代际期许

（一）“种田人”信息需求基本现状

1. 农民更倾向于获取短期有效的优惠政策

在调查的农民中，表示希望政府提供“优惠政策支持”“专家支持”“信息服务”“建立健全信息化体系”的占比依次为 49.48%、21.53%、17.30%、10.64%。可见，农民最希望政府提供优惠政策支持。而对于需长时间才能见效的政策，农民期待值不高（如建立健全农村信息化体系），占比仅 10.64%，而对短期即可见效的优惠政策则格外青睐。（见表 1）

表 1　　农民希望政府提供什么样的支持方式　　单位：个,%

	政府优惠政策	专家支持	信息服务	建立健全信息化体系	其他	合计
样本	2840	1236	993	611	60	5740
占比	49.48	21.53	17.30	10.64	1.05	100

有效样本：5740　缺失值：452

2. 农民最关注农产品市场需求信息

关于农民最想获得的信息，在 5661 个有效样本中，有 2524 位农民表示最想知道市场需求信息，比例为 44.59%，占比最高。想获得生产技术信息、就业信息、生产资料信息的农民样本量分别为1880位、645位、453位，各自依次占比为33.21%、11.39%、8.00%。由此可见，农民最为关注的是农产品市场需求信息，其次为生产技术信息。（见表2）

表2 **农民最想获得的信息** 单位：个，%

	市场需求信息	生产技术信息	就业信息	生产资料信息	其他	合计
频数	2524	1880	645	453	159	5661
占比	44.59	33.21	11.39	8.00	2.81	100

有效样本：5661 缺失值：531

3. 农民对信息的需求与重视程度不断提高

关于农民的信息需求度，在5839个有效样本中，有1618位农民表示“非常需要”，占比为27.71%；占比最高的认为“一般”，比例为66.60%；还有5.69%的农民表示“不需要”信息。数据显示，大多数农民没有意识到信息的重要性，对信息的需求程度不高。也有近三成农民认为“非常需要”，这表明信息对农村的重要性正日益引起人们的关注。（见表3）

表3 **对信息的需求程度如何** 单位：个，%

	对信息的需求程度			合计
	非常需要	一般	不需要	
样本	1618	3889	332	5839
占比	27.71	66.60	5.69	100

有效样本：5839 缺失值：353

（二）“种田人”信息需求的分析

1. 农民对政府农业信息服务的需求分析

（1）农民对政府提供的农业信息需求有地域差异

分区域来看，需要政府提供“信息服务”的农民在东北、西北、华北、沿海、西南、中部地区的占比分别为 21.60%、20.58%、19.52%、17.33%、16.24%、16.00%。想要政府“建立健全信息化体系”的，各地区分别占比 9.07%、13.72%、13.96%、7.31%、14.24%、9.63%。（见表 4）数据表明，北方地区农民更需要政府提供信息服务，更期盼政府能够提供优质高效的信息服务，但对于建立健全信息化体系，西南地区农民期盼率更高。可见，由于区域差异，各地农民对于农村信息化建设的需求也存在差异。

表 4 **不同地区农民提供什么支持** 单位：%

区域分组	最想获得信息分组					
	政府优惠政策	专家支持	信息服务	建立健全信息化体系	其他	合计
东北	46.93	22.13	21.60	9.07	0.27	100（375）
西北	41.79	23.70	20.58	13.72	0.21	100（481）
华北	44.89	21.62	19.52	13.96	0	100（666）
沿海	54.55	19.46	17.33	7.31	1.36	100（1177）
西南	45.82	22.61	16.24	14.24	1.10	100（1004）
中部	51.81	20.99	16.00	9.63	1.58	100（1963）

有效样本：5666 缺失值：526

（2）农民对政府提供农业信息的需求有年龄差异

从年龄层来看，年龄在 40 岁以下、41—50 岁、51—60 岁、61 岁及以上的不同年龄层农民，期望政府提供“政府优惠政策”的占比为 45.02%、48.30%、50.17%、57.23%；期望政府提供“信息服务”的占比分别为 17.82%、17.70%、17.63%、15.27%；期望“建立健全信息化服务体系”的占比对应为 12.34%、11.30%、9.45%、8.76%。（见表 5）这表明，农民重视农业信息的程度具有代际性特点。而且年龄的增加显现的是农民对优惠政策的需求不断上升，而对提供农业信息的需求则缓慢下降。相比来说，年轻人更加注重农业信息在农业生产中的作用，在农业信息的重视程度上，年轻人的农业信息化意识明显比中老年农民强。

表 5　　**农民希望政府提供支持方式的代际差异**　　单位：%

年龄分组	政府支持方式分组					
	政府优惠政策	专家支持	信息服务	建立健全信息化体系	其他	合计
40 岁以下	45.02	23.95	17.82	12.34	0.87	100（1386）
41—50 岁	48.30	21.67	17.70	11.30	1.03	100（1938）
51—60 岁	50.17	21.83	17.63	9.45	0.91	100（1429）
61 岁及以上	57.23	17.21	15.27	8.76	1.53	100（982）

有效样本：5735　缺失值：526

（3）不同收入的农民对政府提供农业信息的需求有差异

数据表明，农户家庭收入分别在 2 万元以下、2 万—4 万元、4 万—6 万元、6 万元以上的农民期望政府提供“政府优惠政策”的比例分别为 53.49%、49.94%、47.64%、45.58%。对“建立健全信息化体系”的期求的占比对应为 8.36%、10.40%、11.32%、12.65%（见表 6）。由此可见，农户家庭收入与农民对政府优惠政策的期待上呈负相关，而对农业信息重要性的意识上呈正相关。

表 6　　**不同家庭收入的农民希望政府提供什么支持**　　单位：%

家庭收入分组	政府支持方式分组					
	政府优惠政策	专家支持	信息服务	建立健全信息化体系	其他	合计
2 万元以下	53.49	18.91	18.51	8.36	0.73	100（1232）
2 万—4 万元	49.94	22.82	15.99	10.40	0.85	100（1770）
4 万—6 万元	47.64	21.37	18.67	11.32	1.01	100（1184）
6 万元以上	45.58	23.28	16.71	12.65	1.78	100（1233）

有效样本：5419　缺失值：773

（4）农民对政府提供农业信息的需求受教育水平影响

从文化程度来看，学历为“文盲”“小学”“初中”“高中及以上”的农民希望“建立健全信息化体系”的比例分别为 8.88%、9.21%、10.31%、14.38%；而希望提供“信息服务”的对应占比为13.16%、17.64%、18.10%、16.06%。两者占比加总，“文盲”“小学”“初中”“高中及以上”的农民对信息服务的期待分别为22.04%、26.85%、28.41%、30.44%（见表7）。这表明，农民的受教育水平与农民对信息支持的需求度呈正相关。

表7　**不同文化程度的农民希望政府支持的方式**　单位：%

文化程度分组	政府支持方式分组					
	政府优惠政策	专家支持	信息服务	建立健全信息化体系	其他	合计
文盲	59.21	18.42	13.16	8.88	0.33	100（304）
小学	52.81	19.40	17.64	9.21	0.94	100（1814）
初中	47.84	22.46	18.10	10.31	1.29	100（2542）
高中及以上	44.91	23.81	16.06	14.38	0.84	100（1071）

有效样本：5731　缺失值：461

2. 农民对农产品的市场需求的分析

（1）农民对市场需求信息的需求有区域差异

由表8可以看出，东北、西北、华北、沿海、中部、西南地区农民最想获得“市场需求信息”的占比依次为63.68%、54.07%、53.86%、42.25%、40.11%、36.93%；最想获得“生产技术信息”的占比依次为19.74%、24.43%、27.69%、35.24%、35.48%、40.46%（见表8）。可知，北方地区对市场需求信息需求相对较大，对生产技术信息需求量相对较小。中部和南方地区对市场和生产技术信息的需求大体相当，都比较重视。

表8　**不同地区农民最想获得的信息**　单位：%

区域分组	最想获得信息分组					
	市场需求信息	生产技术信息	就业信息	生产资料信息	其他	合计
东北	63.68	19.74	3.42	12.63	0.53	100（380）
西北	54.07	24.43	11.69	8.77	1.04	100（479）
华北	53.86	27.69	8.93	8.02	1.51	100（661）

续表

区域分组	最想获得信息分组					
	市场需求信息	生产技术信息	就业信息	生产资料信息	其他	合计
沿海	42.25	35.24	10.65	9.26	2.60	100（1155）
中部	40.11	35.48	12.90	7.18	4.34	100（1922）
西南	36.93	40.46	13.52	6.26	2.83	100（991）

有效样本：5588 缺失值：604

（2）农民对市场需求信息的需求有年龄差异

如表9所示，从年龄上看，随着年龄的增加，农民想要获得“就业信息”的比例呈不断下降趋势，占比依次为15.84%、13.34%、9.46%、4.02%，年龄越小，农民对于就业信息的需求量越大。40岁以下、41—50岁、51—60岁、61岁及以上的农民想要获得“生产技术信息”的比例分别为29.98%、33.63%、32.15%、38.41%（见表9）。由此可知，年龄越大的农民越想获得生产技术信息。综上可知，农民对信息需求的代际差异明显，越年轻的农民更注重长远发展方面的信息（如就业信息），年龄越大的农民则更注重实用技术信息（如生产技术信息）。

表9 **不同年龄段农民最想获得的信息** 单位：%

年龄分组	最想获得信息分组					
	市场需求信息	生产技术信息	就业信息	生产资料信息	其他	合计
40岁以下	44.78	29.98	15.84	7.40	2.00	100（1351）
41—50岁	43.33	33.63	13.34	7.58	2.13	100（1927）
51—60岁	46.16	32.15	9.46	9.25	2.99	100（1406）
61岁及以上	44.59	38.41	4.02	7.93	5.05	100（971）

有效样本：5655 缺失值：537

（3）农民对市场需求信息的需求受收入影响

从表10可看出，家庭收入在“2万元以下”“2万—4万元”“4万—6万元”“6万元以上”的农民想要获得“市场需求信息”的占比，逐渐减少，具体为 47.83%、45.94%、44.28%、40.11%。想要获得"生产技术信息"占比基本呈上升趋势，分别为 32.90%、32.44%、30.70%、36.18%（见表 10）。可知，相对而言，收入高的农民对生产技术信息关注度高，收入低的农民则更关注市场需求信息，不同收入层面的农民对市场需求信息的需求不同。

表 10　**不同家庭收入的农民最想获得的信息**　单位：%

收入分组	最想获得信息分组					
	市场需求信息	生产技术信息	就业信息	生产资料信息	其他	合计
2 万元以下	47.83	32.90	7.71	7.79	3.77	100（1219）
2 万—4 万元	45.94	32.44	12.13	6.92	2.57	100（1748）
4 万—6 万元	44.28	30.70	14.36	8.94	1.72	100（1163）
6 万元以上	40.11	36.18	11.89	8.94	2.88	100（1219）

有效样：5349　缺失值：843

（4）农民对市场需求信息的需求受教育程度影响

从文化程度上考察，最想获得"市场需求信息""生产技术信息""就业信息""生产资料信息""其他"信息中，占比最高的对应农民学历为"小学""文盲""初中""高中及以上"，具体占比分别为 46.21%、39.27%、13.23%、8.37%、3.39%（见表 11）。由此可见，对于不同的信息，不同学历的农民的需求状况也不一样。

表 11　**不同文化程度的农民最想获得的信息情况**　单位：%

文化程度	最想获得信息分组					
	市场需求信息	生产技术信息	就业信息	生产资料信息	其他	合计
文盲	43.56	39.27	7.26	6.93	2.97	100（303）
小学	46.21	33.26	10.26	7.85	2.41	100（1783）
初中	44.12	31.73	13.23	8.07	2.84	100（2502）
高中及以上	43.46	34.71	10.07	8.37	3.39	100（1063）

有效样本：5651　缺失值：541

3. 农民的信息需求度分析

(1) 农民的信息需求度有年龄差异

从不同年龄来看，表示“非常需要”信息的农民，年龄在“40岁以下”“41—50岁”“51—60岁”“61岁及以上”的占比分别30.51%、30.01%、26.48%、21.19%（见表12）。可见，越年轻的农民对信息的重要性认知度越高，年龄层最小的和年龄层最大的差比近10%。主要原因可能是年轻人接受新鲜事物的能力较强，对信息化的了解较多，对外界认知更多，而年纪大的农民思想相对保守，对新鲜事物不敏感，观念更新慢，对农业信息化重要性的认知缺乏。

表12 **不同年龄对信息的需求程度** 单位:%

年龄分组	对信息的需求程度			合计
	非常需要	一般	不需要	
40岁以下	30.51	65.22	4.27	100（1403）
41—50岁	30.01	65.41	4.58	100（1966）
51—60岁	26.48	68.71	4.81	100（1454）
61岁及以上	21.19	67.82	10.99	100（1010）

有效样本：5833 缺失值：359

(2) 农民的信息需求度有地域差异

从不同区域来看，华北地区认为“非常需要”信息的农民占比最高，为31.05%；其次为西北地区，占比为29.11%；东北地区占比最低，为18.86%；沿海、中部、西南地区对应的占比分别为27.65%、28.59%、26.18%（见表13）。由此可知，华北和西北地区农民对信息需求程度大，东北地区农民对信息需求程度相对较低，区域差异明显。

表 13　**不同区域对信息的需求程度**　单位：%

区域分组	对信息的需求程度如何			合计
	非常需要	一般	不需要	
沿海	27.65	66.50	5.85	100（1197）
中部	28.59	66.20	5.21	100（1994）
西北	29.11	67.15	3.74	100（481）
西南	26.18	66.57	7.25	100（1035）
华北	31.05	65.68	3.27	100（673）
东北	18.86	70.55	10.59	100（387）

有效样本：5767　缺失值：425

（3）农民的信息需求度受收入状况影响

表示“非常需要”信息的农民，家庭收入在“2 万元以下”“2 万—4 万元”“4 万—6 万元”“6 万元及以上”的占比呈左倾斜的倒“V”字形，分别为 25.92%、27.50%、30.19%、27.30%（见表 14）。数据表明，农民对信息的需求程度随着家庭收入的增加也呈递增趋势。但是，当家庭收入达到一定程度，实现富裕，农民对信息的需求量便呈现下降趋势。随着收入增加到一定量后，农民对信息的需求度存在着边际效用递减的规律。不同收入的农民对信息的需求度存在着较大的差异。

表 14　**不同家庭收入的农民对信息的需求程度**　单位：%

家庭收入分组	农民对信息的需求程度			
	非常需要	一般	不需要	合计
2 万元以下	25.92	67.30	6.78	100（1254）
2 万—4 万元	27.50	68.04	4.46	100（1793）
4 万—6 万元	30.19	65.35	4.46	100（1189）
6 万元以上	27.30	67.51	5.19	100（1271）

有效样本：5507　缺失值：685

（4）农民的信息需求度与受教育程度呈正相关

从表 15 可看出，教育水平为“文盲”“小学”“初中”“高中及以上”的农民对信息表示“不需要”的占比呈直线下降。具体来看，占比分别为 13.48%、7.86%、4.46%、2.38%。而表示“非常需要”信息的占比随教育水平的提高而增加，相对应的占比分别为 17.55%、21.15%、30.19%、37.40%（见表 15）。因此，教育水平与信息需求呈正相关，教育水平越高对信息需求越高，教育水平低的农民对信息的需求度相对较弱。

表 15 **不同文化水平农民对信息的需求情况** 单位：%

文化程度	农民对信息的需求程度			
	非常需要	一般	不需要	合计
文盲	17.55	68.97	13.48	100（319）
小学	21.15	70.99	7.86	100（1844）
初中	30.19	65.35	4.46	100（2575）
高中及以上	37.40	60.22	2.38	100（1091）

有效样本：5829 缺失值：363

由上可知，其一，农民的获取信息渠道较为落后，主要以传统的通知方式为主，电视的重要性开始显现；其二，在获得的信息服务中，有效有用的信息偏少，无用无效的信息偏多；其三，不同类型农民的信息需求呈现较大的差异，在需求度上，基本上文化程度与信息需求呈正相关，与年龄呈负相关，代际差异明显。

（三）“种田人”信息需求特点与存在的问题

1. 农民信息需求具有综合性和时效性

（1）“种田人”信息需求内容具有综合性

信息与信息之间是相互关联的，一个信息通常是多种信息的综合，农民信息需求内容的关联性表现尤为显著。对于“种田人”来说，既需要农业科技信息的支持，又需要掌握不断变幻的市场行情，也需要及时了解国家的各项涉农政策信息，这些信息需求的融合构成了农民综合性的信息需求。

（2）“种田人”的信息需求具有时效性

信息资源本身并不能发挥作用，关键在于掌握信息的人能否有效地运用信息，而决定信息使用效能的在于对信息的把握以及使用的时间。同样内容的信息资源，不同的使用条件和环境所产生的效益是不一样的。在市场环境下，农业市场也具有竞争性，准确地掌握市场的需求信息信号往往能成功地实现生产与需求的对接，所以农业生产的时效性就显得尤为重要。此外，农业生产具有自然性特点，在一年的不同时间段内，农民对农业信息的需求也是有差异的。在上半年的农业生产阶段，农民关心的是下半年农业产出后的价格信息，而农业产品出售之后，农民更为关心的是农业生产信息和政策信号传递的来年农业生产预期。

2. “种田人”信息需求存在的问题

（1）农民的有效信息需求能力不足

传统的小农存在信息获取上的天然劣势，这一方面是由于农业生产的自然性和重复性特点决定的惯性，即农业生产无须更多的信息，即使是进入到市场化环境中，农民的信息需求惯性也并未得到有效发展，这也是亟须加强农民信息化培养的重要原因。除此之外，农民的有效信息需求不足还体现在：第一，小农的独立经营模式决定了作为个体搜寻信息的有限性和不可及性，他们缺乏支付巨大信息搜寻费用的能力，所以呈现出了有效性不足。第二，小农由于受教育程度有限，而且长期局限于乡土社会，一方面对新外界要素存在排斥心理，另一方面也缺乏甄别信息真假的能力等，这些都导致农民即使能够获取信息，也难以获取有效信息。

（2）农民信息需求的实现缺乏完善的农业信息市场的支撑

总体上看，针对农民的信息市场形式少。目前，农业信息市场的基本模式包括以下四种：咨询型信息市场，即以一定数量的专家或专业组织为信息源，随时接受用户的电话、书面或当面的信息咨询；实物展示型信息市场，即以众多的产品样本的实际展示来提供关于这些产品的一系列信息，如各种农博会；固定型信息市场，即设立固定的信息经营机构和交易场所，进行长期的信息交易活动；虚拟型信息市场，即建立在因特网上的各种信息交易站点。在这四种专业信息市场中，实物展示型和固定型信息市场主要针对的是农业企业、农业科研机构等用户，而虚拟型信息市场由于其使用成本较高，农民很少采用。只有咨询型信息市场使用成本较低，信息来源及时、准确受到农民的欢迎，但由于这种信息市场运营成本高，而难以持续经营。这些因素使得农民以低成本直接进入信息市场的机会相对较少。[①]

二 代际更替背景下“种田人”的信息需求与期许

（一）“种田人”对政府信息需求的代际分析

1. 教育水平越高的“种田人”对知识性信息的需求高于物质性信息的需求

从不同的教育水平来看，文盲、小学、初中、高中、大学、研究生及以上教育水平的现代“种田人”（18—40岁）对政府补贴农资种子的需求逐渐降低，分别为46.4%、34.7%、28.2%、26.5%、26.3%、25.0%；而对信息化体系、专家支持和政府支持的需求比重逐渐增大，这也说明新型“种田人”（18—40岁）文化水平越高，对政府实物性的需求较低，而对知识性的信息化体系和专家支持的需求较高。（见表16）

表16 不同文化程度的“种田人”（18—40岁）希望政府支持方式 单位：%

文化程度分组	政府支持方式分组							
	缺失值	补贴农资种子	信息化体系	农业信息服务	专家支持	其他	政策支持	合计
文盲	7.1	46.4	7.1	7.1	17.9	0	14.3	100
小学	9.1	34.7	6.8	18.8	17.5	0	13.0	100
初中	7.4	28.2	11.0	16.2	22.1	1.6	13.5	100

① 曹慧：《江西省遂川县农户生产效率分析》，载袁以星主编《和谐社会与农村发展2005年全国中青年农业经济学者年会论文集》，第359页。

续表

文化程度分组	政府支持方式分组							
	缺失值	补贴农资种子	信息化体系	农业信息服务	专家支持	其他	政策支持	合计
高中	9.0	26.5	15.4	14.1	20.9	1.3	12.8	100
大学	8.8	26.3	13.5	13.9	21.9	0.4	15.1	100
研究生及以上	10.0	25.0	10.0	15.0	25.0	0	15.0	100

从表17得知，“种田人”（41—50岁）对政府补贴农资种子的需求随着教育水平的提高而降低，对信息化体系、农业信息服务、专家支持的需求随着教育水平的提高而增加，相较而言，对专家支持的需求最大。相对于新生代“种田人”（18—40岁）而言，对于专家支持的需求要小于上代“种田人”（41—50岁），这是由于新型“种田人”（18—40岁）接受的是更优质的教育，教育水平的层次高，具有更好的信息素养。（见表17）

从表18数据可以得知，“种田人”（51—60岁）对政府补贴农资种子的需求与期许与教育水平呈负相关，而与信息化体系、专家支持和政策支持的需求与期许呈正相关，相比较而言，对专家支持的需求要高于对信息化体系和政策支持的需求。与“种田人”（41—50岁）相比，“种田人”（51—60岁）对政策支持的需求更高，这是由于这代“种田人”（51—60岁）更期望得到传统的务农政策支持与扶持，但是与新型“种田人”（18—40岁）相比，新型“种田人”更多侧重对现代农业相关的政策支持。（见表18）

表17 **不同文化程度的“种田人”（41—50岁）希望政府支持方式** 单位：%

文化程度分组	政府支持方式分组							
	缺失值	补贴农资种子	信息化体系	农业信息服务	专家支持	其他	政策支持	合计
文盲	9.5	34.9	12.7	14.3	19.0	0	9.5	100
小学	6.8	35.6	9.5	15.5	19.4	0.6	12.6	100

续表

文化程度分组	政府支持方式分组							
	缺失值	补贴农资种子	信息化体系	农业信息服务	专家支持	其他	政策支持	合计
初中	7.2	31.6	9.4	17.5	20.7	0.8	12.9	100
高中	6.5	25.6	13.9	18.4	23.3	0.6	11.7	100
大学	4.2	29.2	20.8	0	33.3	4.2	8.3	100
研究生及以上	40.0	0	40.0	20.0	0	0	0	100

表18　不同文化程度的“种田人”（51—60岁）希望政府支持方式　单位:%

文化程度分组	政府支持方式分组							
	缺失值	补贴农资种子	信息化体系	农业信息服务	专家支持	其他	政策支持	合计
文盲	12.2	40.2	6.1	12.2	20.7	0	8.5	100
小学	3.9	35.6	9.4	17.1	20.3	1.3	12.4	100
初中	5.8	34.3	8.4	17.4	20.0	1.1	12.9	100
高中	5.7	30.3	11.8	14.0	23.2	0	14.9	100
大学	6.3	25.0	18.8	12.5	25.0	6.3	6.3	100
研究生及以上	25.0	0	0	50.0	0	0	25.0	100

从表19数据得知，“种田人”（61岁及以上）对政府补贴农资种子的需求较高，相比较其他代际“种田人”而言，对政府的政策支持和农业信息服务的需求较高，这与这代“种田人”（61岁及以上）年纪较大、劳动能力减弱、对新的事物不感兴趣、观念日趋保守、依赖于政府的补助和支持有关。(见表19)

表19 不同文化程度的“种田人”（61岁及以上）希望政府支持方式　单位:%

文化程度分组	政府支持方式分组							
	缺失值	补贴农资种子	信息化体系	农业信息服务	专家支持	其他	政策支持	合计
文盲	11.3	40.0	7.5	10.6	13.1	0.6	16.9	100
小学	8.9	34.8	7.6	15.3	14.0	1.3	18.1	100

续表

文化程度分组	政府支持方式分组							
	缺失值	补贴农资种子	信息化体系	农业信息服务	专家支持	其他	政策支持	合计
初中	5.1	38.1	7.9	14.9	20.0	1.9	12.1	100
高中	5.3	49.1	1.8	10.5	14.0	1.8	17.5	100
大学	0	50.0	0	25.0	25.0	0	0	100
研究生及以上	16.7	33.3	16.7	0	0	0	33.3	100

综合分析，总体上，教育水平越高的新型“种田人”对知识型信息的需求高于实物型信息需求。代际“种田人”对政府补贴农资种子的需求随着教育水平的提高而降低；对专家支持的需求较高，并且文化程度越高的现代“种田人”对专家支持的需求就越高，这是由于高文化程度的现代“种田人”运用较为先进的农业技术和更加科学的农业生产管理知识，专业化程度很高，所以更加需要专家对农业生产的指导。

2. 收入水平越高新型“种田人”对发展型信息的需求越高

从表20数据可以得出，新型“种田人”的家庭收入越高，对政府补贴农资种子和提供农业信息服务的需求就越低，而对专家支持和政府提供的政策支持的需求越高，且对专家支持的需求比政府提供的政策支持的需求更高，这也说明一方面现代新型“种田人”从事更专业、更具有经济价值回报的行业，在政府政策支持的基础上，更需要专家进行专业指导；另一方面，现代“种田人”具有较高的信息素养，对农村信息服务的需求比较少。

从表21数据可知，收入水平越高的“种田人”（41—50岁），对政府补贴农资种子的需求越低，而对信息化体系建设和政府政策支持的需求越高。但相对政府政策支持，“种田人”（41—50岁）对信息化体系的需求更高，这说明这代“种田人”充分地意识到农业信息化的重要性。与新型“种田人”（18—40岁）相比，这代“种田人”（41—50岁）对政府补贴农资种子的需求更高，而对政府支持需

求稍低，这些充分地体现了代际差异明显。(见表21)

表20 不同家庭收入的“种田人”(18—40岁)希望政府提供什么支持

单位:%

家庭收入分组	政府支持方式分组							
	缺失值	补贴农资种子	信息化体系	农业信息服务	专家支持	其他	政策支持	合计
2万元以下	5.1	31.1	11.4	18.2	20.9	1.2	11.9	100
2万—4万元	6.3	31.4	10.2	18.1	21.2	1.1	11.7	100
4万—6万元	8.8	29.3	10.7	12.9	21.4	0.8	16.2	100
6万元以上	11.4	24.8	11.1	10.7	23.5	1.0	17.4	100

表21 不同家庭收入的“种田人”(41—50岁)希望政府提供什么支持

单位:%

家庭收入分组	政府支持方式分组							
	缺失值	补贴农资种子	信息化体系	农业信息服务	专家支持	其他	政策支持	合计
2万元以下	4.6	36.4	9.5	18.7	20.1	0	10.7	100
2万—4万元	5.9	33.5	9.5	15.2	23.2	0.9	11.9	100
4万—6万元	6.6	30.7	11.7	18.3	17.6	0.9	14.2	100
6万元以上	10.3	25.4	11.7	15.8	21.7	1.1	14.0	100

从表22数据可知，“种田人”(51—60岁)对政府补贴农资种子的需求随收入的增多而降低，对建设农村信息化体系的需求随收入的增加而增加，并且这代“种田人”较为重视专家支持。与新型“种田人”(18—40岁)、“种田人”(41—50岁)相比，这代“种田人”对农村信息化体系建设的需求相对小于年轻的下代，也说明了这代“种田人”的信息素养稍显不足。(见表22)

表 22　　不同家庭收入的"种田人"（51—60 岁）希望政府提供什么支持　　单位：%

家庭收入分组	政府支持方式分组							
	缺失值	补贴农资种子	信息化体系	农业信息服务	专家支持	其他	政策支持	合计
2 万元以下	7. 1	38. 9	8. 1	17. 7	16. 4	0. 3	11. 6	100
2 万—4 万元	4. 5	37. 1	8. 7	13. 7	24. 6	0. 7	10. 6	100
4 万—6 万元	5. 3	30. 2	9. 8	19. 6	20. 0	1. 8	13. 3	100
6 万元以上	5. 5	25. 9	13. 0	17. 1	20. 1	2. 0	16. 4	100

从表 23 数据得知，收入越低的"种田人"（61 岁及以上）对政府补贴农资种子的需求就越高，并且对补贴农资种子的需求高于政府其他的支持方式；其次"种田人"（61 岁及以上）对政府的政策支持和农业信息服务的需求也较高。这可能是因为一方面这代"种田人"年龄的原因，劳动能力减弱，收入也逐渐减少，希望更多地得到政府的支持与扶持；另一方面，这代"种田人"思想观念日趋保守，对农村信息化不敏感，生存性需要远远大于发展性需要。（见表 23）

表 23　　不同家庭收入的"种田人"（61 岁及以上）希望政府提供什么支持　　单位：%

家庭收入分组	政府支持方式分组							
	缺失值	补贴农资种子	信息化体系	农业信息服务	专家支持	其他	政策支持	合计
2 万元以下	10. 9	39. 9	5. 0	13. 0	13. 0	0. 9	17. 3	100
2 万—4 万元	8. 2	34. 1	8. 2	14. 3	18. 1	1. 1	15. 9	100
4 万—6 万元	5. 8	35. 0	11. 7	18. 4	13. 6	1. 0	14. 6	100
6 万元以上	1. 6	29. 5	10. 7	15. 6	20. 5	4. 1	18. 0	100

综合上述分析，可以得知，收入越高越年轻的"种田人"，对政府补贴农资种子这种物质性的需求就越小，而对政府政策支持和专家

支持的需求较高；收入越低年龄越大的“种田人”，对政府补贴农资种子这种物质性的需求越大，对政府政策支持的需求也高。但是不同“种田人”对政府政策支持需求高的原因是有区别的。因此，政府在农村信息化建设的过程中，应当充分考虑到代际“种田人”因收入水平高低采取分类型信息化建设，确保这类公共服务均等化，使每一位“种田人”都能享受改革开放、农村信息建设的红利。

3. 不同地域的代际“种田人”对政府信息需求不均衡

从表24数据得知，相比较而言，不同地域的新生代“种田人”（18—40岁）对政府的优惠政策还是具有较高的需求的，其中华北的新生代“种田人”（18—40岁）对政府补贴农资种子的需求最高，中部新生代“种田人”（18—40岁）对政府政策支持的需求最高。北方的新生代“种田人”（18—40岁）对农村信息服务、信息化体系建设的需求要比南方的新生代“种田人”（18—40岁）需求要高，但对专家支持和政府政策支持的需求低于南方的新生代“种田人”（18—40岁）。由此可见，不同地域的新生代“种田人”（18—40岁）对政府信息需求是具有差异的，因而，在采取农村信息化建设时，应该因地制宜，采取不同的策略。（见表24）

表24 **不同地区的“种田人”（18—40岁）需要提供的支持** 单位：%

区域分组	最想获得信息分组							
	缺失值	补贴农资种子	信息化体系	农业信息服务	专家支持	其他	政策支持	合计
东北	12.9	26.6	12.9	24.2	16.9	0.8	5.6	100
西北	5.2	28.4	12.3	20.6	22.6	0	11.0	100
华北	1.6	34.4	16.4	17.5	19.7	0	10.4	100
沿海	10.3	28.1	7.1	16.5	21.9	1.6	14.5	100
西南	7.1	27.8	15.1	13.0	23.8	0.9	12.3	100
中部	9.3	29.5	8.3	13.9	21.5	1.1	16.4	100

从表25数据可以看出，北方“种田人”（41—50岁）对政府提

供农业信息服务和专家支持的需求比南方“种田人”（41—50 岁）高，而南方“种田人”（41—50 岁）对政府政策支持的需求比北方“种田人”（41—50 岁）要高。相对于新型“种田人”（18—40 岁），这代不同地域的“种田人”（41—50 岁）对农村信息化体系建设的需求普遍没有新生代“种田人”高；对于南部的“种田人”来说，新生代“种田人”（18—40 岁）比“种田人”（41—50 岁）对农业信息服务的需求低，但是对政府政策支持的需求要高；而对于北方的“种田人”来说，新生代“种田人”（18—40 岁）比“种田人”（41—50 岁）对专家支持的需求小，由于新生代“种田人”的教育水平相比较而言较高，具有较高的信息素养，能有效对农村信息进行辨识、获取和利用，因此对专家支持的需求小。（见表 25）

表 25　**不同地区的“种田人”（41—50 岁）需要提供的支持**　单位：%

区域分组	最想获得信息分组							
	缺失值	补贴农资种子	信息化体系	农业信息服务	专家支持	其他	政策支持	合计
东北	10.2	32.9	6.0	19.2	23.4	0	8.4	100
西北	3.6	26.3	13.2	19.2	29.3	0	8.4	100
华北	0	31.1	14.9	22.5	20.3	0	11.3	100
沿海	7.6	38.3	5.7	17.4	19.5	0.9	10.6	100
西南	8.5	27.2	12.9	17.0	22.8	0.7	10.9	100
中部	8.3	31.1	10.3	14.2	18.6	1.0	16.4	100

从表 26 数据可以得出，南方的“种田人”（51—60 岁）比北方的“种田人”对政府的优惠政策补贴农资种子的需求和政府政策支持的需求要高，但是对农村信息化体系建设、农业信息服务的需求要低，对于专家支持的需求，北方“种田人”和南方“种田人”的需求相当。除对农资种子这类物质性需求之外，东北“种田人”更关心农业信息服务，西北“种田人”关心农村信息服务和信息化体系建设，而华北“种田人”则关心专家支持，沿海的“种田人”关心农

业信息服务和政府政策支持，而西南和中部“种田人”更关心专家支持，所不同的是中部“种田人”对政府政策支持比西南“种田人”要高。相比较而言，此代北方“种田人”（51—60岁）比上代北方“种田人”（41—50岁）对信息化体系建设的需求更高。（表26）

表26 **不同地区的“种田人”（51—60岁）需要提供的支持** 单位：%

区域分组	最想获得信息分组							
	缺失值	补贴农资种子	信息化体系	农业信息服务	专家支持	其他	政策支持	合计
东北	10.3	34.5	9.2	20.7	18.4	0	6.9	100
西北	4.0	25.0	17.0	21.0	21.0	1.0	11.0	100
华北	2.2	36.1	12.2	18.9	23.3	0	7.2	100
沿海	5.7	39.5	6.1	16.2	15.6	1.0	15.9	100
西南	6.0	38.1	8.9	12.5	23.8	0.6	10.1	100
中部	5.8	32.0	8.7	14.7	21.9	1.7	15.1	100

从表27数据可以得知，东北的“种田人”（61岁及以上）对政府补贴农资种子的需求非常高，这也比其他代际东北“种田人”对政府补贴农资种子的需求都高；不同地域的“种田人”对政府补贴农资种子的需求都较高。此外，西北“种田人”（61岁及以上）对农业信息服务的需求较高，华北“种田人”（61岁及以上）对专家支持需求较高，沿海和西南“种田人”（61岁及以上）对政府政策支持需求较高，中部“种田人”（61岁及以上）对专家支持和政策支持的需求较高。这代“种田人”不同于新生代“种田人”和当前农村建设的主干“种田人”，他们是衰落的一代，这代“种田人”务农动机不是获得收益和利润，而是为了生存或者休闲。（见表27）

综上所述，不同区域的“种田人”对政府供给信息的需求不同。总体来看，南方“种田人”倾向于政府政策支持，而北方“种田人”倾向于专家支持和农村信息化服务，这体现了不同地域的代际“种田人”对政府信息需求的不均衡，这种不均衡一方面是由我国当前的基本国情所决定的，另一方面也是由于当前农村发展实践的影响。因此，在推动我国农村信息一体化时，要缩减东中西和南北地域之间的信息鸿沟和差距。

表 27　**不同地区的“种田人”（61 岁及以上）需要提供的支持**　单位：%

区域分组	最想获得信息分组							
	缺失值	补贴农资种子	信息化体系	农业信息服务	专家支持	其他	政策支持	合计
东北	11.4	59.1	0	2.3	15.9	0	11.4	100
西北	12.3	24.6	10.8	21.5	13.8	0	16.9	100
华北	10.2	32.7	8.2	14.3	21.4	0	13.3	100
沿海	8.8	38.7	9.2	12.0	12.4	1.4	17.5	100
西南	10.0	34.3	7.1	15.7	12.9	0.7	19.3	100
中部	6.4	38.5	5.2	14.2	16.7	2.4	16.7	100

（二）“种田人”对市场信息需求的代际分析

1. 教育水平越高的新型“种田人”对农产品价格和长远发展型信息的需求越高

从表 28 数据得知，小学文化程度新生代“种田人”（18—40 岁）最想获得的主要信息依次是农产品价格、生产技术、农产品需求、天气信息和外出就业信息；初中文化程度新生代“种田人”（18—40 岁）最想获得的主要信息依次是农产品价格、外出就业信息、生产技术信息、农产品需求信息；高中文化程度的新生代“种田人”（18—40 岁）最想获得的主要信息依次是农产品需求、农产品价格、外出就业信息、天气信息和生产技术信息；大学、研究生及以上文化程度的新生代“种田人”最想获得的信息是农产品价格、农产品需求、天气信息、生产技术和生产资料信息。不同文化程度的新生代“种田人”（18—40 岁）获得信息各有不同的特点，其中文化程度越高，对生产技术的需求越低，这与“种田人”的认知与行为方式对生产技术的需求有关。（见表 28）

表 28　**“种田人”（18—40 岁）对市场信息需求的代际分析**　单位:%

文化程度分组	最想获得信息分组								
	缺失值	农产品价格	农产品需求	生产资料信息	其他	生产技术	天气信息	外出就业信息	合计
文盲	7.1	42.9	10.7	3.6	0	25.0	7.1	3.6	100
小学	11.7	27.6	14.0	6.2	0.3	15.3	13.0	12.0	100
初中	9.5	25.9	13.3	7.0	2.0	15.0	10.8	16.6	100
高中	8.5	18.8	20.5	4.3	2.1	15.0	15.0	15.8	100
大学	12.4	21.1	16.3	9.6	3.6	13.9	15.1	8.0	100
研究生及以上	10.0	30.0	5.0	10.0	5.0	10.0	20.0	10.0	100

从表 29 数据可以得知，文盲程度的“种田人”（41—50 岁）最想获得的信息依次是天气信息、生产技术、农产品价格、外出就业信息、农产品需求、生产资料信息；小学程度的“种田人”（41—50 岁）最想获得的信息依次是农产品价格、生产技术、农产品需求、外出就业信息、天气信息、生产资料信息；初中文化程度的“种田人”（41—50 岁）最想获得的信息依次是农产品价格、生产技术、农产品需求、外出就业信息、天气信息、生产资料信息；高中文化程度的“种田人”（41—50 岁）最想获得的信息依次是农产品价格、生产技术、农产品需求、天气信息、外出就业信息、生产资料信息；大学文化程度的“种田人”（41—50 岁）最想获得的信息依次是天气信息、农产品价格信息、农产品需求、生产技术、外出就业信息和生产资料信息。由此可以得知，农产品价格信息、农产品需求和生产技术是这代“种田人”（41—50 岁）最想获得的信息。其中对农产品价格的需求随着文化水平的升高呈倒“U”形，学历越低对价格的需求越低，随着教育水平的提高对农产品价格需求逐渐升高，但上升到一定程度开始下降；对生产技术和农产品需求随着教育水平的提高而提高，相比较新生代（18—40 岁）“种田人”，这两代“种田人”对生产技术的需求都较均衡，所不同的是，这代“种田人”（41—50 岁）对生产技术的需求高于新生代“种田人”。但相对四个层次的

“种田人”来说，新生代“种田人”（18—40 岁）和主干“种田人”（41—50 岁）对外出务工需求相对高些。（见表 29）

表 29 **“种田人”（41—50 岁）对市场信息需求的代际分析** 单位：%

文化程度分组	最想获得信息分组								
	缺失值	农产品价格	农产品需求	生产资料信息	其他	生产技术	天气信息	外出就业信息	合计
文盲	4.8	17.5	12.7	6.3	0	19.0	22.2	17.5	100
小学	7.3	28.3	13.2	5.9	1.6	19.1	12.3	12.4	100
初中	8.4	26.6	13.7	7.3	1.9	19.3	10.2	12.6	100
高中	6.1	26.9	16.2	5.2	2.9	20.4	12.9	9.4	100
大学	8.3	20.8	16.7	8.3	0	8.3	29.2	8.3	100
研究生及以上	40.0	0	60.0	0	0	0	0	0	100

从表 30 数据可以得知，文化水平越高的“种田人”（51—60 岁）对农产品价格需求和生产资料信息的需求越高，对农产品需求越低，对生产技术的需求呈现“V”形；这代“种田人”对外出务工信息存在较小需求，但不同教育水平背景的“种田人”对外出务工信息的需求存在差异。这代不同文化程度的“种田人”（51—60 岁）最想获得的信息与上代“种田人”（41—50 岁）基本一致，主要是农产品价格、农产品需求和生产技术信息，所不同的是这代“种田人”（51—60 岁）对农产品价格和农产品需求信息的需求更高，而对生产技术和外出就业的信息的需求降低，说明这两代“种田人”在对信息需求方面代际差异明显。（见表 30）

从表 31 数据可以得知，这代“种田人”（61 岁及以上）最想获得的信息农产品价格、生产技术、天气信息，农产品需求、生产资料信息和外出就业信息，文化水平越高对生产技术的需求就越高。与“种田人”（51—60 岁）相比，这代“种田人”（61 岁及以上）对农村品价格和农村品需求有所降低，而对天气信息的需求比较高；对比这四代“种田人”，这代“种田人”（61 岁及以上）对外出就业信息的需求最低，这与自身年龄和劳动能力相关。（见表 31）

表30 “种田人”（51—60岁）对市场信息需求的代际分析 单位：%

文化程度分组	最想获得信息分组								
	缺失值	农产品价格	农产品需求	生产资料信息	其他	生产技术	天气信息	外出就业信息	合计
文盲	13.4	26.8	18.3	6.1	4.9	8.5	14.6	7.3	100
小学	6.4	27.2	17.1	9.0	2.6	14.6	13.7	9.4	100
初中	6.9	27.0	15.0	8.8	3.6	19.3	12.2	7.3	100
高中	5.7	26.3	15.4	12.7	2.6	16.7	15.4	5.3	100
大学	6.3	37.5	12.5	6.3	0	12.5	18.8	6.3	100
研究生及以上	25.0	25.0	0	25.0	0	0	0	25.0	100

表31 “种田人”（61岁及以上）对市场信息需求的代际分析 单位：%

文化程度分组	最想获得信息分组								
	缺失值	农产品价格	农产品需求	生产资料信息	其他	生产技术	天气信息	外出就业信息	合计
文盲	13.1	25.6	10.6	5.6	3.1	14.4	25.6	1.9	100
小学	10.4	26.3	15.3	7.6	3.9	14.7	18.4	3.5	100
初中	6.5	26.0	15.8	6.5	6.0	20.5	14.9	3.7	100
高中	5.3	19.3	14.0	5.3	8.8	22.8	21.1	3.5	100
大学	0	0	0	0	25.0	25.0	50.0	0	100
研究生及以上	16.7	16.7	0	16.7	0	33.3	0	16.7	100

综上所述，总体上看不同教育水平的代际“种田人”对市场信息需求存在一定的差距，但也存在共同需求。教育水平越高的新型“种田人”对农产品价格需求越高，在关注农产品价格需求的同时，新型“种田人”对外出就业信息关注度也较高。

2. 收入水平越高的新型“种田人”对现代高科技信息需求越高

从表32数据看出，不同收入的新生代“种田人”（18—40岁）最想获得的主要信息依次是农产品价格、生产技术、农产品需求；

新生代“种田人”（18—40 岁）对农产品价格信息需求随家庭收入的变化较为稳定，而对农产品需求逐渐降低，对生产资料信息需求稳中有升，这说明不同家庭收入的新生代“种田人”对农产品价格和生产资料这类信息的需求随收入变动而趋于稳定；对生产技术的需求随收入的升高先降后升，这说明当人们收入增加到一定程度，人们对现代生产技术，比如，温室栽培、无土栽培、机械化耕作等的需求逐步增加。(见表 32)

表 32　**“种田人”（18—40 岁）对市场信息需求的代际分析**　单位:%

家庭收入分组	最想获得信息分组								
	缺失值	农产品价格	农产品需求	生产资料信息	其他	生产技术	天气信息	外出就业信息	合计
2 万元以下	7.8	24.3	16.8	5.8	1.7	20.2	10.2	13.1	100
2 万—4 万元	8.6	26.4	16.2	7.0	1.3	17.4	9.7	13.5	100
4 万—6 万元	10.4	24.1	12.3	7.9	2.2	9.3	17.3	16.4	100
6 万元以上	11.7	25.8	13.1	7.4	3.7	10.7	13.8	13.8	100

从表 33 数据得知，收入越高的“种田人”（41—50 岁）对农产品价格和农产品需求越低，而对天气信息和外出就业信息需求增高。这代“种田人”（41—50 岁）最想获得的主要信息是农产品价格、生产技术、农产品需求信息。相对于新生代“种田人”（18—40 岁），这代“种田人”（41—50 岁）对农产品价格、生产技术和生产资料信息的需求高，而对农产品需求信息降低。这些分析表明随着人们家庭收入的增加，“种田人”在保持关注农产品价格和农产品需求的同时，将市场信息需求的关注点逐步转移到现代生产技术上。以新生代“种田人”和目前农村主干“种田人”为代表的新型“种田人”对市场信息的关注反映了当前和未来农村信息化的发展方向。(见表 33)

表 33 **"种田人"（41—50 岁）对市场信息需求的代际分析** 单位：%

家庭收入分组	最想获得信息分组								
	缺失值	农产品价格	农产品需求	生产资料信息	其他	生产技术	天气信息	外出就业信息	合计
2 万元以下	5.6	29.2	15.1	6.6	2.8	23.1	8.0	9.7	100
2 万—4 万元	5.9	28.3	16.2	5.6	1.8	17.3	11.9	13.1	100
4 万—6 万元	7.8	26.8	12.6	6.9	0.9	16.2	14.2	14.6	100
6 万元以上	11.2	22.2	11.0	7.1	2.1	20.4	13.3	12.8	100

从表 34 数据可知，不同收入的"种田人"（51—60 岁）最想获得的主要信息依次是农产品价格、生产技术、农产品需求信息。收入越高的"种田人"（51—60 岁）对农产品价格、农产品需求信息的需求就越低，而对生产技术信息的需求增加。随着"种田人"家庭收入水平的改善和增加，"种田人"更加重视生产技术信息。相较于"种田人"（41—50 岁），这代"种田人"（51—60 岁）对农产品需求、生产资料信息和外出就业信息需求更高，对生产技术信息的需求降低，这一方面可能是因为随着现代务农信息的高科技化和职能化，这代"种田人"无法完全适应农村现代信息技术，于是导致关注的兴趣降低；另一方面可能是由于年龄增长，劳动能力减弱导致生产技术信息关注的减弱。（见表 34）

表 34 **"种田人"（51—60 岁）对市场信息需求的代际分析** 单位：%

家庭收入分组	最想获得信息分组								
	缺失值	农产品价格	农产品需求	生产资料信息	其他	生产技术	天气信息	外出就业信息	合计
2 万元以下	6.6	29.8	17.4	9.1	3.3	14.9	12.4	6.6	100
2 万—4 万元	5.2	28.6	17.0	8.0	3.5	16.8	12.1	8.7	100
4 万—6 万元	8.0	28.4	13.3	8.9	1.8	19.1	12.4	8.0	100
6 万元以上	7.5	21.8	13.3	11.3	2.7	16.4	18.8	8.2	100

从表35数据可以得知，不同收入的“种田人”（61岁及以上）最想获得的主要信息依次是农产品价格、生产技术、天气信息、农产品需求信息。收入越高的“种田人”（61岁及以上）对生产资料信息和天气信息的需求越高，这代人对天气信息的高需求不仅仅是在从事农事生产与耕种，由于年龄和劳动能力的原因，加之耕地普遍较少，更多关注的是日常生活的需要。与“种田人”（51—60岁）相比，这代“种田人”（61岁及以上）对农产品需求和生产资料信息需求降低。（见表35）

表35 **“种田人”（61岁及以上）对市场信息需求的代际分析** 单位：%

家庭收入分组	最想获得信息分组								
	缺失值	农产品价格	农产品需求	生产资料信息	其他	生产技术	天气信息	外出就业信息	合计
2万元以下	12.8	25.3	15.5	7.1	4.6	14.4	18.2	2.3	100
2万—4万元	8.8	25.8	12.6	6.6	5.5	20.9	15.9	3.8	100
4万—6万元	4.9	30.1	15.5	6.8	1.9	16.5	18.4	5.8	100
6万元以上	4.9	23.8	10.7	9.8	4.1	18.0	23.8	4.9	100

综上分析，收入越高的新型“种田人”对农产品价格、农产品需求信息需求逐步降低，而对现代科技生产技术的需求逐步升高。这反映了当前我国农村信息化的现实，也说明了农村信息化今后朝着现代化、机械化、信息化和智能化方向逐步推进。这也显现了一个问题，只有在不断促进农业增产增收，“种田人”收入水平和生活水平提高的前提下才能实现。

3. 不同地域的代际“种田人”对市场信息需求存在较大差异

从表36数据得知，东北新生代“种田人”（18—40岁）最想获得的信息主要是农产品价格、农产品需求、生产技术；西北新生代“种田人”（18—40岁）最想获得的信息主要是农产品价格、外出就业信息、农产品需求；华北新生代“种田人”（18—40岁）最想获得的信息主要是农产品价格、农产品需求信息和生产技术；沿海新生代“种田人”（18—40 岁）最想获得的信息主要是农产品价格、天气信息和外出就业信息；西南新生代“种田人”（18—40 岁）最想获得的信息主要是生产技术、农产品需求信息、农产品价格；中部新生代“种田人”（18—40 岁）最想获得的信息主要是农产品价格、外出就业信息、天气信息和生产技术。由此可以得知，新生代“种田人”对农产品价格、农产品需求和生产技术的需求最多。其中东北新生代“种田人”（18—40 岁）最想获得的信息相比其他地区对获得农产品价格、农产品需求信息和生产资料信息最高，西南地区新生代“种田人”（18—40 岁）对生产技术的需求最高，中部新生代“种田人”（18—40 岁）对天气信息和外出就业信息需求最高。（见表 36）

表 36 **“种田人”（18—40 岁）对市场信息需求的代际分析** 单位：%

区域分组	最想获得信息分组								
	缺失值	农产品价格	农产品需求	生产资料信息	其他	生产技术	天气信息	外出就业信息	合计
东北	10.5	35.5	24.2	8.9	0.8	10.5	6.5	3.2	100
西北	7.1	31.6	14.8	7.1	1.9	10.3	12.3	14.8	100
华北	3.8	35.0	15.8	6.6	0.5	14.2	10.9	13.1	100
沿海	13.5	28.1	9.7	8.4	1.6	11.0	14.8	12.9	100
西南	8.3	15.4	17.6	7.7	1.5	25.6	9.9	13.9	100
中部	12.0	21.9	12.9	5.5	3.2	13.4	15.2	16.0	100

从表 37 数据得知，不同地域的“种田人”（41—50 岁）对农产品价格、农产品需求信息和生产技术的需求有所差异。其中华北“种田人”（41—50 岁）对农产品价格信息需求最高，比华北新生代“种田人”（18—40 岁）对农产品价格信息需求更高，这两代不同地域的代际“种田人”对市场信息的代际差异显著；东北“种田人”（41—50 岁）对农产品需求信息和生产资料信息需求最高，与东北新生代“种田人”（18—40 岁）的需求基本一致；西南“种田人”（41—50 岁）对生产技术信息的需求最高，西南新生代“种田人”

（18—40岁）对生产技术信息的需求也最高，但"种田人"（41—50岁）比新生代"种田人"（18—40岁）对信息技术的需求更高；中部"种田人"（41—50岁）对外出就业信息的需求最高，与新生代"种田人"（18—40岁）需求基本一致。相对于南方新生代"种田人"（18—40岁），这代"种田人"（41—50岁）对农产品价格、农产品需求信息和生产技术的需求高。（见表37）

表37 **"种田人"（41—50岁）对市场信息需求的代际分析** 单位：%

区域分组	最想获得信息分组								
	缺失值	农产品价格	农产品需求	生产资料信息	其他	生产技术	天气信息	外出就业信息	合计
东北	10.2	35.9	25.7	10.8	0.6	10.2	3.0	3.6	100
西北	3.6	30.5	20.4	6.6	0	18.6	6.6	13.8	100
华北	0.9	40.5	14.4	5.4	1.4	18.5	9.5	9.5	100
沿海	8.0	28.2	10.8	8.7	1.4	13.3	19.5	10.1	100
西南	8.5	17.3	16.0	3.4	2.7	31.3	7.1	13.6	100
中部	9.4	23.3	10.9	6.2	2.6	19.9	12.6	15.3	100

从表38数据得知，西北"种田人"（51—60岁）对农产品价格信息的需求最高，这可能是这代"种田人"由于年龄原因导致劳动能力下降，更关注收益型信息；华北"种田人"（51—60岁）对农产品需求信息的期许最高，西南"种田人"（51—60岁）对生产技术信息和外出就业信息的需求最高，沿海"种田人"（51—60岁）对天气信息的需求最高。这代"种田人"（51—60岁）比"种田人"（41—50岁）对生产资料的需求高；南方"种田人"（51—60岁）比"种田人"（41—50岁）对农产品需求信息的期许要高。（见表38）

从表39数据可知，不同地域的"种田人"（61岁及以上）最想获得的主要信息是农产品价格信息、农产品需求信息和生产技术信息；其中东北"种田人"（61岁及以上）最想获得的信息是农产品需求信息，西北、华北、西南、中部"种田人"最想获得的信息是农产品价格信息，沿海“种田人”最想获得的信息是天气信息。相比较而言，这代“种田人”（61 岁及以上）对农产品价格的需求低于下代“种田人”（51—60 岁）。南方“种田人”（61 岁及以上）对于农产品需求和生产资料信息的需求低于下代“种田人”（51—60 岁）。（见表 39）

表 38 “种田人”（51—60 岁）对市场信息需求的代际分析 单位：%

区域分组	最想获得信息分组								
	缺失值	农产品价格	农产品需求	生产资料信息	其他	生产技术	天气信息	外出就业信息	合计
东北	9.2	24.1	19.5	18.4	0	16.1	11.5	1.1	100
西北	5.0	37.0	16.0	11.0	0	16.0	10.0	5.0	100
华北	2.8	33.3	19.4	9.4	2.2	15.6	10.6	6.7	100
沿海	7.6	30.6	13.1	9.2	1.9	10.5	18.2	8.9	100
西南	8.9	16.1	19.0	6.5	3.6	23.8	11.3	10.7	100
中部	7.9	26.2	13.8	8.5	5.0	18.4	12.2	7.9	100

表 39 “种田人”（61 岁及以上）对市场信息需求的代际分析 单位：%

区域分组	最想获得信息分组								
	缺失值	农产品价格	农产品需求	生产资料信息	其他	生产技术	天气信息	外出就业信息	合计
东北	9.1	22.7	38.6	6.8	0	11.4	6.8	4.5	100
西北	12.3	24.6	16.9	13.8	3.1	18.5	3.1	7.7	100
华北	8.2	25.5	21.4	12.2	2.0	14.3	14.3	2.0	100
沿海	10.1	18.9	10.6	6.5	5.5	12.9	30.4	5.1	100
西南	14.3	22.9	14.3	3.6	2.9	20.7	19.3	2.1	100
中部	8.8	30.6	11.5	5.5	6.1	18.5	17.3	1.8	100

综上所述，可以得出不同地域的代际“种田人”对市场信息的需求受主客观环境的影响呈现出不同的状态。不同代际的东北“种田人”对农产品价格、农产品需求和生产资料信息的需求相比较而言是最高的；不同代际的西南“种田人”对生产技术的需求和期许较高；对于

中部地区来说，代际“种田人”对农产品价格需求高的同时，比较其他地区来说对外出就业信息需求较高；沿海“种田人”和西北“种田人”对务农市场信息的需求相比较其他地区的代际“种田人”，特点相对不突出。一方面对于沿海地域来说，产业结构主要以工业和服务业这类二、三产业为主，农业的比重较小，因而对务农市场信息需求突出；另一方面，相对于西北“种田人”来说，虽说农业的比重在整个产业结构中占有很高的比例，但是由于西北经济发展水平落后，存在巨大的信息鸿沟和差距，加之“种田人”的信息素养和思想观念的差异，导致对于务农市场信息的需求不突出。

（三）“种田人”对信息需求度的代际分析

1. 教育水平高的新型“种田人”对信息的需求度较高

从表 40、表 41、表 42 与表 43 这四组表的数据得知，文化水平越高的代际“种田人”对信息的需求度越高；对不同代际的“种田人”而言，对信息的需求度的排名依次是新生代“种田人”（18—40 岁）、41—50 岁的“种田人”、51—60 岁的“种田人”、61 岁及以上的“种田人”，这充分说明了不同“种田人”的信息需求度之间存在明显的代际差异。代际“种田人”对农村信息需求度的代际差异，也对农村信息化建设提出更高的要求，要求政府在供给信息服务时应本着差异化的原则向不同类型的“种田人”提供均等化的公共信息服务。（见表 40、表 41、表 42 与表 43）

表 40 **“种田人”（18—40 岁）对信息需求度的代际分析** 单位：%

文化程度分组	对信息的需求程度				
	缺失值	不需要	非常需要	一般	合计
文盲	7.1	3.6	21.4	67.9	100
小学	6.8	6.2	20.5	66.6	100
初中	6.0	4.3	25.3	64.4	100
高中	6.8	1.3	34.2	57.7	100
大学	7.6	2.8	37.1	52.6	100
研究生及以上	10.0	0.0	40.0	50.0	100

表 41　　**“种田人”（41—50 岁）对信息需求度的代际分析**　　单位：%

文化程度分组	对信息的需求程度				
	缺失值	不需要	非常需要	一般	合计
文盲	7. 9	4. 8	12. 7	74. 6	100
小学	5. 7	5. 9	23. 1	65. 2	100
初中	6. 2	3. 8	30. 9	59. 0	100
高中	5. 5	1. 6	37. 9	55. 0	100
大学	4. 2	4. 2	54. 2	37. 5	100
研究生及以上	40. 0	0	0	60. 0	100

表 42　　**“种田人”（51—60 岁）对信息需求度的代际分析**　　单位：%

文化程度分组	对信息的需求程度				
	缺失值	不需要	非常需要	一般	合计
文盲	4. 9	7. 3	17. 1	70. 7	100
小学	2. 8	7. 3	20. 5	69. 4	100
初中	4. 5	4. 7	25. 1	65. 7	100
高中	2. 2	3. 1	31. 6	63. 2	100
大学	6. 3	0	50. 0	43. 8	100
研究生及以上	25. 0	0	50. 0	25. 0	100

表 43　　**“种田人”（61 岁及以上）对信息需求度的代际分析**　　单位：%

文化程度分组	对信息的需求程度				
	缺失值	不需要	非常需要	一般	合计
文盲	6. 3	20. 6	15. 6	57. 5	100
小学	6. 7	10. 6	14. 9	67. 8	100
初中	3. 7	6. 0	30. 2	60. 0	100
高中	3. 5	5. 3	24. 6	66. 7	100
大学	0	0	25. 0	75. 0	100
研究生及以上	16. 7	0	0	83. 3	100

2. 收入水平高的新型“种田人”对信息需求度较高

从表44、表45、表46与表47这四组数据可以得知，不同收入水平的代际“种田人”对信息的需求不同，其中越年轻的“种田人”对信息需求越高，代际差异较为显著。对于新生代“种田人”来说，收入增加，对信息需求降低；对于41—50岁的“种田人”说，信息需求度随收入增加而上升，但当收入上升到一定程度后，收入增加，信息需求度开始下降，由此可以得出经济发展水平与“种田人”信息需求有着直接的联系。（见表44、表45、表46与表47）

表44　**“种田人”（18—40岁）对信息需求度的代际分析**　单位：%

家庭收入分组	对信息的需求程度				
	缺失值	不需要	非常需要	一般	合计
2万元以下	3.9	4.1	29.2	62.8	100
2万—4万元	5.9	4.3	27.3	62.5	100
4万—6万元	6.0	1.9	27.2	64.8	100
6万元以上	8.7	4.7	22.8	63.8	100

表45　**“种田人”（41—50岁）对信息需求度的代际分析**　单位：%

家庭收入分组	对信息的需求程度				
	缺失值	不需要	非常需要	一般	合计
2万元以下	4.6	4.2	28.8	62.4	100
2万—4万元	5.1	3.6	29.5	61.8	100
4万—6万元	5.9	3.9	30.9	59.3	100
6万元以上	7.3	4.1	29.3	59.3	100

表46　**“种田人”（51—60岁）对信息需求度的代际分析**　单位：%

家庭收入分组	对信息的需求程度				
	缺失值	不需要	非常需要	一般	合计
2万元以下	3.8	6.1	24.5	65.7	100
2万—4万元	3.1	5.7	22.2	69.0	100
4万—6万元	4.0	3.1	26.7	66.2	100
6万元以上	4.1	4.1	25.3	66.6	100

表47　**“种田人”（61岁及以上）对信息需求度的代际分析**　单位：%

家庭收入分组	对信息的需求程度				
	缺失值	不需要	非常需要	一般	合计
2万元以下	7.3	10.9	17.3	64.5	100
2万—4万元	6.6	7.7	23.1	62.6	100
4万—6万元	2.9	6.8	17.5	72.8	100
6万元以上	2.5	10.7	22.1	64.8	100

3. 不同地域的代际“种田人”对信息需求度具有较大差异

不同地域因地理位置、地形条件、气候条件等自然条件和产业结构，区域优势、人才优势、科技水平等社会条件不同，导致不同地域经济发展水平存在较大的差异，尤其是东西差异，具体体现在信息层面的话，就是东西之间的信息鸿沟。因而，不同地域的代际“种田人”对信息的需求度也存在较大差异。

从表48数据得知，东北新生代“种田人”（18—40岁）对信息的需求度最低，西南和华北的新生代“种田人”（18—40岁）对信息的需求度最高。（见表48）

表48　**“种田人”（18—40岁）对信息需求度的代际分析**　单位：%

区域分组	对信息的需求程度				
	缺失值	不需要	非常需要	一般	合计
东北	8.9	10.5	14.5	66.1	100
西北	5.2	3.2	21.9	69.7	100
华北	1.6	3.8	32.2	62.3	100
沿海	8.4	3.2	28.4	60.0	100
西南	4.6	2.2	30.9	62.3	100
中部	7.8	3.7	27.7	60.8	100

从表49数据得知，东北的“种田人”（41—50岁）对信息需求

度最低，华北和西北“种田人”（41—50 岁）对信息的需求度最高。（见表 49）

表 49　**“种田人”（41—50 岁）对信息需求度的代际分析**　单位：%

区域分组	对信息的需求程度				
	缺失值	不需要	非常需要	一般	合计
东北	9.0	9.0	22.2	59.9	100
西北	3.6	1.8	31.1	63.5	100
华北	0	1.8	36.5	61.7	100
沿海	7.1	4.4	25.9	62.6	100
西南	6.1	4.8	27.9	61.2	100
中部	7.3	3.6	30.9	58.2	100

从表 50 数据得知，东北的“种田人”（51—60 岁）对信息的需求度最低，华北和沿海“种田人”（51—60 岁）对信息的需求度最高。（见表 50）

表 50　**“种田人”（51—60 岁）对信息需求度的代际分析**　单位：%

区域分组	对信息的需求程度				
	缺失值	不需要	非常需要	一般	合计
东北	6.9	9.2	14.9	69.0	100
西北	5.0	2.0	23.0	70.0	100
华北	0	2.2	26.7	71.1	100
沿海	3.5	4.8	28.3	63.4	100
西南	2.4	6.0	17.9	73.8	100
中部	4.8	5.4	24.6	65.1	100

从表 51 数据得知，东北的“种田人”（61 岁及以上）对信息的需求度最低，西北和华北的“种田人”（61 岁及以上）对信息需求最高。（见表 51）

表 51 **“种田人”(61 岁及以上)对信息需求度的代际分析** 单位:%

区域分组	对信息的需求程度				
	缺失值	不需要	非常需要	一般	合计
东北	6.8	11.4	11.4	70.5	100
西北	13.8	10.8	26.2	49.2	100
华北	7.1	7.1	21.4	64.3	100
沿海	6.5	12.0	18.4	63.1	100
西南	6.4	12.1	15.0	66.4	100
中部	4.2	8.8	20.3	66.7	100

综上可知，相比较不同地域的“种田人”，东北“种田人”对信息的需求度最低，且在代际，年龄越大对信息的需求度越低。这是由于东北地区主要是以农场形式进行耕作，机械化程度较高，信息基础设施也较为完善，因而总体而言对信息的需求程度较低；西北和华北“种田人”对信息的需求最高，且随着年龄增加对信息的需求度增加，但是到一定的年龄区域间，即 41—50 岁，对农村信息需求度的需求逐步下降，这也体现了不同区域“种田人”代际差异明显。西北地区的经济发展水平较为落后，基础设施也不完备，务农环境相对于其他地区较差，因而对农业新成果及新技术信息，即先进实用的栽培、养殖、植保、畜禽保护、农副产品加工储藏等技术信息和农业扶持政策具有较高的需求；华北地区的机械化程度较高，相比较西北地区而言，更倾向于对农业产业政策和农业保护政策等具有较高需求。

三 “种田人”信息需求与代际期许的未来展望

基于对代际“种田人”的信息需求与期许的分析，研究发现，对政府提供的信息需求，教育水平越高的“种田人”对知识性信息的需求高于物质性信息需求；收入水平越高的新型“种田人”对发展型信息的需求越高；不同地域的代际“种田人”对政府信息需求不均衡。对市场信息的需求，教育水平越高的新型“种田人”对农产品价格和长远发展型信息的需求越高；收入水平越高的新型“种田人”对现代高科技信息需求越高；不同地域的代际“种田人”对市场信息的需求存在较大差异。关于信息需求度，教育水平高的新型“种田人”对信息的需求度较高；收入水平高的新型“种田人”对信息需求度较高；不同地域的代际“种田人”的信息需求度具有较大差异。

我国农业农村信息化已经进入快速发展阶段，全面加快农业信息化建设步伐，是我国农业适应国际国内信息化大趋势的战略举措，是满足农民信息化时代要求的战略行动，是支撑农业现代化发展的战略内容。随着国家对“三农”问题的日益重视，农业信息化的投入将不断增加，通信和网络技术的进步和普及为农业信息化发展提供了强有力的支持，不断满足“种田人”的多元的、多层次的信息化需求和期许，中国农业信息化发展将进入一个飞速发展时期。

第三节　代际适应与农村信息化建设

一　农村务农信息环境建设

在国家大力推行农村信息化建设的背景下，农村信息化建设取得较好的效果，在一定程度上改善了农村落后的现状，提高了农村的生产力，改善了农村经济发展的生态，为农村的发展提供了新的动力。但是，在信息环境建设的过程中还是出现了较多的问题，许多工作还需要改善和加强。

（一）农村务农信息环境建设的基本现状

1. 务农拥有信息设备的基本情况

就“您家里有哪些信息设备”这一问题的回答，我们可以看出，拥有电视机和手机的比重分别为97.33%和87.68%。由此可见，九成左右的家庭实现了电视机和手机的普及，电视机和手机的普及率非常高。同时，拥有电脑比重为22.89%。也就是说，农民对于新型信

息化现代化计算机设备拥有量比较少。(见表1)

表1　　农民家里信息设备类型的统计表　　单位：个,%

类型	电视机	手机	电脑	广播	座机
频数	5690	5126	1338	263	1555
占比	97.33	87.68	22.89	4.50	26.60

有效样本数：5846　缺失值：346

2. 政府在农村种田信息环境建设的投入现状

(1) 乡镇的专门信息服务站建设工作滞后

就乡镇信息服务站的建设情况来看，近一成的乡镇“建立了”专门的信息服务站，33.56%的乡镇“没有建立”专门的信息服务站，同时，也有54.10%的农民对此持“不清楚”的态度。这说明，乡镇部门有关专门信息服务站的建设和宣传工作尚不到位，基层信息服务站建设严重滞后，乡镇在农村公共信息物品提供上作为不够。(见表2)

表2　　乡镇是否建立专门信息服务站的统计表　　单位：个,%

类型	建立了	没有建立	不清楚
频数	712	1938	3124
占比	12.33	33.56	54.10

有效样本数：5774　缺失值：418

(2) 政府信息下乡工作有待加强

就“政府是否组织过信息服务下乡”的调查来看，认为“没有组织过”的比重为30.59%；“经常有”的比重为2.06%；“偶尔有”的比重为23.88%。同时，43.47%的受访者对此持“不清楚”的态度，由此可见，政府对信息下乡工作重视不够，对政府信息下乡工作的宣传尚不到位，有待加强。(见表3)

表 3　　**政府是否组织过信息服务下乡的统计表**　　单位：个,%

类型	经常有	偶尔有	没有组织过	不清楚
频数	120	1389	1780	2529
占比	2.06	23.88	30.59	43.47

有效样本数：5818　缺失值：374

(3) 政府在为农信息支撑上尚有不足

单就政府开办的农村信息节目来看，有一半的农民（占比为50.69%）表示政府“没有开办”相关的农业信息节目。而在开办了农业节目的近一半农民看来，在电视、广播，网络媒体，报刊、信息公开栏上开办农业信息节目的农民占比分别是26.97%、2.97%、23.93%。可知，政府在开办农业信息节目方面做得还不够好，同时对现代信息工具（电脑）的利用不足，不能较好地运用现代信息技术，为农民提供优质有效的信息服务。(见表4)

表 4　　**政府在哪些地方开办了农业信息节目**　　单位：个,%

类型	电视、广播	网络媒体	报刊、信息公开栏	没有开办
频数	1537	169	1364	2889
占比	26.97	2.97	23.93	50.69

有效样本数：5699　缺失值：493

(4) 政府信息服务评价度不高

通过农民对政府提供的信息评价来看，“完全能满足”“偶尔能满足”的占比分为2.64%、28.19%；“根本无法满足”的比重占到有33.07%；还有36.10%农民表示“说不清”。由此可见，农民对政府提供的信息满意率不高。(见表5)

(5) 政府信息服务的作用有限，电视机是信息获取的主要途径

对农民获得信息途径的调查发现，通过电视机获得信息的比重达

83.11%，通过手机获得信息的比重为3.27%。农民主要通过电视机获得信息，手机更多地被人们作为一个联系的工具，充当“移动电话”的功能，农民对其上网获取信息的功能运用较少，因而不是获得信息的主要途径。同时，通过农村信息服务站、农民信息之家获取信息的占比和为3.43%。可见，通过电视机获取农业信息占了绝大比重，而政府专事提供农业信息的“农民信息之家”几乎没有发挥什么作用。(见表6)

表5 **农民对政府提供的信息满足度统计表** 单位：个，%

类型	完全能满足	偶尔能满足	根本无法满足	说不清	合计
频数	149	1590	1865	2036	5640
占比	2.64	28.19	33.07	36.10	100

有效样本数：5640 缺失值：552

表6 **农民获得信息的主要途径统计表** 单位：个，%

类型	电视	书报阅览室	广播系统	农村信息站	农民信息之家	网络	手机	其他
频数	4784	105	127	146	51	160	188	195
占比	83.11	1.82	2.21	2.54	0.89	2.78	3.27	3.39

有效样本：5756 缺失值：436

3. 信息设备多用于了解新闻与娱乐教育

由表7可得，14.29%的农户把信息设备用于了解市场信息，13.40%用于了解生产技术，59.57%用于看新闻，10.84%用于了解农业科技，50.90%用于娱乐教育，22.06%用于聊天交际。可见，农户应用信息设备来获取农业信息的利用率不高，主要用于休闲娱乐方面。这也与农民不会充分使用各类设备，知识水平不足有很大关系。(见表7)

表7　家里信息设备主要用途百分比　单位：个，%

	市场信息	生产技术	新闻	农业科技	娱乐教育	聊天交际
样本	824	774	3441	626	2940	1274
占比	14.29	13.40	59.57	10.84	50.90	22.06

有效样本：5776　缺失值：416（注：此为多项选择题）

4. 信息设备在田间管理中应用较少

调查发现，在田间管理技术的获取途径上，以“看电视”“上网”“听广播”获取田间管理技术的占比分别为2.93%、0.74%、0.26%，合计3.93%。农民利用自家信息设备获取技能的概率十分低。同时，有69.18%、24.70%的农民“凭经验”“村民交流”获取技能，可知，村民还是以传统方法为主，多凭经验和村民间交流来获得田间管理技能，信息化程度不够，从而使得先进有效的现代田间管理技术理念得不到运用，农业增产、农民增收效果不明显。（见表8）

表8　家里信息设备主要用途百分比　单位：个，%

	村民交流	凭经验	书报	上网	看电视	听广播	专门培训	其他
样本	1401	3923	23	42	166	15	33	68
占比	24.70	69.18	0.41	0.74	2.93	0.26	0.58	1.20

有效样本：5671　缺失值：521

5. 农民基本不会以电视点播获取农业信息

数据显示，34.55%的村民“不知此服务”，48.64%的村民“从来不会”通过电视点播服务获取农业相关知识，1.71%的村民“经常使用”电视点播服务，15.10%的村民“偶尔使用”电视点播服务。由此可知，近九成村民不会用电视点播服务。（见表9）

表 9　**是否通过电视点播服务获取农业相关知识**　单位：个,%

	不知此服务	从来不会	经常使用	偶尔使用	合计
样本	1982	2790	98	866	5736
占比	34.55	48.64	1.71	15.10	100

有效样本：5736　缺失值：456

（二）农村务农信息环境建设的分析

1. “种田人”拥有信息设备的分析

从农民的区域、收入水平角度分析发现，整体上，北方平原地区及中部是我国最主要的农业基地，但受限于地区经济发展，信息设备普及率与使用率相对要低于以工业为主的沿海地区。因此，就农民自身拥有的信息设备条件来看，务农信息化的程度尚且不高。

（1）“种田人”信息设备拥有量有区域差异

数据显示，不同区域“种田人”在信息设备拥有量上存在显著差异。在电视机的拥有比重上各地区均达到九成以上，沿海地区拥有率更是高达100%。沿海地区农民手机、电脑、广播、座机的拥有比重也均比其他地区高，分别为90.39%、34.25%、6.02%、41.52%。同时，西南“种田人”的各类设备的拥有率都是最低的。由此可知，沿海地区家庭对现代化的信息设备的拥有度是最高的，西南地区最低。这种差异出现的原因主要在于各地区的经济水平不一。（见表10）

表 10　**不同区域农民家里信息设备类型**　单位：%

区域类型	农民家里信息设备类型				
	电视机	手机	电脑	广播	座机
沿海	100	90.39	34.25	6.02	41.52
中部	97.45	88.11	24.09	3.70	21.29
西北	98.36	91.19	11.07	3.89	21.72
西南	95.32	85.19	11.01	2.14	26.61
华北	99.41	86.92	28.23	5.35	18.13
东北	97.42	82.17	19.12	9.30	29.72

有效样本分别为1197；2001；488；1026；673；387　（此题为多选）

（2）务农信息设备拥有量有收入差异

就不同的家庭收入而言，收入为“2万元以下”“2万—4万元”“4万—6万元”“6万元以上”的家庭，电视机的拥有率分别为95.52%、97.88%、97.74%、98.50%；手机的拥有率分别为77.02%、89.03%、92.40%、94.25%；电脑的拥有率分别为8.25%、18.49%、27.49%、39.92%。由此可见，收入与新兴信息设备的拥有量呈正相关，收入越高，“种田人”的新兴信息设备（电脑、手机等）拥有量越高，而收入水平低的“种田人”则相反，由此也可以看出收入高的“种田人”对于新兴信息设备的接受和使用能力更强，更加注重农业信息化。（见表11）

表11　**不同家庭收入农民家里信息设备类型**　单位:%

收入分组	农民家里信息设备类型				
	电视机	手机	电脑	广播	座机
2万元以下	95.52	77.02	8.25	4.40	19.78
2万—4万元	97.88	89.03	18.49	3.40	23.05
4万—6万元	97.74	92.40	27.49	4.85	27.65
6万元以上	98.50	94.25	39.92	5.83	38.11

有效样本分别为1249；1796；1197；1270（此题为多选）

综上所述，当前我国农村农民的信息设备使用情况呈现以下特点：

一是农民在信息获取渠道上虽然可选择的空间很大，但电视机仍是占比重最大的获取渠道。可见，当前农民对电视获取信息的依赖性很强，其他信息获取渠道的占比很小，要么是由于农民文化素质有限难以习得，要么是知晓度不高。总之，这种格局不利于农民获取信息的及时性、有效性，未来应该从开发其他信息获取渠道上着力。

二是农民惯于被动接收信息，对信息的主动把握能力不足。对电视机这一信息获取途径的依赖可能导致不可恢复性丧失，由于生产和生活的原因，农民往往难以全程掌控电视机所公布的信息，而对于信息的“断点”则又难以通过再次观看“续传”，这必然导致信息的碎片化。诸如电脑等现代信息技术工具则能够克服电视机的弊端。

三是除了农民自身的能力素养方面的原因外，经济收入的有限也是重要的原因，经济上还不够充裕，这也是制约农民信息素养的重要因素。

2. 政府提供的服务存在区域差异

从不同区域考察，沿海、中部、西北、西南、华北、东北地区建立了专业的乡镇信息服务站的比重分别为：17.42%、13.40%、8.37%、13.57%、4.91%和7.96%。沿海地区的乡镇信息服务站已基本实现了两成的覆盖率，西北、东北地区均不足一成，华北地区更低。北方地区乡镇信息服务站的建设情况相对较差，区域差异明显。（见表12）

表12 **不同区域乡镇信息服务站的建设情况** 单位：%

区域分组	乡镇信息服务站的建设情况			合计
	有	没有	不清楚	
沿海	17.42	26.94	55.64	100（1188）
中部	13.40	34.92	51.68	100（1970）
西北	8.37	39.12	52.51	100（478）
西南	13.57	33.04	53.39	100（1017）
华北	4.91	34.38	60.71	100（672）
东北	7.96	37.14	54.91	100（377）

有效样本：5744 缺失值：448

此外，中部、东北地区农业信息节目开办不足。从不同的区域来考察，沿海、中部、西北、西南、华北、东北地区，“没有开办”农业信息节目的比重分别为36.54%、55.26%、47.66%、54.40%、50.45%、61.23%。相对而言，沿海地区开办的农业信息节目较多，东北地区、中部地区开办的农业信息节目最少，区域间代际差异明显。（见表13）

表 13　**不同区域政府在哪些地方开办了农业信息节目**　单位:%

区域分组	政府在哪些地方开办了农业信息节目			
	电视广播	网络媒体	报刊、信息公开栏	没有开办
沿海	37.05	5.82	34.60	36.54
中部	28.09	1.34	15.41	55.26
西北	27.23	0.43	26.81	47.66
西南	15.07	2.43	28.01	54.40
华北	26.21	4.24	27.73	50.45
东北	23.80	4.81	17.11	61.23

有效样本分别为1185；1947；470；989；660；374（此题为多选题）

3. 务农信息设备应用情况的分析

（1）务农对信息工具应用有年龄差异

针对不同的年龄段，我们可以看出，年龄为“40岁以下”“41—50岁”“51—60岁”和“61岁及以上”，通过“网络”来获得信息的比重分别为6.21%、2.41%、1.54%和0.51%；通过“手机”来获得信息的比重分别为5.42%、3.54%、2.25%和1.21%。（见表14）由此可以看出，40岁以下的中青年农民对现代信息的应用更多，且他们更善于综合各种信息（如电视信息、网络信息、手机信息等），遗憾的是这些中青年农民大多迫于生计，或者由于种田的机会成本太高而纷纷涌入城市打工，农村中最优秀的人力资源的流失使得农村的现代化、信息化建设更加举步维艰。

表 14　**不同年龄“种田人”获得信息的主要途径**　单位:%

年龄分组	获取信息途径					
	电视机	阅览室	广播	政府信息服务	网络	手机
40岁以下	78.40	1.88	2.31	5.78	6.21	5.42
41—50岁	83.70	1.74	2.10	6.51	2.41	3.54
51—60岁	85.54	1.82	2.04	6.81	1.54	2.25
61岁及以上	89.95	1.91	2.53	3.89	0.51	1.21

有效样本分别为1348；1951；1425；990（此题为多选）

(2)“种田人”对高科技、信息技术应用的频率存在区域差异

就不同的区域而言，沿海、中部、西北、西南、华北、东北地区的家庭，借助“网络”获取信息的比重分别为3.80%、2.28%、0.86%、1.99%、2.74%和0.95%；借助“手机”获取信息的比重分别为2.03%、3.29%、3.87%、5.57%、2.69%和1.30%。可见，在农业生产过程中，农民对信息技术的运用普遍偏低，但由于国家政策的倾斜，“中部坍塌”现象在农业科技的推广方面也有明显体现，西南、沿海农村地区网络的普及度和利用率相对是最高的，而中部和东北农业地区网络的普及率和利用率相对较低。(见表15)

表15 **不同区域农民获得信息的主要途径** 单位:%

区域分组	电视机	书报阅览室	广播	政府信息服务	网络	手机
沿海	83.09	2.62	4.65	3.81	3.80	2.03
中部	84.87	1.92	0.91	6.73	2.28	3.29
西北	81.51	1.72	5.59	6.45	0.86	3.87
西南	85.35	1.29	1.19	4.61	1.99	5.57
华北	89.94	0.45	1.20	2.98	2.74	2.69
东北	88.11	3.12	2.08	4.44	0.95	1.30

有效样本分别为1183；1976；465；1006；669；384（此题为多选）

(3)“种田人”对信息工具利用率受收入影响

从家庭收入上看，收入为“2万元以下”“2万—4万元”“4万—6万元”“6万元以上”的家庭，借助“网络”来获得信息的比重分别为0.97%、2.59%、3.57%和4.12%；通过“电视机”获得信息的比重分别为82.94%、84.05%、81.82%、84.58%。由此可以看出，收入越高的农民信息获取渠道更多，对现代信息技术的使用率更高，而收入低的农民则相反，收入对农民信息工具的利用率影响较大。(见表16)

表 16　　**不同家庭收入农民获得信息的主要途径**　　单位:%

收入分组	电视机	阅览室	广播	政府信息服务	网络	手机
2 万元以下	82.94	1.37	2.74	8.36	0.97	3.62
2 万—4 万元	84.05	1.52	1.92	6.76	2.59	3.16
4 万—6 万元	81.82	2.30	1.87	7.04	3.57	3.40
6 万元以上	84.58	1.10	2.34	5.20	4.12	2.66

有效样本分别为 1243；1774；1175；1239（此题为多选）

（4）“种田人”获得信息途径的现代化程度与受教育程度有关

就不同的文化程度而言，文化程度为“文盲”“小学”“初中”“高中及以上”的“种田人”，通过“网络”来获取信息的比重分别为 0、1.37%、2.59%、6.43%；通过“手机”来获取信息的比重分别为 0.97%、2.21%、4.08%、3.82%。由此可知，文化程度越高，“种田人”对现代化工具的掌握和运用能力越强，获得信息途径的现代化程度也越高，相反，部分“种田人”由于没有条件受到良好的教育，他们对现代化的工具没有准确的认识，也无法充分运用现代化工具获取信息。（见表 17）

表 17　　**不同文化程度农民获得信息的主要途径**　　单位:%

教育水平分组	电视机	阅览室	广播	政府信息服务	网络	手机
文盲	81.61	0.32	2.58	3.22	0	0.97
小学	84.98	1.71	2.10	3.42	1.37	2.21
初中	83.75	2.00	2.23	3.25	2.59	4.08
高中及以上	78.75	2.05	2.34	3.91	6.43	3.82

有效样本分别为 310；1811；2552；1073（此题为多选）

4. “种田人”对信息服务评价的分析

（1）“种田人”对政府信息服务的满意度有年龄差异

对于不同的年龄段而言，年龄为“40 岁以下”“41—50 岁”“51—60 岁”“61 岁及以上”，认为“完全能满足”的比重分别为

1.84%、2.89%、3.06%、4.68%。(见表18) 由此可以看出，61岁及以上的老年人对政府给农民提供信息的满意度是最高的。但从数据上看，老年人的总体满意度不是很高，说明政府提供信息服务的质量虽然在进步但是进步的速度太慢，其提供的信息服务还无法满足农民的基本需求，因而满意度整体都不高。

表18 **不同年龄"种田人"对政府提供的信息满意度情况统计** 单位:%

年龄分组	对政府给农民提供的信息满意度				合计
	完全能满足	偶尔能满足	根本无法满足	说不清	
40岁以下	1.84	29.71	33.97	34.49	100 (1360)
41—50岁	2.89	28.16	33.74	35.21	100 (1900)
51—60岁	3.06	29.13	31.84	35.97	100 (1404)
61岁及以上	4.68	24.64	32.27	42.41	100 (970)

有效样本：5634 缺失值：558

(2)"种田人"对政府信息服务的满意度有地域差异

就区域角度来看，沿海、中部、西北、西南、华北、东北地区，对政府提供的信息"完全能满足"的比重分别为：3.90%、3.15%、2.94%、1.02%、2.13%、1.33%；对政府提供的信息"根本无法满足"的比重分别为：28.45%、36.75%、33.61%、35.72%、25.00%、30.50%。相对而言，沿海低地区对政府提供的信息比较满意，中部、西南则相对要低，由于整体发展水平存在"时差"，政府提供的信息服务区域代际差异较为明显。(见表19)

表19 **不同区域"种田人"对政府提供的信息满意度** 单位:%

区域分组	对政府给农民提供的信息满意度				合计
	完全能满足	偶尔能满足	根本无法满足	说不清	
沿海	3.90	31.49	28.45	36.16	100 (1181)
中部	3.15	24.55	36.75	35.55	100 (1902)
西北	2.94	39.29	33.61	24.16	100 (476)

续表

区域分组	对政府给农民提供的信息满意度				合计
	完全能满足	偶尔能满足	根本无法满足	说不清	
西南	1.02	24.26	35.72	39.00	100（977）
华北	2.13	30.49	25.00	42.38	100（656）
东北	1.33	32.36	30.50	35.81	100（377）

有效样本：5569　缺失值：623

（3）不同收入的“种田人”对政府信息服务的满意度不同

就不同的家庭收入而言，收入为“2万元以下”“2万—4万元”“4万—6万元”“6万元以上”的家庭，认为政府提供的信息“完全能满足”的比重分别为：1.73%、2.93%、3.40%、5.29%；认为“根本无法满足”的比重分别为：33.14%、34.66%、31.47%、30.01%。由此可见，家庭收入与其对政府提供信息的满意度呈正相关，收入越高的家庭对政府提供的信息服务的满意度越高，收入越低的农户的满意度越低，这说明政府提供的某些信息服务存在“不接地气”现状，只能让部分有条件的农民获益，而部分无条件的农民则无法获益，满意度明显偏低。（见表20）

表20　**不同家庭收入农民对政府提供的信息满意度**　单位:%

收入分组	对政府给农民提供的信息满意度				合计
	完全能满足	偶尔能满足	根本无法满足	说不清	
2万元以下	1.73	25.89	33.14	39.24	100（1213）
2万—4万元	2.93	26.78	34.66	35.63	100（1740）
4万—6万元	3.40	32.00	31.47	33.13	100（1147）
6万元以上	5.29	29.07	30.01	35.63	100（1221）

有效样本：5321　缺失值：871

（4）“种田人”对政府信息服务的满意度有受教育程度的差异

就不同的文化程度而言，文化程度为“文盲”“小学”“初中”“高中及以上”的“种田人”，对政府提供的服务“完全能满足”的比重分别为：0.67%、2.07%、2.96%、3.42%；对政府提供的信息“说不清”的比重为47.46%、40.20%、33.98%、31.08%。由此可见，农民的文化程度越高，对政府提供信息的满意度也越高，这也说明受教育水平越高，农民获取政府信息服务的能力越强，从而满意感也越强。（见表21）

表21 **不同文化程度农民对政府提供的信息满意度** 单位：%

教育水平分组	对政府给农民提供的信息满意度				合计
	完全能满足	偶尔能满足	根本无法满足	说不清	
文盲	0.67	20.34	31.53	47.46	100（295）
小学	2.07	24.30	33.43	40.20	100（1786）
初中	2.96	29.61	33.45	33.98	100（2499）
高中及以上	3.42	33.56	31.94	31.08	100（1052）

有效样本：5632 缺失值：560

综上所述，农民在为农信息服务支撑上做得不够，即使是设置了诸如信息服务站、信息节目等，但由于没有为农民所熟知，其服务功能也极其有限。从这个角度来说，政府不能仅仅满足于建立为农信息服务平台，而且要切实加强对农村信息服务平台的宣传，从而保障农业信息传递的畅通。

5. “种田人”信息设备使用状况的分析

（1）“种田人”对信息设备的使用有区域差异

从区域来看，东北地区“种田人”通过“看电视”“上网”“听广播”获取田间管理技能的占比均对应地高于其他区域，具体数据分别为6.56%、1.57%、0.52%；三者总和为8.65%。三者占比和最低的是华北地区，为2.40%。可见，相较于其他地区，东北地区农民更能充分地利用设备，以获取管理信息，区域差异明显。（见表22）

表 22　　不同地区农民获得田间管理技术的途径　　单位:%

区域分组	获得田间管理技能途径								合计
	交流	看电视	凭经验	其他	上网	书报	听广播	专门培训	
沿海	25.38	1.96	70.78	0.77	0.43	0.26	0.09	0.34	100（1174）
中部	23.25	3.63	68.88	1.97	0.93	0.47	0.26	0.62	100（1931）
西北	30.80	3.80	63.50	0.42	0.63	0.21	0.21	0.42	100（474）
西南	22.25	1.65	71.78	1.13	0.82	0.51	0.51	1.34	100（971）
华北	21.59	2.10	74.36	0.75	0.30	0.60	0.0	0.30	100（667）
东北	31.80	6.56	58.53	0.79	1.57	0.26	0.52	0.0	100（381）

有效样本：5598　缺失值：594

从不同区域上考察，沿海、中部、西北、西南、华北、东北地区“偶尔使用”电视点播服务的占比分别为 12.57%、15.41%、21.38%、17.15%、10.79%、18.23%；“经常使用”的占比分别为 1.78%、1.78%、1.47%、2.02%、0.15%、3.65%。两者占比和相对较高的是西北地区与东北地区，对应为 22.85%、21.88%。较低的是占比为 14.35%、10.94%的沿海地区及华北地区。这有可能是因为西北地区、东北地区为我国重要农业区，农民多以农业为主业；沿海、华北地区经济发达，农民的谋生渠道多样，区域差异明显。(见表 23)

表 23　　不同区域农民以电视点播服务获取农业知识情况表　　单位:%

区域分组	是否通过电视点播服务获取农业相关知识				合计
	不知此服务	从来不会	经常使用	偶尔使用	
沿海	30.09	55.56	1.78	12.57	100（1177）
中部	34.64	48.17	1.78	15.41	100（1966）
西北	32.50	44.65	1.47	21.38	100（477）
西南	38.75	42.08	2.02	17.15	100（991）
华北	33.74	55.32	0.15	10.79	100（667）
东北	32.03	46.09	3.65	18.23	100（384）

有效样本：5662　缺失值：530

（2）“种田人”对信息设备的使用有年龄差异

对于不同年龄段的“种田人”来说，“凭经验”“村民交流”仍是其主要的途径以获取田间管理技能。而在使用信息设备获取此信息上，各有不同。选择“上网”的农户中，占比最高的为40岁以下的农民，占比为1.63%；更多地选择“看电视”与“听广播”的是61岁及以上的农民，占比分别为3.36%与0.31%。可见，不同年龄段的“种田人”对信息设备的使用选择各异，中青年农民更倾向于运用现代信息技术，利用网络信息，而老年人则更倾向于传统的渠道，对现代信息技术的接受能力相对较差，在信息获取方式上，代际更替趋势较为明显。（见表24）

表24 **不同年龄段的农民获得田间管理技术途径** 单位：%

年龄分组	获得田间管理技能途径								合计
	村民交流	看电视	凭经验	其他	上网	书报	听广播	专门培训	
40岁以下	26.46	2.59	66.30	1.77	1.63	0.59	0.22	0.44	100（1353）
41—50岁	25.37	3.09	68.31	1.05	0.68	0.47	0.26	0.77	100（1912）
51—60岁	23.91	2.75	71.16	0.85	0.21	0.35	0.28	0.49	100（1418）
61岁及以上	22.20	3.36	71.89	1.22	0.41	0.10	0.31	0.51	100（982）

有效样本：5665 缺失值：527

从表25中可以看到，代表“偶尔使用电视点播服务获取农业相关信息”的折线随着农户年龄段的增加，占比越小，具体占比依次为18.65%、15.87%、12.97%、11.84%。表示“经常使用”的折线则相对平坦，最高点在“40岁以下”处。由此可得，整体上各年龄段的农民通过电视点播获取农业知识的占比不高，相比而言，青年“种田人”的使用度更高，说明青年“种田人”对信息获取新手段接受较快，思想观念相对先进，勇于尝试新的方式方法，代际差异明显。（见表25）

表 25　　**不同年龄段农民通过电视点播服务获取农业知识表**　　单位:%

年龄分组	是否通过电视点播服务获取农业相关知识				合计
	不知此服务	从来不会	经常使用	偶尔使用	
40 岁以下	31.46	47.77	2.12	18.65	100（1353）
41—50 岁	34.36	48.12	1.65	15.87	100（1912）
51—60 岁	34.73	50.98	1.32	12.97	100（1418）
61 岁及以上	38.66	47.77	1.72	11.84	100（982）

有效样本：5730　缺失值：462

（3）不同收入的“种田人”对信息设备的使用有差异

就不同收入的“种田人”而言，在用信息设备获取此信息上，各有不同。选择“上网”的农户中，占比较高的是收入在“4 万—6 万元”“6 万元以上”的“种田人”，占比为 1.22%、0.74%；选择“看电视”与“听广播”占比高的是收入在“2 万元以下”的农民，占比分别为 3.57% 与 0.32%。（见表 26）可见，不同收入段的“种田人”对信息设备的使用率各异，中高收入“种田人”更多地利用网络获取技能，低收入者更倾向电视与广播。高收入者由于经济条件相对较好，有能力去购买现代信息设备，如电脑、手机等，从而可以运用网络获取技能，而中低收入者由于受制于家庭条件，没有能力获取网络资源，更不用说从网上学习技能了，因而，他们只能运用电视和广播获取相关技能。

表 26　　**获得田间管理技能途径和收入水平分组交叉表**　　单位:%

收入水平	田间管理技能获得途径								合计
	村民交流	看电视	凭经验	其他	上网	书报	听广播	专门培训	
2 万元以下	26.73	3.57	68.07	0.57	0.16	0.24	0.32	0.32	100（1231）
2 万—4 万元	23.26	2.38	71.82	0.74	0.34	0.45	0.28	0.73	100（1767）
4 万—6 万元	24.89	2.87	68.41	1.39	1.22	0.44	0.26	0.52	100（1149）
6 万元以上	25.52	2.89	67.46	2.31	0.74	0.58	0.08	0.41	100（1211）

有效样本：5358　缺失值：834

调查发现，经济收入在“2 万元以下”“2 万—4 万元”“4 万—6 万元”“6 万元以上”的农户，表示“经常使用”电视点播获取信息的占比分别为 1.62%、1.91%、1.45%、0.90%；表示“偶尔使用”的占比分别为 14.81%、14.34%、16.72%、15.54%。两者占比和对应为 16.43%、16.25%、18.17%、16.44%。由此可知，收入处于“4 万—6 万元”的农民通过电视点播服务获取信息的占比最高，经济收入低的农民较少使用电视点播。(见表 27)

表 27 **不同年龄段“种田人”通过电视点播服务获取农业知识表**

单位:%

年龄分组	是否通过电视点播服务获取农业相关知识				合计
	不知此服务	从来不会	经常使用	偶尔使用	
2 万元以下	38.42	45.15	1.62	14.81	100 (1236)
2 万—4 万元	34.82	48.93	1.91	14.34	100 (1778)
4 万—6 万元	30.38	51.45	1.45	16.72	100 (1172)
6 万元以上	32.79	50.77	0.90	15.54	100 (1229)

有效样本：5415 缺失值：777

(4)“种田人”对信息设备的使用有受教育程度的差异

由表 28 可知，随着教育水平的提高，农民以“看电视”“书报”“上网”获取田间管理信息的占比也随着增加。而在“凭经验”“村民交流”“专门培训”“听广播”途径上，教育水平越高，其占比越低。由此可知，教育水平越高，将信息设备用于管理信息获取的比例越高。“种田人”教育水平越低，农户由于文化知识有限，无法运用现代信息工具，因而选择传统途径比例更高，对于新兴设备、书报的利用越低。主要在于电视、书报、网络的使用需要一定的知识基础。(见表 28)

表28　**获得田间管理技能途径和文化程度分组交叉表**　单位:%

文化程度	田间管理技能获得途径								合计
	村民交流	看电视	凭经验	其他	上网	书报	听广播	专门培训	
文盲	18.75	2.30	75.99	0.99	0.33	0.33	0.33	0.99	100（304）
小学	25.25	2.41	70.31	0.56	0.56	0.11	0.28	0.51	100（1782）
初中	25.67	3.05	68.15	1.19	0.71	0.48	0.28	0.48	100（2524）
高中及以上	23.22	3.62	67.75	2.38	1.24	0.76	0.19	0.86	100（1051）

有效样本：5661　缺失值：531

对不同学历进行分析，“文盲”“小学”“初中”“高中及以上”的“种田人”对可通过电视点播服务获取信息表示“不知此服务”占比分别是44.59%、36.19%、34.70%、28.05%；表示“从来不会”的占比对应为43.32%、46.65%、48.84%、53.35%。数据表明，“种田人”的学历与通过电视点播服务可获取农业信息的知晓率呈正相关，与使用此服务的比率呈负相关，即学历越高对电视点播服务的知晓率更高，使用率更低。（见表29）

表29　**不同教育水平农民通过电视点播服务获取农业知识表**　单位:%

教育分组	是否通过电视点播服务获取农业相关知识				合计
	不知此服务	从来不会	经常使用	偶尔使用	
文盲	44.95	43.32	0.65	11.07	100（307）
小学	36.19	46.65	1.05	16.10	100（1807）
初中	34.70	48.84	2.08	14.38	100（2553）
高中及以上	28.05	53.35	2.17	16.43	100（1089）

有效样本：5726　缺失值：466

从农民对信息设备的使用上看，“种田人”获得信息更多的是借助电视这一媒介，手机只是农民聊天的工具，并没有成为农民获取信息的主要途径。用电视获取的信息中，通过电视点播服务获取农业知识的“种田人”很少，这表明农民也并没有充分发挥电视的信息功效。对于政府直接为农村种田信息化提供的平台，农民使用率很低，功效不大。同时，在现代新型信息设备（电脑、手机）的使用上，经济条件越好、受教育程度越高、越年轻的农民使用的比例越高，然而，当前农村种田的农民普遍教育水平、经济水平偏低。

（三）农村信息服务环境建设的问题与讨论

农村信息服务体系是从事农村信息服务工作的组织机构、人员、信息基础设施、信息资源及必要的信息技术等要素构成的一个整体，其主要功能是对农村经济信息进行收集整理、加工分析、储存传递及反馈发布等。

1. 农村基础服务设施建设日益健全

农村信息服务组织体系和信息队伍日益健全。经过多年的建设，我国农业农村信息化基础设施明显改善。根据农业部的统计，截至2009年，我国农村居民计算机拥有量达到7.5台/百户，移动电话拥有量达到115.2部/百户，固定电话拥有量达到67部/百户。[①]

各地方的农业信息组织体系建设普遍加强。据农业部调查汇总，“到2012年年底全国31个省（区、市）均设立了农业信息管理和服务机构，有信息管理和服务人员408人；全国338个地（市）中有301个设立了农业信息管理和服务机构，占地（市）总数的89%，有信息管理和服务人员1521人；全国2637个农业县（市、区）中有1748个设立了农业信息管理和服务机构，占农业县（市、区）总数的66.3%，有信息管理和服务人员7422人；全国39861个农业乡镇中有11665个建立了信息服务站，达到‘五个一’（一套设备、一条电话线、1—2名专兼职人员、一个组织网络、一套管理服务制度）标准的9286个，分别占农业乡镇总数的29.3%和23.3%。从县级农业部门情况看，西部地区设立信息管理和服务机构的仅占41%，远低于东、中部地区的86%和70%。”[②]

---

① 《全国农业农村信息化发展“十二五”规划》，http://www.moa.gov.cn/zwllm/zcfg/nybgz/201112/t20111206_242379.htm 2011。

② 同上。

2. 农业信息传播渠道建设

（1）信息技术基础设施日益完善

随着经济的发展，由电视、电信、广播为主组成的传统媒体得到了很大的发展。我国已经成为世界第一大电视网络大国，电视综合人口覆盖率达到91.6%，其中有线电视用户1亿户，全国电视机保有量为3.2亿台，农村电视机普及率达100.59台/百户。电视已经成为农民获取信息的主渠道。到2010年年底，我国已建成的光缆总长度达207.4万公里，电信网已基本覆盖全国。全国80%的行政村通了电话，乡村固定电话用户达7843.1万户，使我国固定电话网络规模居世界第二位，具有传递信息的强大优势。

（2）信息技术的应用步伐加快

当前，信息技术在相关农业领域的应用得以迅速扩展，各种农业综合数据库和应用系统得以不断建立，如“中国北方草地草畜平衡动态监测系统”成为我国草地资源管理的重要支撑平台。同时，充分利用计算机技术进行农作物的种植管理、对病虫害的防治、测土育苗等，也向农民提供及时有效的信息咨询，为农民科学务农提供信息技术支持。通过这些方式一方面推动了信息技术与农业的紧密结合，促进了传统农业向现代农业的转变；另一方面也为农民增收开创了新的路径。

（3）信息服务网络向基层延伸但发展不均衡

国家采取与地方联建的方式，在全国29个省（市、区）、1/2的地（市）和1/5的县建成农业综合信息服务平台，并先后为1000多个基层信息采集点、280多个农产品批发市场配备了信息联网设备，并可进行信息的网上查询与发布。到2002年年底，全国338个地市级农业部门中，有191个建立局域网，216个建立互联网站，分别占总数的56.5%和63.9%；全国2637个农业县（市）中，有568个建立局域网，824个建立互联网站，分别占总数的21.5%和32.1%；全国39861个农业乡镇中绝大多数尚未建立互联网站。从县级信息基础设施建设的分区情况看，西部地区建设水平明显落后，农业部门建立局域网的占14%，低于东部的27%和中部的22%。①

3. 农业信息管理系统建设

（1）已形成相对稳定的信息处理系统

首先，较为稳定的农业信息采集点已经形成，负责将农业生产情况、产品价格信息和农民收入等信息自下而上地进行采集；其次，初步形成了中国农业信息网站体系，农业部网站通过提供电子快讯、农产品供求信息等建立了多种类型的专业网站，并建立了覆盖农村经济、政策法规、农业新闻等一批全国性和区域性的实用农业数据库；最后，各级农业部门定期组织有关的农业生产和农村经济形势会议，分析和评估农村农业经济形势，为农村农业的发展提供前沿性的信息预测，指导农村农业的开发工作。

（2）农业信息扩散渠道呈多元化

农业信息的扩散已经逐步走向制度化、一体化和标准化，初步形成以“一网、一台、一报、一刊、一校”（即中国农业信息网、中国农业影视中心、农民日报社、中国农村杂志社和中央农业广播电视学校）为主体的信息发布窗口，并不断尝试探索通过互联网与传统的扩散方式相结合的发布路径，力图通过这种多元化的信息扩散方式让社会大众、基层农户、农产品市场、龙头企业和种养大户等都能够及时地获取农业信息，提升为农服务的水平和力度。

4. 政府在信息服务建设中存在的不足

虽然我国的农村信息化建设已经取得了一定成就，但是与所要达到的农村信息服务体系建设目标还有很大差距。而要实现这个目标，关键在于政府要加强投入，提高服务质量。当前，政府在农村信息化建设上存在以下不足：

（1）投入力度不够。从发达国家的一般发展经验来看，农村信息化服务是一种公益事业，国家是投资建设的主体。我国的农村信息化建设也是以国家主导和国家投入为主，但由于受到综合国力和传统

① 《全国农业农村信息化发展“十二五”规划》，http：//www.moa.gov.cn/zwllm/zcfg/nybgz/201112/t20111206_ 2423979.htm 2011。

投入观念的影响，总体投入有限。

(2) 投资效益不明显。就农村信息化建设来说，国家存在重投入轻建设和管理的现象，许多涉农网站是空头网站，为农服务平台是空转平台，建设要么不健全，要么虽然健全但真正知晓的民众较少，发挥的服务功能极其有限。

(3) 职能定位不科学。政府重视管理、轻视服务的现状未能得到有效改变，这就导致未能为农村信息服务创造一个持续稳定的发展环境。缺少政府的引导和协调，政策激励和政策优惠没有到位，就很难以吸纳社会资本参与到农村信息化建设的庞大工程中来。所以，转变政府的职能，实现管理型政府向服务型政府的转变既是时代发展的必须，也是信息化建设的题中应有之义。

(4) 农业管理体制有缺陷。目前，我国的农业管理体制上存在的问题已经成为农村信息化建设的重要制约因素，如条条块块的管理影响了信息流的互动共享和生产要素的合力配置，基层的不同部门利益突出，政府内在的协调和统合的难度很大。所以，要打破部门利益和条条块块的束缚才能为农村信息化建设打通关节，提升社会效益和经济效益。

二　代际更替背景下“种田人”的代际适应

(一) 信息设备的代际分析

1. 新型“种田人”获取信息的方式倾向新媒体

从表30数据可以得知，获取信息途径在不同代际存在着差异。新生代“种田人”(18—40岁) 获取信息的途径依次为电视、网络、手机、农村信息服务站、其他广播系统；41—50岁的“种田人”获取信息的途径依次为电视、手机、信息服务站、其他网络、广播系统；51—60岁的“种田人”获取信息的途径依次为电视、其他信息服务站、书报阅览室、广播系统、手机、网络；61岁及以上的“种田人”获取信息的途径依次为电视、其他广播系统、信息服务站、书报阅览室。由此可以看出，新型“种田人”获取信息的途径主要是电视，手机、网络等新型的媒体，而老辈“种田人”获取信息的

主要途径是电视、广播、信息服务站等传统方式。(见表30)

表30 **“种田人”对信息获得途径的代际分析** 单位:%

年龄分组	信息获得途径分组									
	缺失值	电视	广播系统	农村信息服务站	农民信息之家	其他	手机	书报阅览室	网络	合计
18—40岁	7.9	72.8	2.2	2.2	1.1	2.3	4.6	1.5	5.3	100
41—50岁	7.0	77.9	1.9	2.7	0.9	2.2	3.6	1.7	2.1	100
51—60岁	5.3	81.5	1.7	2.3	0.6	3.6	1.6	2.0	1.4	100
61岁及以上	8.2	77.5	2.6	2.2	0.5	6.2	0.9	1.5	0.3	100

2. 新型“种田人”获取田间管理技术网络化倾向明显

从表31数据可以得知，代际“种田人”获取田间管理技术的途径主要是自身经验、与村民的交流、看电视，但是不同代际的“种田人”对获取田间管理技术的途径还是存在一定的差异的。新型“种田人”在拥有先进务农技术经验的同时，更倾向与人交流和通过网络来获取田间管理技术信息来增产增收。随着年龄的增加，“种田人”获取田间管理技术越来越依赖于自身经验，而与村民交流获取田间管理技术呈递减趋势，这一增一减说明了“种田人”在农业生产所呈现的两个方面：一是自身经验对于农村生产的重要性；二是新型“种田人”在拥有现代务农先进技术等经验的同时，也倾向于与村民进行交流讨论在农业生产过程中的信息化问题。(见表31)

表31 **“种田人”对获取田间管理技术获取途径的代际分析** 单位:%

年龄分组	田间管理技术获取途径分组									
	缺失值	村民交流	看电视	凭经验	其他	上网	书报	听广播	专门培训	合计
40岁以下	10.1	24.4	2.3	59.1	1.8	1.4	0.5	0.2	0.4	100
40—49岁	8.6	22.8	2.8	63.1	0.7	0.6	0.5	0.2	0.8	100
50—60岁	6.0	22.2	2.8	66.8	0.9	0.3	0.3	0.3	0.4	100
61岁及以上	8.7	19.9	3.0	66.0	1.2	0.3	0.1	0.3	0.4	100

（二）信息服务评价的代际分析

1. “种田人”对信息服务的整体评价

从表32数据可以得知，总体来看，我国代际“种田人”对农村信息服务的整体评价较好，政府基本能为不同代际“种田人”提供满意的信息服务。但是，不同代际“种田人”之间对政府提供信息的满意度有着显著的差异，年龄越小的“种田人”，越不满足于政府提供的信息服务，相反，年龄越大的“种田人”对政府所提供的信息服务满意度越高。一方面是由于随着社会的快速变迁，现在的农村发生翻天覆地的变化，农业也逐步由传统农业向现代农业过渡，现代化、工业化、农业化迅速地推动着农业的发展，政府对农村信息服务越来越无法满足新型“种田人”对农村现代信息服务需求；另一方面，老辈“种田人”对政府所提供的信息服务的满意度相对来说比较高，是因为他们是农村信息化的见证者，见证了农村信息化从无到有，并且逐步改善、发展和提高的过程，因此对政府提供信息服务的认同度较高。（见表32）

表32　**“种田人”对信息服务的整体评价**　单位：%

年龄分组	整体评价					
	缺失值	根本无法满足	偶尔能满足	说不清	完全能满足	合计
18—40岁	9.5	31.1	26.4	31.3	1.8	100
41—50岁	9.3	30.3	25.8	31.9	2.7	100
51—60岁	7.0	30.6	26.3	33.2	2.8	100
61岁及以上	9.9	27.2	22.7	37.8	2.3	100

2. 教育水平越高的新型“种田人”对信息服务的评价越高

从表33数据可以得知，不同教育水平的新生代“种田人”（18—40岁）对政府提供的信息服务评价具有较大差异，文化程度越高的新生代“种田人”（18—40岁）对政府信息服务的满足度越高，这说明文化程度较高的新生代“种田人”能够对信息获取、吸收和利用的能力较高，对政府提供的信息服务的评价也较高些，而文化程度低的“种田人”对信息的获取途径和利用效率相对来说较低些，因此对政府提供信息服务的满意度较低。造成这样的差异在于科学文化知识对信息服务评价型塑能力和影响能力，不同科学文化水平的“种田人”对政府信息的理解和利用能力差异较大，信息服务评价也会存在差异；另外，文化程度较高的新型“种田人”获得政府信息服务规模和质量比较高，利用政府信息的能力比较强，他们更能切实感受政府信息对自身利益的保障和扩大功能，倾向于对政府信息给予较高的评价。（见表33）

表33 **不同教育水平的“种田人”（18—40岁）对信息服务的代际评价**

单位：%

文化程度分组	信息服务的代际评价					
	缺失值	根本无法满足	偶尔能满足	说不清	完全能满足	合计
文盲	10.7	32.1	32.1	25.0	0	100
小学	9.4	33.1	24.4	32.5	0.6	100
初中	8.6	30.9	24.4	33.7	2.5	100
高中	11.1	32.5	32.9	22.2	1.3	100
大学	11.2	28.3	28.7	30.7	1.2	100
研究生及以上	10.0	20.0	40.0	30.0	0	100

从表34数据可以得知，不同教育水平的“种田人”（41—50岁）对政府提供信息服务评价具有较大差异，总体来说，政府所提供的信息服务不能满足“种田人”的需求，并且文化程度越高，满意度越高。相比较新生代“种田人”（18—40岁）而言，这代“种田人”（41—50岁）对政府提供的信息服务的满意度比较高。这是因为一方面政府提供的信息服务尚不能满足“种田人”多样化、多层次、高水平的信息服务需求，政府需要从管制型向服务型转变，为农民提供丰富多样的信息服务；另一方面，老辈“种田人”是农村信息化的见证者，见证了农村信息化从无到有，并且逐步改善、发展和提高的过程，因此对政府提供信息服务的认同度较高。（见表34）

表 34　　不同教育水平的“种田人”（41—50 岁）对信息服务的代际评价　　单位：%

文化程度分组	信息服务的代际评价					
	缺失值	根本无法满足	偶尔能满足	说不清	完全能满足	合计
文盲	15.9	31.7	19.0	33.3	0	100
小学	8.7	29.8	21.4	37.9	2.2	100
初中	9.2	31.3	27.3	29.8	2.5	100
高中	8.7	28.2	31.7	26.2	5.2	100
大学	4.2	25.0	25.0	41.7	4.2	100
研究生及以上	40.0	60.0	0	0	0	100

从表 35 数据可以出，不同教育水平的“种田人”（51—60 岁）对政府所提供的信息服务的满意度不高，具有较大差异。文化程度越低，越无法满足的“种田人”（51—60 岁）；文化程度越高，对政府所提供信息的满意度越高。相对于新生代“种田人”（18—40 岁）来说，这代“种田人”（51—60 岁）满意度相对高些，而相比较“种田人”（41—50 岁）来说，对政府所提供信息服务的满意度又低些。这是因为文化程度高的“种田人”接收、理解、利用政府信息的能力和水平比较高，更能将政府提供的信息转化为自身农业生产的优势，所以对政府所提供的信息满意度较高。（见表 35）

表 35　　不同教育水平的“种田人”（51—60 岁）对信息服务的代际评价　　单位：%

文化程度分组	信息服务的代际评价					
	缺失值	根本无法满足	偶尔能满足	说不清	完全能满足	合计
文盲	13.4	29.3	14.6	42.7	0	100
小学	6.4	32.6	22.7	35.6	2.6	100
初中	6.6	30.0	29.8	30.5	3.2	100
高中	5.7	28.9	29.8	31.6	3.9	100
大学	6.3	12.5	56.3	25.0	0	100
研究生及以上	25.0	75.0	0	0	0	100

从表36数据可以得知，不同教育水平的“种田人”（61岁及以上）对政府所提供的信息服务的满意度具有较大差异，总体而言，满意度依次是说不清、根本无法满足、偶尔能满足和完全能满足，即政府所提供的信息服务基本无法满足“种田人”对信息的需求。随着文化程度的提高，“种田人”（61岁及以上）对信息服务的满意度也相对提高。原因在于，老一辈“种田人”中文化程度高的“种田人”利用政府信息的能力较强，可以对政府提供的信息给予更加客观和科学的评价，对政府信息的满意度会更高些。（见表36）

表36 **不同教育水平的“种田人”（61岁及以上）对信息服务的代际评价**

单位：%

文化程度分组	信息服务的代际评价					
	缺失值	根本无法满足	偶尔能满足	说不清	完全能满足	合计
文盲	13.1	22.5	16.9	46.9	0.6	100
小学	9.3	27.9	21.6	39.7	1.5	100
初中	7.9	28.8	30.7	28.8	3.7	100
高中	7.0	28.1	21.1	38.6	5.3	100
大学	0	0	50.0	25.0	25.0	100
研究生及以上	16.7	33.3	16.7	33.3	0	100

综上所述，不同文化教育水平的“种田人”对政府所提供的信息服务的满意度都较低。其中新生代“种田人”（18—40岁）的满意度最低，这也表明我们的政府在建立信息服务站、信息下乡、开办信息节目等农村信息工作的不足。这是因为农业现代化和信息化的步伐加快，农业生产科技化水平不断提高，需要更多高质量的信息服务以保证农业生产的增产增收，然而，政府提供的信息还未达到多样化、多层次、高水平的需求。因此，政府应当加大对农村信息服务站的宣传和建设力度，保障农村信息的高效和流通顺畅，满足更多“种田人”对信息的需求，促进农村大发展和农业大繁荣。

3. 不同收入水平的“种田人”对信息服务评价存在较大差异

从表37数据得知，总体而言，政府所提供的信息服务基本不能满足不同家庭收入的新生代“种田人”的需求。不同家庭收入水平的新生代“种田人”对政府提供信息满足的程度是具有一定差异的，4万—6万元家庭收入的新生代“种田人”（18—40岁）认为政府所提供的信息服务根本无法满足其对信息的需求的比例最高。高收入的家庭对政府信息的要求较高，这是因为在现代化的农业生产条件下，高收入的务农家庭要保证高收入的水平和能力，所需要的信息规模和质量较高，然而，政府有限的信息服务能力根本无法满足高收入的务农家庭的信息需求，对其满意度自然最低。（见表37）

表37 **不同家庭收入的“种田人”（18—40岁）对信息服务的代际评价**

单位：%

家庭收入分组	信息服务的代际评价					
	缺失值	根本无法满足	偶尔能满足	说不清	完全能满足	合计
2万元以下	7.3	33.3	27.5	31.1	0.7	100
2万—4万元	7.4	28.7	26.8	35.2	2.0	100
4万—6万元	10.4	33.4	27.4	26.3	2.5	100
6万元以上	12.1	29.5	25.2	31.9	1.3	100

从表38数据得知，2万—4万元家庭收入的“种田人”（41—50岁）对政府所提供信息服务根本无法满足的比例最高，其次是6万元以上、2万元以下、4万—6万元家庭收入的“种田人”；相比较不同家庭收入的新生代“种田人”（18—40岁）而言，这代“种田人”（41—50岁）对政府所提供的信息服务的满足增加。这主要有以下几个原因：第一，2万—4万元家庭收入的“种田人”处于一个尴尬境地，既想努力爬升到高收入家庭的行列，又有可能掉入贫困家庭的队伍中，因此这类家庭想通过政府信息服务以摆脱困局，实现向上流动的愿望最强烈，对政府提供的信息服务要求非常高，因此对政府所提供信息服务根本无法满足的比例最高；第

二，41—50岁的“种田人”对政府的信息服务满意度较高是因为这一代“种田人”见证了政府信息服务从无到有、从少到多、从低层次到高层次的发展过程，政府信息服务对他们的影响较深，因此这一代“种田人”对政府信息服务满意度较高。（见表38）

表38 不同家庭收入的“种田人”（41—50岁）对信息服务的代际评价

单位：%

家庭收入分组	信息服务的代际评价					
	缺失值	根本无法满足	偶尔能满足	说不清	完全能满足	合计
2万元以下	6.6	31.2	23.7	36.4	2.2	100
2万—4万元	8.3	33.2	24.4	30.8	3.3	100
4万—6万元	10.1	26.8	30.4	29.1	3.7	100
6万元以上	11.0	31.6	24.7	31.4	1.4	100

从表39数据得知，家庭收入为2万元以下和2万—4万元的“种田人”（51—60岁）对信息服务的评价从高往低依次为说不清、根本无法满足、偶尔能满足、完全能满足；家庭收入为4万—6万元的“种田人”（51—60岁）信息服务的评价从高往低依次为偶尔能满足、说不清、根本无法满足、完全能满足；家庭收入为6万元及以上的“种田人”（51—60岁）信息服务的评价从高往低依次为说不清、偶尔能满足、根本无法满足、完全能满足，由此可以得知政府所提供的信息服务基本不能满足“种田人”对信息的需求。相比年龄小的“种田人”，这代务农对信息的满意度有一定程度的提高。老一辈“种田人”相比年龄小的“种田人”之所以对政府信息服务满意度较高，是因为他们经历了农业农村现代化和信息化的过程，经历了政府职能转变，从管制型政府到服务型政府转变过程，更能感受政府在提供信息服务的水平提高过程，对政府信息脱贫致富的功能体会更深，对政府信息服务满意度较高。（见表39）

表 39　　不同家庭收入的“种田人”(51—60 岁)对信息服务的代际评价　　单位:%

家庭收入分组	信息服务的代际评价					
	缺失值	根本无法满足	偶尔能满足	说不清	完全能满足	合计
2 万元以下	8.1	33.1	24.2	32.6	2.0	100
2 万—4 万元	6.1	33.1	22.0	34.8	4.0	100
4 万—6 万元	6.2	26.2	34.2	31.6	1.8	100
6 万元以上	7.8	26.6	28.7	33.4	3.4	100

从表 40 数据得知，不同收入的“种田人”（61 岁及以上）基本无法满足政府所提供的信息服务。随着收入的增加，“种田人”（61 岁及以上）对信息服务根本无法满足的比例也上升。在老一辈“种田人”中高收入家庭对信息服务的满意度较低，是因为高收入家庭要保住自身高收入水平，避免滑落到低收入水平家庭的行列，高度依赖多样化、多层次、高质量的信息服务，因此，对政府信息要求较高，对有限的政府信息服务水平的满意度较低。(见表 40)

表 40　　不同家庭收入的“种田人”(61 岁及以上)对信息服务的代际评价　　单位:%

家庭收入分组	信息服务的代际评价					
	缺失值	根本无法满足	偶尔能满足	说不清	完全能满足	合计
2 万元以下	11.2	26.0	20.7	39.4	2.7	100
2 万—4 万元	11.0	28.0	26.9	33.0	1.1	100
4 万—6 万元	7.8	29.1	31.1	28.2	3.9	100
6 万元以上	3.3	32.0	20.5	41.8	2.5	100

综上所述，不同家庭收入的“种田人”对政府提供的信息服务满意度不高。但总体而言，随着收入的增加，对政府信息满意度也有小幅度的增加，形成这样趋势的原因是多方面的：第一，高收入家庭要保住自身高收入水平，避免滑落到低收入水平家庭的行列，高度依

赖多样化、多层次、高质量的信息服务，因此对政府信息要求较高，对有限的政府信息服务水平的满意度较低；第二，高收入家庭之所以取得高收入的地位可能是较早利用政府信息服务实现脱贫致富，对政府信息的敏感度和依赖度较高，为了继续保持和提高自身的家庭地位必须充分利用更多高质量的政府信息。这也要求政府要大力增加和提高信息服务，满足不同"种田人"对信息服务的需求。

4. 不同地域的"种田人"对信息服务评价存在较大差异

从表41数据得知，政府信息服务根本无法满足新生代"种田人"（18—40岁）的地区从高到低依次是西南、中部、西北、华北、东北、沿海；而政府信息服务完全能满足新生代"种田人"（18—40岁）的地区从高到低依次是中部、华北、沿海、东北、西北和西南。造成这样差异主要是一方面，地区之间经济社会发展水平存在较大差异，西南、中部、西北、华北、东北、沿海的经济社会发展水平大致依次呈现上升的态势，西南地区经济发展水平最低，沿海地区经济发展水平最高，落后地区想要摆脱贫困的处境，实现经济社会快速发展的期望更高，更需要多样化、多层次、高质量的信息服务脱贫致富；另一方面，地区间政府信息服务的水平存在较大差异，中部、华北、沿海、东北、西北和西南等地区的政府信息服务水平和能力大致依次降低，中部、华北、沿海等地区的政府信息服务能力和水平较高，更能满足新型"种田人"的信息需求。（见表41）

表41 **不同地区的新型"种田人"（18—40岁）对信息服务的代际分析**

单位：%

区域分组	信息服务的代际评价					
	缺失值	根本无法满足	偶尔能满足	说不清	完全能满足	合计
东北	11.3	27.4	30.6	29.0	1.6	100
西北	7.1	29.7	38.1	24.5	0.6	100
华北	1.6	29.5	26.2	40.4	2.2	100
沿海	9.0	25.8	34.2	29.4	1.6	100
西南	9.9	40.4	25.6	23.5	0.6	100
中部	12.0	30.3	20.6	34.4	2.6	100

从表42数据得知，政府信息服务根本无法满足“种田人”（41—50岁）的地区从高到低依次是西北、中部、西南、东北、沿海、华北；而政府信息服务完全能满足新生代“种田人”（41—50岁）的地区从高到低依次是沿海、中部、西北、华北。相比较不同地域的新生代“种田人”（18—40岁）来说，这代“种田人”（41—50岁）对政府提供信息服务的满足度增加。社会经济发展区域差异是造成区域间“种田人”对政府信息服务满意度不同的主要原因，沿海、华北、中部等地区的经济社会发展水平较高，社会发育水平较高，更有能力满足“种田人”的信息服务需求；西北、西南等落后地区的经济发展水平较低，社会发育水平低，政府提供信息服务的能力和水平较低，造成落后地区政府信息服务无法满足新生代农民的程度最高。（见表42）

表42　不同地区的“种田人”（41—50岁）对信息服务的代际分析　单位：%

区域分组	信息服务的代际评价					
	缺失值	根本无法满足	偶尔能满足	说不清	完全能满足	合计
东北	9.6	29.3	33.5	27.5	0	100
西北	3.0	37.1	32.9	24.0	3.0	100
华北	4.1	25.7	30.6	37.4	2.3	100
沿海	7.8	27.3	26.4	33.7	4.8	100
西南	10.5	29.3	24.8	35.0	0.3	100
中部	12.3	32.8	21.7	29.9	3.3	100

从表43数据得知，政府信息服务根本无法满足“种田人”（51—60岁）的地区从高到低依次是中部、沿海、西南、东北、西北、华北；而政府信息服务完全能满足新生代“种田人”（51—60岁）的地区从高到低依次是西北、沿海、中部、东北、西南、华北。相比较不同地域的“种田人”（41—50岁）来说，这代不同区域“种田人”（51—60岁）对政府提供信息服务的满足度差异较大。原因在于除了地区经济社会发展程度不同外，年龄较大的“种

田人”经历了农业现代化和信息化的过程，对 51—60 岁的“种田人”自身经验和文化程度差异较大，造成了对政府提供信息服务的满足度差异较大。（见表 43）

表 43 **不同地区的“种田人”（51—60 岁）对信息服务的代际分析** 单位：%

区域分组	信息服务的代际评价					
	缺失值	根本无法满足	偶尔能满足	说不清	完全能满足	合计
东北	9.2	28.7	25.3	34.5	2.3	100
西北	6.0	28.0	43.0	18.0	5.0	100
华北	2.2	18.9	35.0	42.2	1.7	100
沿海	5.7	29.3	28.7	32.8	3.5	100
西南	7.7	29.2	19.6	41.7	1.8	100
中部	8.9	37.0	21.5	29.7	2.9	100

从表 44 数据得知，政府信息服务根本无法满足“种田人”（61 岁及以上）的地区从高到低依次是中部、西南、西北、沿海、华北、东北；而政府信息服务完全能满足新生代“种田人”（61 岁及以上）的地区从高到低依次是西北、沿海、东北、华北、西南、中部。相比较不同地域的“种田人”（51—60 岁）来说，这代不同区域“种田人”（60 岁以上）认为政府提供的信息服务“根本无法满足”需求的比例与其他年龄段相比有所降低。可能是因为老一辈的“种田人”最主要根据自身的经验知识从事农业生产，对政府提供的信息服务需求并不大。（见表 44）

表 44 **不同地区的“种田人”（61 岁及以上）对信息服务的代际分析** 单位：%

区域分组	信息服务的代际评价					
	缺失值	根本无法满足	偶尔能满足	说不清	完全能满足	合计
东北	15.9	15.9	13.6	52.3	2.3	100
西北	12.3	26.2	43.1	13.8	4.6	100

续表

区域分组	信息服务的代际评价					
	缺失值	根本无法满足	偶尔能满足	说不清	完全能满足	合计
华北	11.2	19.4	21.4	45.9	2.0	100
沿海	8.3	20.7	28.1	38.7	4.1	100
西南	15.0	26.4	17.1	40.0	1.4	100
中部	7.0	36.4	20.3	35.2	1.2	100

总体而言，当前国家提供的农村信息设施、服务严重不足，且效率低下，各区域的“种田人”对政府提供信息服务的满意度较低，且以中西部地区尤为显著，而华北、沿海一带由于经济发达，对政府提供的信息服务的满足稍微高些。因此，政府在制定农村信息化的方针政策时要因地制宜，采取区别对待的方针，促进农村信息化的大发展，满足不同区域代际“种田人”的信息需求。

第四节 “种田人”的代际期许与代际适应的张力

一 代替更替语境下的农村信息化

代际语境下的农民有着期许和适应两个层面，代际期许是面向未来的，而代际适应是针对当下的，一方面是因为有期许与适应之间的不同才制造了张力，但同时也是这重张力推动了发展。马克思认为，“他们的需要即他们的本性”①，正是由于对未来的需要超越了当前适应的可能而催生了进一步发展的可能。

就农村信息化建设而言，这是未来信息化社会建设的必然要求。当前，国家已经提出了“工业化、城镇化、信息化和农业现代化”四化同步协调发展的战略，农村一直是这四化协调发展的短板，推进农村信息化建设既是契合农业现代化的要求，同时也是对信息化战略的短板的提升，这是一项大战略。农村信息化建设对于农村来说，是

① 《马克思恩格斯全集》（第3卷），人民出版社1960年版，第514页。

一个新鲜事物，也是在欠缺资源条件的农村发展所必须要跨越的门槛。虽然我国农村信息化建设发展时间并不长，但总体水平还是得到了很大提升。不过，一方面，这距离农村信息化建设的总体目标尚远；另一方面，我国农村信息化建设与发达国家还有很大差距。所以，不仅仅是作为直接受益者的农民不满意，甚至也是政府必须着力解决的重要难题。

当前，我国农村信息化建设已经具备了一定的基础，尤其是在农业信息化和农村基本信息基础设施的完善上，都有了长足的发展。农民对信息化建设也有着切实的感受和更高的需求，然而，这种需求是超越于当前发展水平的满足程度的，这就产生了一种差异，我们称之为代际差异。通过调查，本文从三个方面进一步细化分析了代际期许与代际适应的发展问题。

第一，农民受教育程度与信息化的代际发展。农民受教育水平造就的信息期许差异，这既体现在代际内，也体现在代际外。根据调查显示的是，教育水平高的新型“种田人”对信息的需求度较高，教育水平越高的“种田人”对知识性信息的需求高于物质性信息需求，教育水平越高的新型“种田人”对农产品价格和长远发展型信息的需求越高。随着受教育程度的提高，农民接触到的世界也就越来越不局限于原来的小圈子，也就越来越不迷信传统，而更信任科学的力量和信息的力量，这是受教育水平所造就的农民认识上的改变。农村的年农民所经历的决定了他们采用现代信息的程度较低，这首要的是认识上的难以转变，他们固守的是几千年的传统，另外，信息化的发展已经超出了他们的掌握能力，如果强行提升其信息化能力，不仅是大的消耗战，甚至可能徒劳无功。改革开放以来，中国教育事业的发展和不断与世界先进信息化成就的接轨，即便是生活在偏远山区的农民，他们接收信息的渠道也有着很大的改善。九年制义务教育的普及和高等教育的大众化发展都使得农民的受教育水平有了很大的改观，农民中具有初高中文化程度的比例越来越高，而这些都是教育现代化的结果。正是教育现代化和大众化与信息化的协调发展促成了农民代际期许能力和代际适应能力的提高。具有较高受教育水平的农民对信息化有着更高的期待，所亟须掌握的信息化能力也在与日俱增，但同时，农民受教育程度的提高另外也在提升农民的信息适应能力。如年轻农民对电脑、手机等现代信息获取工具有着远超于老一代农民的优势，这是受教育水平提升的结果，同时也是信息化发展的结果，更是催生信息化向进一步和更高水平扩展的基础。

第二，农民收入与信息化的代际发展。农民收入是农村社会发展的指针，没有农民收入的提升，农村信息化建设的最终落脚点就有着很大的问题。但同时，农民收入同时也是推动农村信息化发展的基础性条件。如果农民经济条件不足，即便政府的信息设施和信息供给都很完备，信息化的发展仍是一个未知之数。一方面，如果信息化不能带来短期的利益和长期的效益，农民对信息工具的利用率就会下降，另一方面，没有一定的经济条件作支撑，农民即便有采用新信息工具的积极性，也心有余而力不足。调查也发现，家庭收入高的农民对发展型信息的需求越高，对现代高科技信息需求也越高。同时，收入高的农民掌握现代信息的能力也具有相依性，收入高实际上就形成了一种掌握现代信息技术的基础条件，即能够投入资金用于信息环境的改善。不过，自从改革开放以来，农民的经济条件的分化就成为一个必然趋势，“让一部分人先富起来”曾是我们的口号，但是整个政策口号的后半部分是“先富带动后富，最终实现共同富裕”。然而，改革开放以来的社会发展中，虽然造就的是不断做大的蛋糕，但让蛋糕分得公平一直是而且是接下来中国社会发展中必然要跨越的难题。我们现代社会有很多观念，如“富二代”“穷二代”“农二代”等，这些新词反映的并不是财富分配上的不公平性，造就了农民经济条件上的一定固定性。当然，就农村信息化建设而言，经济条件上的一定固定性反映的是信息化建设上的代际之内差距，这种差距可能会形成“马太效应”，即“富者能掌握更多信息资源，而贫者只能享受极少数信息资源”，如果这种局面欠缺调节机制，那么信息化建设需要达成的目标也会同样呈现非均衡的困境。另外，农民经济条件的改善并不是一朝一夕之功，信息化是一种提升农民收入的资源，但这种资源的普及化需要来自农民收入的提升，这种两相互嵌的关系决定了农民经济条件改善与信息化之间也有着代际上的差异。所谓“前人栽树，后人乘凉”，正是代际发展的可持续性决定的。

第三，农民地域差异与信息化发展。地域差异是一种空间上的存在，我国地理面积广大，地形条件各不相同，这是自然区域上的表现。在经济区域概念上，我国呈现出东中西的地区发展差异，也呈现出沿海与内陆的差距，等等，这些地域差异既与经济发展的次序性有关，同时这些差异也在造就一种新的不均衡。信息化建设虽然是国家发展战略，但农村信息化与城市信息化发展的差距，这首先是一种区域差异，不过是经济空间上的概念。然而，就农村信息化发展来说，也是不均衡的，沿海与内陆之间、东部发达地区与中西部欠发达地区之间都存在这层差异。农村信息化建设脱离不了地域差异的问题，这也是需要克服的难点。地域差异反映到人身上，就是一种代际信息使用与信息期许上的差异。东部地区农民虽然与城市居民有着信息使用能力上的差别，但相比来说，由于与城市的对比接触，他们是最先能够感受到信息力量的人，从而也使信息期许首先呈现的，这种信息期许同时在造就一种对自身信息能力提升的追求，可以说是这种快速的差异，造就了东部地区农民在信息能力的适应力上不断追赶期许所设定的目标。反过来说，中西部地区由于经济发展上的次序向后，这就决定了他们对信息期许的时间也具有后置性。不过，改革开放以来的中国社会是一个流动性很强的开放社会，中国社会独有的农民大规模从中西部农村向东部发达地区的流动，实际上减缓了经济发展次序性所造就的信息化建设的地域差异。不过，这种差异有着两个方面的内容：一方面，农民的跨区域流动是一个常态，这也就决定了流动的农民相比于没流动的中西部农民更容易先接触到信息化的成就，这也就意味着他们的信息期许可能有着快速的提升，甚至可能与东部地区相同；另一方面，农民的流动不是一种可以真正跨出地域空间的，户籍的限制让农民必须又受限于所生活的地区，但该地域所能够提供的条件使得信息能力提升的条件并不具备。在这个意义上，这就造成了一种差异，这种差异可能成为一种信息化发展的动力，同时也可能成为信息化发展的陷阱。

通过对“种田人”对政府信息、市场信息和信息需求度的分析，很清晰直观地了解到了我国不同文化教育水平、家庭收入水平和不同地域的代际“种田人”对农村信息的需求与期许。总体而言，当前，“种田人”对农村信息的需求较大，其中新型“种田人”对专家信息、市场信息和政策信息的需求度较高；但是当前我国政府明显存在着对农村信息服务的供给不足，而且供给信息服务的额效率低下，职能定位不科学等问题，不能满足不同收入、不同文化程度和不同地域的代际“种田人”的需求，这也凸显了当前“种田人”对信息化的代际期许与代际适应之间存在较大的张力，致使代际“种田人”对政府提供信息服务的评价不高。因此，我国信息服务要实行多元化，引入市场和社会力量多种模式来积极参与农村信息化建设，满足代际“种田人”对农村信息化建设发展的需求。

二 代际张力与信息化发展

“种田人”的代际期许与代际适应之间是一个不断发展的循环体，如果代际适应能够不断满足代际期许的目标，那么信息化建设就完成了一个阶段的提升。如若代际适应不能达到代际期许的目标，那么信息化建设的阶段性目标就难以实现，代际张力就可能演变为代际陷阱。能够推进代际张力缩小的关键在于人，在于社会情境。具体来说，在于受益者的农民，也在于政府的努力。虽然他们在农村信息化建设上有着不同的任务，而且两者的着力点也不同，但他们努力的方向有着趋同性，即促进代际适应能力不断满足代际期许目标，我们所要的是一个渐进的发展，而不是一个断裂的建设。从这个意义上说，代际张力需要控制在一定的范围内，不能过大，也不能过小，过大了难于实现，这会造成政府，尤其是民众的发展信息。张力度过小了，容易滋生冒进的情绪，而这是不利于信息化建设的持续性发展的。我们允许代际期许与代际适应之间存在某种程度的张力，存在适度的张力有助于推动和促进我国农村信息化建设的发展。那么，有两个核心的问题，即如何保证代际期许与代际适应之间的张力是适度的，在适度的张力条件下，如何推动代际张力的缩小以推进信息化建设的步伐。

（一）代际张力的适度性

农民代际的信息能力差异提醒我们在提升农民的信息能力时应注意有所侧重。按照信息化建设的内容不同，可分为“物”的信息化和“人”的信息化两个方面。前者注重信息基础设施建设，后者注重人的信息能力的培育提升。虽然两者都是信息化建设不可或缺的内容，但却是各有侧重的。相对来说，“人”的信息化建设具有更加根本的意义。正是在这个意义上，本文将“人”的信息化称为信息化建设的“强信息化范式”，而将“物”的信息化建设称为“弱信息化范式”。如果将信息化建设的不同内容与农民的代际信息能力差异进行对照，可以发现，农民信息化能力的提升将演化出四种策略，如表1所示。

表1 **代际农民的信息能力及提升策略**

信息化策略 / 信息能力	强范式	弱范式
偏弱	Ⅰ负荷性偏误	Ⅱ适应性均衡
偏强	Ⅲ适应性均衡	Ⅳ欠缺性偏误

策略Ⅰ：用“强范式”提升老一代农民的信息化能力。结果：负荷性偏误。

老一代农民的受教育程度较为有限，对信息的接收、接受和分析辨识的能力较差，而且随着年龄逐渐增大，记忆力和精力也不足以支持他们掌握较高层次的信息处理技巧。所以，如果对其采用“强范式”的信息化提升策略，则会超出他们的信息承载能力，可能花费巨大但却难以取得现实性的效果。在这种情况下，“弱范式”的策略则会因为老一代农民能够掌握最基础的信息接收技巧而呈现出良好的效果。

策略Ⅳ：用“弱范式”提升新一代农民的信息化能力。结果：欠缺性偏误。

相较于老一代农民来说，新一代农民的信息化能力相对偏强，虽然这主要表现在信息技术应用、信息资源期待上都有所进步，其信息行为上仍存在某种困境。这说明新一代农民是潜在的信息承载者，如果只注重信息基础设施的投入，即采用“弱范式”，而不注重“人”的信息能力的提升，可能让新一代农民在信息大爆炸的环境下迷失在信息的汪洋中而失去辨识能力。从这个意义上来说，“弱范式”并不是提升新一代农民信息能力的可持续性范式，这也是农民代际的自然更替的基本趋向。

策略Ⅱ、策略Ⅲ：用“强范式”提升新一代农民的信息化能力，用“弱范式”提升老一代农民的信息能力。结果：适应性均衡。

为了让农民信息能力的提升更具有针对性和适应性，可行的策略是对“弱信息”能力的老一代农民采取“弱范式”策略，对新一代农民实现“强范式”策略，即策略Ⅱ和策略Ⅲ的组合。

“弱范式”策略与老一代农民的信息能力提升。适用于老一代农民的“弱信息化”策略主要表现在增加信息资金投入、完善农村信息平台建设。和其他群体相比，农民（尤其是老一代农民）在获取信息方面处于弱势地位，所以政府增加对农村的信息建设投入。首先，要完善农村的信息平台建设。当前农村存在着信息市场混乱、信息成本高等问题，对于老一代农民来说，规范信息传播渠道、建立权威、便捷的信息发布平台才能建立他们利用信息的信心。通过农村信息平台建设，完善农村信息传递网络，政府可在网络平台上及时发布可靠的农业科技信息，一方面，可以为农民提供高质量的农业信息，另一方面，可以节省农民的信息成本。其次，政府要培养现代信息技术人才，充分利用原有农业技术推广体系和村一级信息联络人。[①] 老一代农民已习惯于生活在一个“熟人社会”，与其他渠道相比，他们更愿意选择相信他们所熟知的人或组织向他们传播的信息，因此，原有的推广体系和村一级的信息联络人更能使得政府发布的信息可信化。同时，要鼓励村组干部、村民代表、农民企业家等学习先进农业

---

① 肖运安、王小雄：《我国农民获取信息的障碍和对策探讨》，《农业图书情报学刊》2011年第6期。

技术，让这些“熟人”以通俗的、易接受的形式将这些复杂的信息传递给老一代农民，提高农业信息的利用程度。

“强范式”策略与新一代农民的信息能力提升。与老一代农民不同，新一代农民生活在一个信息技术高速发展的社会里，他们对各种信息有一种天然的亲近感。但与其他社会群体相比，他们仍然处于弱势地位，如何熟练使用各种高新技术和设备获得更多的信息，以及如何甄选信息是他们面临的主要问题。因此，对新一代农民采用“强范式”策略主要表现提高其信息能力。现代信息传媒纷繁多样，如何实现对各种传媒工具的熟练使用，成为新一代农民获取充足信息的关键。所以，政府应该在农村创办培训班，推广现代传媒（尤其是网络）使用的课程，对新一代农民进行相应的信息技术应用能力培训和教育，增强他们信息筛选和识别的能力，使其能够在浩瀚的信息网络中选择有用的、适宜的农业信息。只有采取这些措施才能从整体上提高农民的综合信息能力，促使他们实现由“传统农民”向“信息农民”的转型，具有收集信息、分析信息、利用信息的意识和能力……为开展农业科技成果信息服务奠定坚实的基础。[①]

随着新一代农民信息需求层次的深化，政府要随之创新信息服务模式，向他们提供优质、更加深层次的农业信息，满足他们的多元化需求。首先，我们要构建基于农民需求的新型农业信息服务体系，培养和完善相应的组织体系。[②] 比如在笔者调查的北方某家庭农场就采取“公司+农户”的推广模式，由新型农业主体将已经发展成熟的农业技术、良种技术推广给当地农民，公司负责统购、统销，农民负责培育过程，这样就可以把分散的农户集中起来，有利于农业技术的推广和应用。同时，政府要以农民多元化的需求为导向，建立完善的农业信息服务机制，满足不同农业经营主体的需求。这就要求各级信息组织加强信息基础服务工作，了解农民的信息需求内容和层次，对

① 张博、李思经：《我国农民对农业科技成果信息的需求特点及服务对策》，《安徽农业科学》2010 年第 9 期。

② 肖运安、王小雄：《我国农民获取信息的障碍和对策探讨》，《农业图书情报学刊》2011 年第 6 期。

农业信息进行收集、筛选、归类和加工，为不同农民群体提供深层次的、高质量的农业信息，提高科技信息利用率。

总的来说，代际张力的适度性是与代际农民更替的几个面向密切相关的，如受教育程度、经济收入等，正是农民的代际差异决定了代际张力的不同。针对代际来弄，由于代际适应能力的有限，如果以强范式提升其信息化能力，是难以取得效果的。而如果针对新型“种田人”，他们的代际适应能力已经有了很大的提高，如果只强调信息化环境的建设，那么这一方面降低了代际期许，也难以促进信息化建设在代际上的快速发展。当然，针对农民的代际张力的适度性问题，这是一个内涵甚为丰富的概念，如何真正保持适度性，是一个值得进一步深掘的议题。

（二）代际张力的缩小与信息化发展

代际张力的适度是保证信息化发展的前提，但信息化的真正推进还需要依赖于代际张力的缩小，正是在代际期许与代际适应之间的张力推动着农村信息化建设的发展进步，可以这样说，随着两级张力的缩小，就宣告了信息化建设的一个新阶段的开始。具体来说，要处理好以下两个方面的关系：

农村信息化建设的时间紧迫性与农民代际更替的渐进性的关系。农村信息化建设最终的落脚点在农民身上，农民的信息能力是终极性因素。即便是外在投入构建起良好的农村信息化环境，但是，如果作为主体的农民并不具备运用的能力，那么信息环境的建设也只是“空中楼阁”，或者沦为“花样文章”。当前我国在农村信息化建设上，大力从政府层面进行推动，自上而下的行政力固然具有较强的社会动员能力，但相对于农民所获得的益处来说，两者的匹配性问题有待研究。如各级基层政府都建立了政府信息服务平台和农业技术推广平台，但农民的使用比较低效，农民更多的是利用传统的信息获取途径来获取有用信息。这主要在于对人的主体性认识不够。真正的“以人为本”是要从人的信息需要出发，而不是从信息供给出发，即需要决定供给，而不是供给决定需要。现代社会的一个重要社会特征是社会分层，但我们也不能忽视其自然特征，即人的代际更替。它是缓慢的，而不是急速的；不是几年内的遽变而是几十年的渐变。农民的信息能力的提升有着一个渐进的过程，每代人对信息化建设的承受能力和使用能力都存在差异，这是不可否认的事实。

代际期许的前行性与代际适应的有限性和契合性的关系。随着农村信息化建设的发展和信息环境的改善，以及农民代际的缓慢更替，信息化建设的紧迫性和农民代际更替的渐进性之间的张力的解决需要依靠另一个机制来平衡，这就是代际期许与代际适应问题。每一代人都有着对信息化建设的期许，这种期许是出于当时的社会化环境的需要而产生的，不过作为期许，它具有一定的前行性，即超越于信息化建设的当下实践。正如前文的分析，同代的相同性大于差异性，这也就意味着同代人的信息期许有着一定的稳定性，而同代人信息期许的差异性则是在信息化建设的环境中，作为信息承载主体的社会性的差异。然而，信息化建设的实践可能会满足当代人的期许，也可能不能满足当代人的期许，若信息化建设能够满足当代人的期许，即意味着信息化建设的适应与期许在当代人就解决了，但这只是一个循环的结束。信息期许的前行性往往意味着靠信息化建设的当代语境难以实现，从这方面来说，代际适应有着有限性，但是只要信息化建设的大势没有改变，这种有限性必然会被消除，而成为信息化建设的适应性的契合。如果同代人不能实现这种契合，就需要通过代际的更替来解决契合问题，这是社会时间和作为“种田人”的自然时间之间的一种对接。

第五章　农村信息化建设的提升战略

第一节　培育现代"种田人"的路径与策略

一　现代"种田人"信息素养的内容与要求

（一）信息素养的内涵

信息素养原先出自于图书检索领域。图书检索包含许多经典的文献查找方法，随着计算机的普及，高效、便捷的现代化信息处理工具得到越来越多人的青睐，因此将图书检索技能和计算机技能相结合，成为一种综合的能力素质，即信息素养。①

"信息素养"一词最早诞生于1974年，美国信息产业协会主席Paul Turkovski把它定义为"利用大量的信息工具及主要信息源使问题得到解答的技术和技能"，后来又将其解释为"人们在解答问题时利用信息的技术和技能"。1987年，信息学专家Patrieia Breivik指出，信息素养是了解提供信息的系统并能鉴别信息的价值、选择获取信息的最佳渠道、掌握获取和存储信息的基本技能，包含数据库、电子表格软件、文字处理等。

目前人们对信息素养的概念众说纷纭，但关于信息素养特征的诸多描述提供给我们了解信息素养的性质及其构成的广阔视角。1989年，美国图书馆协会（American Library Association，ALA）下属的信息素养总统委员会把信息素养定义为：要成为一个有信息素养的人，

---

① 王旭卿：《美国的信息素养教育》，《中国电化教育》2000年第3期。

他必须能认识到何时需要信息，并具有检索、评价和有效使用必要信息的能力。①

1990年，美国艾森堡（Eisenberg）和伯克维茨（Berkowitz）博士提出了著名的Big 6方案。② 这个方案以批判性思维为基础，是针对信息素养的培养而提出的信息问题解决系统方案。之所以命名为Big 6技能，是因为它成功地提供了必需的六个主要技能领域。

1991年，日本文部省公布的《信息教育指南》指出，信息素养包括四个方面：信息的判断、选择、整理、处理的能力和信息的创造、传递能力；对信息的社会特性和信息化对社会及人类影响的理解；对信息重要性的认识和信息的责任感；掌握信息科学基础以及信息手段的特性基本操作。③

1992年，道尔（Doyle）在写给"美国信息素养论坛"（The National Forum on Information Literacy，NFIL）的总结性报告中较系统地阐述了信息素养定义，将信息素养进一步定义为"从不同信息源中检索、评价和利用信息的能力"④。

此后，不少专家就这一问题继续进行研究并不断阐明和丰富其内涵。2003年9月，联合国教科文组织（United Nations Educational，Scientific，and Cultural Organization，UNESCO）、美国国家图书馆和信息科学委员会（The U. S. National Commission on Libraries and Information Science，NCLIS）联合召开的信息素养专家会议发布了《布拉格宣言：走向具有信息素养的社会》。《宣言》认为信息素养是一种能够确定、查找、评估、组织和有效地生产、使用和交流信息，并解决面临的问题的能力。《宣言》称，信息素养是人们有效参与信息社会的一个先决条件，是终身学习的一种基本人权。

信息素养是一个含义广泛的综合性概念。结合我国农民具体情

---

① 王旭卿：《美国的信息素养教育》，《中国电化教育》2000年第3期。

② 李艺、钟柏昌：《信息素养详解》，《课程·教材·教法》2003年第10期。

③ 易红郡：《日本中小学信息技术教育的发展及经验》，《教育探索》2001年第7期。

④ 宫淑红、焦建利：《创新推广理论与信息时代教师的信息素养》，《教育发展研究》2002年第7期。

况，农民的信息素养是指在信息社会中，农民能够根据自己的信息需求，利用计算机、网络等设备或技术检索信息源，通过对信息查找、判断和筛选，将有利信息与已有知识体系相结合，并运用到农业生产和农村生活中去的能力和素质。其中，农民的信息搜集与检索能力是其他各种技能的基础和保证，是帮助农民利用信息技能解决工作和生活问题的重要方面。

（二）现代“种田人”的信息素养

信息化是解决“三农”问题的出发点和落脚点。作为占全国总人口 2/3 的农民，他们的信息素养水平对于推进社会主义新农村建设、城乡统筹和区域经济均衡发展具有至关重要的意义。没有农民素养的提高就没有全民族素养的提高，没有农民的小康就没有全国的小康，因此，推进农民信息素养的培育已成为建设农村信息化的关键环节。一般而言，农民信息素养的内涵包含以下内容：

信息意识。信息意识是人们对信息做出的能动反映，具体表现为人们对信息重要性与敏感程度的认知，以及在遇到问题时依靠信息进行判断、分析和决策的意识。信息意识是人们搜集、处理、分析、利用信息等信息能力的前提和基础，它决定人们捕捉、判断和利用信息的自觉程度，影响到用户的信息需求。

信息意识一方面指信息情感；另一方面指对信息的敏感性，即农民对信息的感受力、洞察力等。所谓的“信息情感”主要表现为对信息的态度和兴趣，即农民对通过各种渠道所发布的农产品价格信息、供求信息、耕作方式改革信息、气象信息以及生活、娱乐有关的各种信息是否抱有积极的态度和强烈的好奇心、求知欲。换句话说，就是农民是否会主动去了解信息。信息敏感性即农民对信息的应用能力，主要表现为农民在获得信息后，能否自觉地与自身的生产、生活联系起来，并合理运用到生产、生活当中。传统农民大多数年复一年、日复一日地从事着辛苦却单一的劳作，他们基本意识不到种地之外学习新信息的重要性，也没有组织关于农业新技术的学习和实践活动。因此，在传统的实践中，农民信息能力的提高受到农民信息需求不高的制约。但是在信息化浪潮下，农业的生产方式和产业结构已经发生了天翻地覆的变化，这迫切要求农民和农业作出相应的改变，适应信息化社会的潮流。信息意识的提高应放在首要位置。当然，随着社会的不断进步，信息意识的内涵也在不断发展变化，农民学习者除了要具备信息第一的意识，还要培养信息抢先的意识、自主学习和终身学习的意识，能够根据社会发展的需要，自主提高自身的信息素养。

信息知识。在信息时代，人们不仅要具有科学文化知识和各门学科的专业知识，还应具有如何找到能够说明和解决某种问题的信息知识的能力。信息知识能改变主体的知识结构，使主体获得终身学习的能力。具备信息素养的农民应对信息技术的基本知识和技能有一个清楚的认识，这是信息素养大厦的根基。

现代“种田人”的信息知识结构相较于传统“种田人”已经发生质的变化。新的知识结构不仅包括传统实践而产生的生产知识，还包括利用各种信息设备获取现代科技技术的生产知识。除此之外，有关市场的销售知识、传媒知识等也对现代农业生产体系有重要的影响。总体而言，信息知识主要包括以下几方面：①传统操作知识，即基本的读、写、算及相关内容；②信息的基础知识，如信息的基本原理、方法和原则等，还有文献学知识、信息检索原理和方法、图书情报学知识等；③现代信息技术知识，包括现代信息技术的原理和操作技能等；④信息法规、伦理知识；⑤外语水平。但是，结合我国农民现阶段的信息知识水平来看，做出这样全面的要求是不现实的，而且从生产力发展水平和生产、生活实际需求来看，也是不必要的。根据以上内容，农民除了具备必备的操作知识外，还需要掌握一定的信息、信息技术、信息法规等的最基本的常识。

信息能力。信息能力是指人们在社会生活与科学劳动中捕捉、加工、传递、吸收信息交流能力和利用信息的一种潜在能力，包括信息搜集与检索能力；信息挑选、获取与传输能力；信息评估能力；信息加工、吸收与应用能力；信息免疫和批判能力；信息技术的跟踪能力；信息化时代的学习能力；等等。

对农民而言，主要表现在以下四个方面：①信息的搜集和检索能力，如农民知道通过什么途径可以检索到自己想要的有用的信息；②信息的鉴别能力，现代社会信息鱼龙混杂，因此农民要具备准确鉴别信息的真伪和价值大小的能力；③信息的应用能力，即接触有用信息后，如何把这些信息与生产、生活沟通起来，真正做到为我所用；④信息的交流传播能力，即农民获得了有用信息后，如何快速、广泛地分享并推广出去，让别人尽快、更全面地知晓，从而更好地发挥信息的社会服务功能，或是在发现有害信息后，如何通过一些渠道及时地告知或帮助他人不因为有害信息而受到损失。[①]

信息伦理。信息伦理是指人们从事信息生产、加工、分析、传播、管理、开发利用等信息活动的伦理要求、伦理准则和伦理规范，以及在此基础上形成的伦理关系。就农民而言，信息活动的主要指信息的获取、处理和利用。新生代农民的信息伦理主要有以下几个方面：①在信息收集、获取和利用过程中要尊重知识、遵守法律。在这个信息爆炸的时代，网络逐渐普及，对农民的生产与生活的影响越来越深入，农民对网络的依赖性也在不断加强，如此背景下，加上网络的开放性等特征，农民尤其需要提高尊重他人知识产权的道德意识和法律意识。②在信息交流过程中要注意尊重他人。大家通过网络的媒介进行交流，看似是与电脑、手机等现代信息工具直接互动，而实际上，是同人产生间接的联系。因此，不能利用信息交流的隐蔽性去欺骗他人或者侮辱他人。再者在信息传播过程时时刻注意遵守法律，不能散播非法信息。[②]

构成信息素养的诸要素相互联系相互依存，并相互统一，以构成一个整体。信息意识是前提，信息知识是基础，信息能力是核心。信息意识是信息主体主动获取信息知识，提升信息能力的前提；信息知识则是提升信息能力的基础，无论是信息的获取，还是信息的开发和创造都是以信息知识为前提；而信息能力又反过来制约信息知识的获取水平。对于生存于现代信息社会的现代人，对于因为历史环境的影

---

① 柯平：《信息素养与信息检索概论》，南开大学出版社 2005 年版，第 9 页。

② 徐晓东：《信息技术教育的理论与方法》，高等教育出版社 2004 年版，第 50 页。

响，相对处于信息弱势的农民群体，如何面对信息化浪潮提升信息能力是一个亟待被重视与解决的问题。

二 现代“种田人”信息素养建设的路径与策略

（一）提升农民信息素养的必要性

1. 提升信息素养是信息社会对每个社会成员提出的要求

由于人类信息技术的跨越性突破和广泛应用，尤其是近年来计算机和网络的普遍使用，信息对人们生产、生活各个领域的影响更加广泛而深入，人类已经全面迎来了信息化时代。可见，信息的重要性已经不亚于能源、资本等生产要素。而公民们作为信息社会的一分子，有义务去了解和关心重大的社会问题、积极交流和反馈信息、遵守信息交流中的道德法则，在法律范围内合理地利用信息，遵法守纪，批判性地接受并创造有用的信息等。由此，在未来社会中如果不掌握有效的信息，是无法掌握竞争的主动权的。每一个社会成员在信息社会掌握和应用信息的能力，已同他们在传统社会所要求的读、写、算技能一样重要。随着历史的发展，信息素养已成为有效参与信息、社会活动的必备技能，这也对新生代农民提出了要求。

2. 信息素养的提升是提高新生代农民生活质量的必然要求

提升信息素养是农民提高获取、占有、利用信息的及时性和准确性，增加个人收入，提升物质生活质量的先行条件。收入水平是衡量物质生活质量的重要依据。调查分析表明，影响城乡居民收入差距的重要因素在于农民信息素养较低。这不仅降低了农民对信息资源的利用率，还严重制约农业现代化、农民全面发展和增收致富。近年来，市场的易变性要求农民拥有更高水平的信息处理能力，然而农民由于信息意识薄弱，没有把握市场行情并根据市场需要调整种植或养殖的能力，往往造成作物丰而收入亏。信息是市场的灵魂，信息与市场的主动权成正相关关系，谁获取的信息越多越及时，谁致富的可能性就越高。农民致富的难题，恰恰就出在信息的获取之上。因此，想要增加农民收入、提高物质生活质量，重要途径之一便是迅速提升农民尤其是新生代农民的信息素养。

3. 提升新生代农民信息素养有助于提高其精神生活质量

健康有益的精神生活有利于农民缓解压力、消除疲劳、放松身心，但目前我国农村农民精神生活的现状却令人担忧，主要表现在“三个缺乏”。一是缺乏正确的理想信念，农村中的封建鬼神之说尚未根除，迷信活动猖獗，邪教势力暗生；二是缺乏高雅的娱乐方式，牌、酒成为许多农民业余时间的消遣，部分青年农民甚至沉迷于麻将、扑克等赌博之中，荒废农业生产；三是缺乏鉴定和辨别能力，黄、赌、毒等利用人们认知能力的盲点毒害着农民的心理和身体健康。造成以上局面的原因很多，其中非常重要的一点就在于农民的信息素养不高。如果农民的信息素养达到一定的高度，那么他们就能够充分高效地利用有限的时间，转变生活方式，促进身心健康。如读书看报、观看主流的影视剧、玩一些积极的游戏、通过网络文明交友或收集与生产生活相关的信息等。

4. 提升新生代农民信息素养是建设社会主义新农村的关键

我国自古以来是农业大国，新中国成立后，我国在一段时期内着力发展工业，而忽视了农业的跟进提高，造成农村、农业的发展相对迟缓，农民的整体素质不高的局面。改革开放以来，我国转变工作重心，以经济建设为中心任务，经济、政治、社会等事业等都稳步发展并取得了一定的成就。党的十六届五中全会上，中共提出了建设社会主义新农村的重大战略举措。根据党的十六届五中全会和中央对新农村建设的有关意见精神，社会主义新农村应该是“生产发展、生活宽裕、乡风文明、村容整洁、管理民主”的农村。这就要求新农村建设不仅要搞好农村经济建设，还要“培养有文化、懂技术、会经营的新型农民”。而提高农民整体素质又是培养新型农民的关键。

5. 提升新生代农民信息素养是培育农民新的生产方式的需要

在农业生产社会化的大背景下，新生代农民只有提高并具备较强的信息意识，才能促使农业生产中的任意一个环节正常良好运作，如产前的类别选择、农业生产机械的选择、物种的选择、生产数量的选择等。只有通过了解、调查、论证相关信息，才能减少或避免浪费人力和财力。如果对作物的特性了解不够，或者缺少对作物必要的处理，那么很多努力就会付诸东流。值得注意的是，新生代农民中的许多人都不直接进行农业生产，而是从事与农业生产相关的流通或商业活动，这些行业往往风险很高，如果对市场信息动态把握不够及时，就容易在竞争中落败。因此，要改变生产方式，转变经济增长方式，提高生产效率，就必须提升农民的信息素养。这就需要农民在思维方式、生产方式、生活方式的现代化。根据前面的分析，提升农民的信息素养是转变农民思维方式、生产方式、生活方式的最重要的因素，能够使他们更好地融入城市和现代生活中。

6. 提升新生代农民信息素养有利于转变农民的生活和思维方式

首先，信息素养的提升推动农民与外界的沟通和联系。“十一五”期间，国家以信息基础设施领域为重点，加大了对农村的投入。电话、有线电视走进了很多农村，一些城郊的农村还通了网线，这些现代化信息工具和手段扩宽了农民了解外面世界的渠道，农民从而与外界发生更多更广泛的联系。其次，信息素养的提升使农民的生活更加丰富、多元和文明。信息素养的提升意味着，农民掌握了信息技术手段，提高了信息伦理道德，他们同城镇居民一样能够上网，能够实时掌握世界的最新动态。最后，信息素养的提升有利于农民思维方式的转变。我国是一个有着几千年文化传统的国家。文化中的惰性，导致人们对客观世界的认识片面而零碎，进而使人们的思维方式逐渐僵化，丧失积极进取的生机与活力。只有提升农民的信息素养，才能让农民对外界信息作进一步的了解，才能对外界知识作进一步的学习，进而打破农民传统思维方式的桎梏，实现传统农民向现代农民的转变。

7. 提升新生代农民信息素养有利于城乡一体化建设

以信息化为特征的知识经济时代对城乡一体化提出了一个内在要求——提升农民信息素养，信息成为推动经济发展的重要生产要素。信息时代以信息的海量性、即时供给、有效获取和有效利用为特征。因此，能否有效利用信息资源，是否具备较高的信息素养，不仅对每个公民都有着直接或间接的影响，而且还对城乡一体发展进程产生着重要影响。可以说，提升农民信息素养是促进城乡一体化的重要途径。

同时，提升农民信息素养也是城乡一体化中公共服务均等化的内在要求。党的十七届三中全会明确提出，到2020年，农村改革要完成几项基本目标，其中之一就是明显推进城乡基本公共服务的均等化。这可以通过信息共享机制的实现得以推进。公共服务均等化是城乡一体化的重要内容，在当今社会，公共服务既包括公共的基础设施、文化教育设施、休闲娱乐设施的供给，也应包括信息服务内容的供给。这就要求农民必须掌握相应的信息，提升自身的信息素养。

（二）我国现代“种田人”信息素养建设的现状因素分析

目前，我国农村信息服务体系建设虽已有一定成果，但和国际发达国家相比，我们在政府宏观环境、农业管理体制、信息人才等方面都存在着一定差距。就广大农民的信息素养而言，信息素养建设既取得了一定的成绩，也存在一些不足，总体形势不容乐观。

1. 现代“种田人”信息素养建设取得的成绩

第一，农民收入水平的提高推动了信息素养培育意识的形成。经济发展水平是社会活动的基础。随着农村各项改革的推行和实施，农民的收入水平逐步得到提高，农民除了以其收入满足其物质温饱之外，还可以以其剩余收入满足精神方面的需要，从而使得当代农民在外部信息的流通和传播的情况下，有条件成为信息时代的一员。同时，为了能进一步增加经济活动的效益，农民迫切需要利用信息了解外部世界和市场行情。因而，随着经济活动范围和效益的不断扩大，信息素养的培育意识在农民中也逐步产生。

第二，信息传播方式的改变有助于提高农民信息素养培育的效率。过去，我国农村的信息传播方式比较简单，农民之间以及农民与外部的联系基本上处于半封闭状态。当面临大量的信息需要及时远程传递和交流时，往往难以达到预想的效果，以固定电话或口头传递为主要形式的传统信息传播方式，抑制了人与人之间的交流。随着移动电话和互联网等现代信息技术的普及，信息传递数量大大增加，信息的可理解性和传递效率得以提高，农民之间以及农民与外部之间的沟通变得更加便利。因此，传播方式的改变使得农民除了意识上渴望具有信息素养外，在实际行动上也积极通过各种途径学习掌握现代信息技术并运用于实践中，从而有效提高了信息素养培育的效率与效果。

第三，受教育年限的延长增加了农民信息素养培育的机会。当前农村除实行九年制义务教育外，还在各地逐步实施农村职业教育和成人教育。九年制义务教育基本解决了当代农村人口的文盲和半文盲问题，农民可以凭借这个阶段完成基本知识和文化的学习和积累，为以后接受更深层次的科学文化教育奠定基础。同时，农村职业教育和成人教育的发展不仅为农民提供学习和与外界交流的机会，也为农民进行信息传播和信息技术使用提供了锻炼的机会。受教育年限的延长，也就意味着农民具有更多信息素养的培育机会。

第四，政府政策的倾斜改善了农民信息素养的培育环境。随着政府对“三农”问题的日益重视，各项扶持政策在农村中逐渐得到实施，对农民的经济、社会和文化等方面给予了发展上的引导和支持。例如，江苏省仪征市人民政府 2007 年秋出台农民购电脑发给 500 元补贴的政策。据《2007 年中国农业信息化调查与分析报告》，2007 年是中国农业信息服务快速发展的一年，农村网民数量突破 3700 万人，农业信息化已经成为加快建设现代农业的重要途径，成为农民创造收益的有效手段。在这样的环境中，农民不仅可以根据社会发展的需要，结合已有知识，通过各种合法合理的途径，自觉提高自身的信息素质。而且，农民还可以在政策的引导下，接受一定的专业技能培训，以便能跟上时代的发展。

2. 现代“种田人”信息素养建设存在的不足

第一，农民信息素养的培育意识不足。我国是农业大国，农业人口占总人口的绝大多数，我国教育的主体理应是农民。而长期以来，我国教育的关注点主要集中在小学、中学和大学，而缺少对农民学习者信息素养的培养。尽管当前我国大部分地区农民的收入水平相对于以往有了大幅度的提高，对信息素养的培育有着一定的经济支撑，但是对如何提高自己的信息素养，以及从更广泛的意义上提高整个农村的信息素养水平，可能还不太完全理解，也就是说，缺乏培育农民信息素养的社会氛围。这实际上说明，一方面，当前农村中具有明显信息素养意识的只是少数农民，而没有包括大多数甚至全部农民；另一方面，真正具有信息素养意识并能够深刻理解信息素养意义的农民所占比例更少。由此，反映出培育农民信息素养意识的淡薄和不够深入。

第二，农民信息素养培育的服务体系匮乏。与教育较为发达的城市相比，我国农村缺乏针对农民的教育培训机构，致使多数农民终身没有接受过职业培训，也没有参加过其他任何培训活动。由于我国各级乡镇政府对农村教育、培训等基础设施投入力不从心，在农村信息化建设中还没有充分发挥组织协调规划等应有的作用。既有的教育培训存在培训面窄、内容陈旧、培训方式落后等问题。同时，我国农村信息化市场机制还没有形成，农村信息站、农业协会组织、种植养殖大户等的作用尚未得到充分发挥。

第三，培育农民信息素养的师资短缺。从当前我国农村教育和培训机构的师资来看，专门从事农民信息素养培育的教师极其缺乏。一方面，农村人才培养的模式、教育内容和教育方法都不同程度地存在着脱离农村实际需要的现象。由于我国长期实行的就业政策，培养出来到农业第一线的学生多数成为国家农业技术管理干部，对政府目标关心过多，对农业的关心程度却少之又少，与国家农业教育培训的初衷背道而驰。另一方面，非农转移的普遍化加剧了农业人才培育的难度。由于学制和教学大纲等因素的限制，农村学生在校期间对农业生产和管理技术知识接触极少，农村初高中毕业生回乡后，由于没能从农业生产中获益和找到出路，往往出现向非农方向转移的想法和行为，导致留在农业生产中的绝大多数农民科学文化水平较低，对农业新科技、新成果和新信息的接受消化能力不强，不能有效地掌握科学知识和技能。另外，农村大学生一旦培养出来后，也倾向于向城市转移。这些都使得农民信息素养培育所需师资大为缺乏，从而使得农民教育的发展远远滞后于信息时代发展，不能满足我国社会主义新农村建设的要求。

第四，农民信息素养培育的文化交流机会缺乏。改革开放后，农村的物质生活水平逐步提高，农民的精神文化需求也日益增强，求知、求美、求乐、求健康、求参与成为广大农民的共同要求。但目前我国广大农村的社会文化生活仍然十分单调，如看电视、打牌、庙宇祭祀等往往是农民自发组织的常见活动，而政府组织的交流活动却极少。这些都造成农民之间的信息交流机会不仅单一，专业交流的平台和机构也缺乏。

第五，农民信息素养培育存在区域间不平衡。由于经济发展水平的不平衡，不同农村地区在信息化重视程度、投入水平、推进力度和利用水平等方面差别也很大。从整体上看，东部地区的农村一般在信息化建设方面普遍要好于中西部地区，但在同一地区内部也存在着农民信息素养培育水平不均的情况。例如，有的地方经济发展水平较高，对信息化建设投入较多，农民信息素养培育的机会充分，但重复建设、分散投入、多头投入情况比较严重，资源和设备共享程度较低，信息技术应用水平较低；有的地方信息化建设投入主体和服务主体单一，信息化主要靠政府推动，社会化、多元化投入机制和服务模式还没有形成，导致该地区农民信息素养培育的条件还不成熟，信息化发展水平处于滞后状态。

第六，农村信息服务组织及信息消费群体整体素质较低。我国农村信息服务体系建设虽有初步发展，但与城市和国外农村平均水平相比，一些指标却很低，如每百人拥有的计算机、电视机、电话的数量等。因此，政府还应继续加大对农业信息产业建设的资金投入，着力提高信息消费群体的整体素质。此外，农民的信息意识不强，且没有获得所需信息服务的经济能力。就信息服务组织的现状而言，目前政府从事农村信息工作的人员数量尚且不足，质量参差不齐，无法支撑起推进农业信息化的重任。这点在那些对农村信息服务作用较大的县乡农业信息服务组织来说就更是严重。例如，信息管理和信息服务人员信息化知识更新缓慢，跟不上信息化发展步伐；信息分析人员严重缺乏，导致大量信息资源开发仍处在低水平状态。

（三）现代“种田人”信息素养提升策略

1. 加强“种田人”信息素养教育体系建设

确立信息素养教育体系的目标。提升信息素养的初衷和归宿是让农民自觉关注信息并利用信息，这与被帮助者在引导下自己寻找问题解决方法不谋而合：农村成年居民的信息素养水平一旦上去了，便增强受教育者通过信息手段进行自我教育的能力，受教育者因此能够实现自我潜能，推动教育公平，促进城乡和谐共建。

但是单纯地扩充信息的量对于提高我国农村居民的信息素养是远远不够的。要以“授之以鱼，不若授之以渔”中助人自助的原则为指导，制定可行的教育目标，培养他们自主收集网络信息和利用网络进行自我教育的能力。更具体的说法就是引导被教育者学会借助网络信息自我学习，一方面实现自身的最大潜能，另一方面进一步实现教育公平，进而促进我国农业信息化的发展。

形成补充基础，侧重应用，促进均衡发展的教育内容。以农村成年居民信息素养现状来看，其教育内容可分为三个部分：补充基础，即组织电脑基础知识和技能培训；侧重应用，即介绍互联网知识和使用；促进均衡发展，即加强信息道德教育引导树立积极的信息理想。同时，还应将信息敏感性和信息效能感等内容渗透到具体知识的培训过程中。

首先，基础教育不仅要包括组织基础知识，还要把基本技能培训列入其中。例如，对于比较少接触电脑并有系统了解相关知识意愿的农民，可以采取电脑培训的方式，同时结合农民实际需求，把农民在实际生活中可能用到的电脑软件以及日常简单维护电脑的技能作为重点教授的对象，突出实践性和操作性。

其次，对具体指示和使用技术进行进一步的介绍。这是信息素养教育的主要内容，专门聚焦信息意识和信息能力的维度，适用于所有对互联网知识有需求的农民。培训重实践性。在具体操作中，教育者主要采取上网实践的方式，通过推荐几个与农民生活生产相关的网页，引导农民主动上网查询信息，促使农民由被动转向主动。当农民在解决问题时，信息意识也在逐步建立起来，这样外显能力和内隐意识就有机地结合建构在一起了。

构建以实践为主、讲授为辅的教育模式。教育方式由信息素养的培训目标和受教育者特点共同决定，因此应采用实践为主、讲授为辅的教学方式，尤其要给予农民有实践操作的机会。受各种原因限制，通过电脑进行现场演示的形式，更容易被受教育者理解，因此讲授者最好具备此项能力。同时在培训中，还要注重在具体事例的基础上，突显信息使用的意识性、主动性和创新性，由此激发农民的好奇心，推动农民自主意识的发展。例如，在作为导入型的基础教育中，不必深究前沿高尖知识，但是可以适当引入当今信息技术新成果或者具体的成功事例，从而引起受教育者的兴趣，引导他们形成学习的主动性和积极性。要注意的是，案例选取要有代表性，如成功的农民事例，帮助受教育者形成实行自我价值的信心和效能感。同时，教授者在教育过程中，还应注意教育的方式。例如，如何正确有效使用互联网，这是培训的重点，也是受教者通过网络实现个人潜能的核心。教授时，要注意，重点不是“网络是什么”“网络有什么”，而是“如何使用网络”。因此，对网络的基本使用技能有所介绍后，教导农民学以致用，把所学知识运用到现实问题的解决中，进一步引导农民在问题解决中，学会选择适合的技术去寻找相关的且选择有效的信息。

加强信息道德教育，引导树立正确的信息伦理观。根据调查，部分农村成年居民的信息道德和信息理想有待提高。信息道德是维护信息良性循环的保障，包括遵守法律法规，尊重知识产权，自觉抵制不良信息，有自我保护的意识和能力等。信息理想则是信息使用者通过信息途径解决问题的内在动机的体现，包括明确目标，以至于自我实现。虽然两者与信息生产的目的没有直接关系，但对维护和指导长期的信息素养发展有重要的意义。

对于信息道德而言，要把理论和实践结合起来。理论即相关的法律法规和道德准则，实践则指具体的相关案例，这样能更形象、更生动地加深农民的认识。此外，要培养农民加强自我保护的意识和能力，对网络上的不良信息，有一定的鉴别能力，并自觉抵制诱惑，在自身权益遭到侵害时，要第一时间用合法的手段进行维权。对于信息理想而言，要以深入农民具体情况为基础，辅之以他人在相似情境下获得成功的案例，启发农民深入思考，建立积极的发展心境和目标。

建构多方面协同合作的教育支持体系。在对农民成年居民进行信息素养的教育时，可以采取灵活的形式，但是必须严格谨遵内容的系统性。因此，专业教育者的能力与硬件环境就显得非常有必要。他们最好有编写实践性教材的能力，同时有教学硬件的支持。这就离不开政府教育机构对于经济和政策的投入。因此，要以“治理”的思路为突破口，打破教育支持体系中政府唱独角戏的传统局面，而应积极发展市场力量和社会力量，通过多渠道、多方式的协同合作，共同促进农民信息素养教育的前进。

2. 加强农村信息服务体系建设

发挥政府的主导作用。农村信息服务体系既是一个技术运行系统，又是一个组织管理系统。鉴于我国农村地域辽阔，对信息产品的需求规模较大，同时考虑信息产品多数具有纯公共产品和准公共产品特性，政府在投资和发展上应发挥主导作用。例如，对具有纯公共产品特性的信息，政府负有直接投资和发展的责任，应由政府向公众无偿提供；对具有准公共物品特性的信息，市场机制可发挥一定作用，但因农村公共产品的基础性、效益外溢等特征，政府应发挥主导作用；对具有俱乐部产品特性的信息，因其外部收益溢出的群体规模小且相对固定，可通过俱乐部的形式将受益人群组织起来，形成利益共同体；对具有私人产品特性的信息，政府可从体制、机制等角度将其推向市场，鼓励科研、推广、教育等机构以及中介组织、农民经纪人、种养大户等面向市场，按市场规则提供相应信息服务。

整合信息服务资源。发展农村信息服务业的过程是一个整合的过程，要在整合中形成规模，在形成规模的基础上实现规模扩张。从各级各类信息服务机构的现状来看，这些机构虽然数目众多，但是规模小，且涉及范围不够全面，资源浪费严重。因此，整合既有信息服务资源十分重要。一是要以政府信息化平台的统一规划为前提，激发各部门的积极性，抓好农业信息化的实施，尤其是建立一种跨部门的信息资源的共建、共享机制；二要不断加大新产品开发力度和与其他涉农部门、网站合作的力度，整合农村综合信息服务平台。与此同时，要把各类相关信息和应用结合起来，使农业信息的报送和发布更趋规范化和制度化，有序管理、开发与应用农业信息资源，提高农业信息的实用性。三要着力抓好缩小数字差距，有效地服务于社会主义新农村建设。将科技、教育、卫生、农业生产流通信息和生态旅游信息相结合，会同相关部门开展远程教育、远程医疗、远程农业推广、远程农业科普知识宣传等工作的试点，以点带面，不断推进全区农村信息化建设向前发展。

加强农村信息基础设施建设。农村信息基础设施是发展农村信息市场的保障，是传递农户信息的通道，是实现农业“跨越式发展”的重要途径。美国根斯坦利·添惠公司首席经济学家斯蒂芬·罗奇指出：信息技术虽是经济发展的催化剂，但还必须考虑是否有相应的基础设施。农村信息基础设施建设资金和技术密集，涉及范围广，包括农业经济发展的各个部门、行业，涵盖社会政治和文化领域。信息基础建设的老路是重复建设各种网络，然后再进行网络互联，为了避免走老路，建设过程中必须加强政府管理，根据国情编制一个“总体规划”。然而，编制过程中要注意以下问题：一是以市场为导向，多渠道筹集资金，调动各方面积极性，加快农业信息基础设施建设；二是建立规范化的、统一的农业信息技术标准，统一接口，以利互联；三是时时关注国外相关领域的技术发展动向，加强国际化功能，使我国的农村信息基础设施与国际接轨。同时，农村信息基础设施建设要坚持因地制宜原则，加强东、中、西部地区体系建设的分类指导。

3. 促进信息服务渠道多元化，强化市场配置作用

目前，我国农村信息服务出现了“有钱就干、没钱不干、钱多多干、钱少少干”的被动局面，这些信息服务是靠地方政府的支持和国家相关项目的跟进加以推出等系列方式实行的。建设其中的服务网络就有着许多缺乏管理与维护，使得信息服务的整体性与持续性作用十分微弱，其主要原因是缺乏市场化运作机制和企业的参与。所以，在眼下农村信息服务体系建设过程当中，我们既要反对过分强调政府的支持与引导的说法，也要反对过分强调市场机制作用的说法，而应坚持政府引导和市场机制相结合的道路，能用市场机制解决的问题，就绝不用政府干预来解决，从中充分发挥出政府鼓励与支持扶助作用，同时也加大了政府投资和服务的力度，结合市场机制在农村信

息服务体系建设中发挥重要作用。

以农村合作组织为例。根据组织联结方式不同，农村合作组织分为官办型、商农合办型、工农联办型、民办型等几种形式。从事农业信息服务的官办型农村合作组织是指政府部门主导型的农业信息服务组织，通过引进先进科技技术与相关资金为农民群体提供系列信息服务。商农合办型是指凭借着先天的农业信息优势，商业部门把从事某一专业生产的农户联合起来，这个联合是以自愿互利为基础，依托技术引进、开发、试验示范和培训的形式，从而对农户的生产以及农用生产资料、销售农产品发挥指导性作用。工农联办型是指农业龙头企业带动农户型的农村合作组织，它能够将分散的农户组织起来，进行新技术推广。民办型合作组织主要指由农民自己创建的合作组织，一般是技术带头人进行负责，坚持自愿互利、“民办、民营、民受益”的原则，组织从事同一生产经营的农民，一方面以科研院校作为技术依托，引进开发先进的生产及经营技术，另一方面，以分散农户、合作组织作为技术推广的对象，形成自我管理、自我服务、自负盈亏的科技服务模式。目前，我国全国范围内已形成了上述多种形式的农村合作组织，并且这些合作组织还与地方政府、社区等形成了良好互动关系，有效地解决了农村信息化建设中的具体难题。

4. 推动信息传播途径多样化与资源整合

第一，提高现有信息来源渠道的利用率，提高农户的信息需求。针对不同信息内容和不同用户的特点，选择合适的传播方式。当前，电视、电话、广播信函、报纸杂志、各级文件、亲朋好友、各种会议等传统方式仍是获取信息的有效途径。根据我国信息需求调查，农民获取信息的途径主要是电视，因此，要密切农业厅、高校、电视台之间的联系，增设具有当地特色的农业专题节目。

第二，在科技教育培训和信息传播中，注重发挥各级农业广播电视学校的重要作用。通过建立中央农业广播教育学校，提高全省农广校的农村现代远程教育培训网络的覆盖速率，通过实时直播与转播相结合，创建交互式的现代远程教育培训和信息传播。

第三，关于报纸、杂志等纸质媒体的利用，通过各大刊物和各涉农刊物相结合的方式加大信息发行量与信息公正性，借此增加农村农业经济发展的信息内容。在此之前，各刊物中尤其是涉农刊物，除应扩大农业信息发行量，特别是重农业发展农村地区的发行量，更应保持设立经常性与突出科技为主的农村经济信息专栏或专版，并以农民们喜闻乐见的传播方式传达信息，以扩大自身的影响力进一步实现信息传播途径多样化与资源整合，真正凸显出“为农民而传播”。

综上所述，各类信息传播媒体需要充分发挥各自的信息传播优势，加强涉农信息的传播。例如，电视要充分发挥其传播速度快、直观易理解的特点；报纸杂志要发挥其阅读方便、利于长期保存、具有较强专业权威性等特点；广播要充分发挥传播基础面广泛、受众准确的特点；针对不同的受众群体，必须要做到传播与分析充分结合，点、线、面传播充分结合，借此建设出农村经济发展信息的宣传立体模型，形成农村经济发展信息的宣传规模效应。

三 “种田人”信息能力提升的地方经验与案例

（一）宁夏回族自治区固原市原州区

一般而言，农民信息素养主要包含了两个大的方面：一为“信息输入能力”，二为“信息输出能力”。“信息输入能力”即为农民自身接收、吸纳信息化知识的能力水平；“信息输出能力”即为农民将所得到的信息化知识运用于实践的能力。

现以宁夏原州区（以下简称原州区）农民为案例进行分析。2007 年，宁夏被原国务院信息化办公室列为“全国第一个新农村信息化省域试点”。次年，工业和信息化部正式授予宁夏“国家级社会主义新农村信息化工作省域示范”的牌匾，从而使宁夏成为全国首个国家级社会主义新农村信息化工作省域示范点，率先开始了新形势下的农村信息化建设试验，并取得了较大的成功，形成了系统、完整的“宁夏经验”，对其他地区农村信息化工作的开展具有很大的指导意义。

1. 原州区自然情况及农村信息化建设概述

原州区，地处宁夏南部的六盘山东麓，是固原市市辖区也是固原市委、市政府的所在地。原州区北连海原县和吴忠市同心县，南接泾源县，东靠彭阳县和庆阳市环县，西邻西吉县，交通便利，信息快捷。境内有101省道、312、39国道三条公路交会，宝中（宝鸡—中卫）电气化铁路贯通，福银高速公路境内通车。原州区总面积4965平方千米，辖3个街道办事处、7个镇、4个乡，总人口49万人，城市建成区30.8平方千米，城市总人口24万。原州区自然资源丰富，煤矿、石灰岩、石英、砂储量丰富，经地质勘探，境内还蕴藏着大量的石油、天然气。境内有木本植物200多种，草本植物360多种，药用植物4000多种，粮油作物19种，甘草、枸杞、蕨菜等在宁夏享有盛誉。原州区经济发展也取得了较大的成就。截至2011年，国内生产总值56.38亿元，人均生产总值为12709元，全年实现农林牧渔业增加值9.96亿元，比上年增长4.7%。全年辖区内实现全部工业增加值9.09亿元，同比增长76.8%。全年完成地方财政收入14981万元，比上年增长56.0%。财政支出结构进一步优化，科技支出增长58.8%，教育支出增长34.7%，社会保障和就业支出增长98.9%。

宁夏在农村信息化建设上成功破解了资源整合、信息共享、网络进村等制约信息化建设的难题，开创出一条“低成本、高效益”的信息化之路。首先，该地把政府支持、公益性服务和市场化运作有机结合起来，创造性地实施了“平台上移、服务下延”的建设模式，较好地调动了农民、政府、企业、农村合作组织等各方面的积极性。其次，在建设机制、奖励机制、服务站运行机制以及信息员队伍建设等方面，初步探索出了农村信息化行之有效的长效机制。最后，实现了电信网、广播电视网和计算机网的“三网融合”，成为全国第一个实现村村通互联网的省区。原州区早在2003年便开始实施新农村信息化工程，2007年被自治区列为全区新农村信息化建设试点县（区）。据报道，原州区11个乡镇192个行政村已全部建成了信息服务站，基本实现了党员远程教育、文化资源共享、互联网经营三项信息服务功能。农民可以通过上网收集种植、养殖、加工技术、农产品价格及市场需求等信息，通过“三农呼叫”

解决在农业生产中遇到的难题，通过电子商务平台发布农产品销售信息。总之，原州区的农村信息化建设不仅使农民扩大了视野，增加了致富的机会，也积累了宝贵的经验，成了农村信息化建设的典范。

2. 原州区农民的信息输入能力

农民信息输入能力，是农民自身接受、吸纳信息化知识的能力水平。可将它细化为以下三个方面：农民的信息意识，农民对信息的需求，农民对信息的获取。

（1）原州区农民的信息意识现状

信息意识是指客观信息在信息社区的主体上自觉的心理反应，是信息主体（信息资源的开发者和利用者）通过取舍、判断、推理信息，从而指导行为的一种主观能动性。具体表现为对信息具有特殊的、敏锐的感受力，对信息具有持久的注意力，对信息价值具有判断力和洞察力，它对于一个地区或产业领域的信息化发展具有重要影响。努力增强农民的信息意识是增强农民的信息技术，推进农民现代化，提高农业科技管理质量，实现农业现代化和农村可持续发展的途径之一。

农民信息意识影响农民行为，再以原州区农民为案例具体分析如何细化影响机制的分类。农民信息意识对农民行为的影响大致可以分为三种类型：弱信息意识被动型、弱信息意识主动型、强信息意识主导型。弱信息意识被动型指的是信息意识薄弱的农民缺乏主体意识，接受信息完全被动，生产经营要么随大流要么按照政府计划进行；弱信息意识主导型同样针对信息意识薄弱的农民，他们自身缺乏一定的信息认知，加上外界的有效信息支持不够，农民信息意识在一定时期内无法得到增强，导致他们完全依靠经验和主观判断进行生产经营；强信息意识主导型则指信息意识比较强的农民，他们有意愿主动获取有效的信息，并且信息技术的推广相关部门能充分尊重农民的意志，遵循农民的信息意识规律，通过培训、宣传、技物支持等方式，正确引导信息意识，从而改变农民行为。对于原州区农民信息意识的现状，设置三个方面的认知程度，即农民对信息重要性评价、农民对信息技术的认知程度、农民对社会主义新型农民的认识程度，从这三个方面来进行分析，通过随机抽取该区471位农民的调查问卷，获得数据如表1所示。

表1　　**原州区农民对信息的认知程度情况表**　　单位：人,%

类别		您认为信息是否灵通，对于您的生活及所从事的生产或工作								
		有很大影响		有一点影响		没有影响		说不清		合计
人数	比例	322	68.4	107	22.7	35	7.4	7	1.5	471

通过分析，可以看出对信息在生活、生产或者工作的重要性认识方面，原州区目前有90%的农民有一定的认同感，其中约有70%的农民有强烈的认同感，约有10%的农民认识不足；在对信息技术的认知程度方面，绝大部分农民肯定信息技术在新农村建设中发挥的作用，他们参与信息技术培训与普及活动的态度积极；在对社会主义新型农民的认知程度方面，表明有相当比例的农民对于是否将掌握使用信息化设备的基本技能作为衡量社会主义新型农民起码标准的问题不以为然。

由此可见，原州区农民虽然对信息化的具体认识和信息化与自身的密切关系上尚缺乏认知态度，但对于信息化已经有了一定程度的认识，并且明确知道信息化对于新农村建设和发展有着举足轻重的作用，是未来农村发展的大趋势，并具有主动接收信息知识和信息技能的心理。再结合以上所提到的对农民信息意识所产生的三种行为机制可知，原州区农民已基本上可以归为强信息意识主导型，即农民自身有着接收、吸纳信息知识和信息技术的主观愿望，这是农民信息素养较高的一种层次表现。

（2）原州区农民对信息的需求现状

信息需求是指信息用户对信息资源可用性和可获得性是否达到预期满足的心理状态，包括生活性信息需求与生产性信息需求两个方面。

在对原州区随机抽取的471位农民的信息需求分类做调查后的情

况如表2所示。

表2　**原州区农民信息需求简表**　单位：%

信息需求类型	农产品销售市场信息	农业生产科技信息	外出打工信息	党和政府出台的政策法规	社会、生活、时事类信息	其他信息
百分比	31	31	8	15	13	2

调查发现，31%的农民最关心的是“农产品销售市场信息”；31%的农民最关心的是“农业生产科技信息”；8%的农民最关心的是“外出打工信息”；15%的农民最关心的是“党和政府出台的政策法规”；13%的农民最关心的是“社会、生活、时事类信息”；2%的农民最关心的是除以上信息之外的“其他信息”。说明原州区农民所在意的仍是以农业为主的信息，但在信息需求上也呈现出多元化特征，如表3所示。

表3　**原州区农民需求信息分类细化表**　单位：%

农民信息细化需求	中介机构的产前订单信息服务	农业生产资料供购信息服务	农业科技成果推广普及服务	社会、生活、时事类信息	农业投入信贷信息服务	国内外相关市场价格通报服务
百分比	5	31	34	13	11	6

通过调查还发现，原州区农民最需要的生产销售信息主要集中在农业生产资料供购信息服务和农业科技成果推广普及服务上，且农业科技成果推广普及服务所占据的比例比农业生产资料供购信息服务大，也就是说农民对于科学技术类的生活信息越来越关注。

由表4可知，原州区农民在选择最需要的信息服务方式上，网络信息查询或网上呼叫咨询服务占据比例35.3%，随叫随到的农业110服务占33.6%，科技特派员的蹲点服务占24.9%，专项农业科技VCD、DVD播放服务占6.2%。说明原州区农民在选择信息设备的方式上，以电视、电话、网络这三种方式为主，其中，网络已经占大部分的需求比例。

表4　　原州区农民对信息服务方式的需求表　　单位：人,%

类别		在农业生产销售中，您最需要的信息服务方式是							
		随叫随到的农业110服务		网络信息查询或网上呼叫咨询服务		科技特派员的蹲点服务		专项农业科技VCD、DVD播放服务	
人数	比例	158	33.6	166	35.3	117	24.9	29	6.2

（3）原州区农民对信息的获取现状

调查发现，原州区农民在对信息获取的方式选择上如表5所示。

表5　　原州区农民获取信息的主要方式　　单位：人,%

类别		您平时获取信息的最主要渠道是											
		看电视		听广播或收音机		看报纸、杂志、图书		上宽带网		与他人聊天或者请教他人		其他渠道	
人数	比例	312	66.2	15	3.2	26	5.5	91	19.4	19	4	8	1.7

由表5可见，约有66.2%的被调查者平时主要通过看电视获取信息，可见原州区农民目前以电视作为获取信息的最主要渠道；仅次于看电视的是使用宽带，占据比例是被调查者的19.4%；听广播或收音机的占3.2%。这反映了看电视依然是农民获取信息的主要方式，但是以现代信息传播渠道作为获取信息首选渠道的农民，例如采用上宽带网渠道的农民比例已占相当规模。

调查发现，原州区农民的信息输入能力已属较高水平。在信息内容上，原州区农民不再满足于获取传统的农业信息，而是有着多元化的信息需求，并且值得一提的是农民将更多的注意力放在了科技型信息上；在信息获取方式上，越来越多的农民依靠已有的农村信息环境，选择网络来作为信息获取的途径。

3. 原州区农民的信息输出能力

农民的信息输出能力作为衡量农民信息素养的一个大的方面，农民的信息输出能力不强是阻碍农民信息素养提高的一个大原因。也就是说，农民在获取信息之后，并不能够将这些信息运用于实践。如此一来，信息只作为意识存在于农民脑中，不能够转化成为实践生产力，农民的信息素养也就得不到提高，也阻碍了农村信息化建设的发展。

通过对原州区农民的一些分析，我们可以看到，政府虽然在农村地区大力推行信息化建设，兴建了大批信息设备，为农民提供了获取信息的多元通道，同时也举办了人工培训班，传授农民信息知识，但农民在生产生活中，原有的观念仍旧存在，并没有通过信息环境建立起完整的信息体系，在做到了吸纳信息的基础之上，只将这些信息储存却没有输出。如原州区农民虽在一定程度上能够使用手机、网络等相关通信设备获取信息，但此部分所占比重仍不大。据了解，71%的农民使用手机仅仅是为了方便与亲友联系，并不会使用手机上网发布信息。而电脑相比于手机来说，远没有手机普及，所以农民使用电脑上网，在网络构建的平台中发布信息的案例数量更少。造成这种情况的原因有很多，最主要的两个方面是：手机和电脑等信息设备对于农民来说仍不普遍，农民的文化程度和技术水平有限，限制了农民获取信息以及发布信息的能力。

4. 原州区农民信息素养存在的问题

调查发现，原州区农民在信息素养方面存在五个问题：农民信息素养高低地区性差异较大、农民信息素养尚未得到足够重视、农民缺乏信息输出意识、农民收入对信息化建设限制较大和传统信息环境建设边缘化等。

（1）农民信息素养高低地区性差异较大

地区差异一直以来都是我们国家普遍存在的问题，若将眼光缩小至信息化建设这个领域，会发现地区性差异也是不容忽视的大问题，在原州区也不例外。

表 6 原州区农民信息素养区域差异情况表 单位：%

选项 群体	获取信息的最主要渠道首选	使用过宽带信息网、网上呼叫中心、远程视频系统的农民比例	对“智能农业”或“农业专家系统”有起码了解的比例
主城区郊区农民	看电视（72.1）	67.2	69.3
县城郊区农民	看电视（73.6）	58.5	49.1
川区农民	上宽带网（71.6）	69.3	45.7
山区农民	看电视（50.6）	49.3	29.5

通过表 6 可以看出，不同地区农民所选择的信息获取渠道以及对信息了解程度都有较大的差异。主城区郊区农民由于靠近城市，在信息获取方面和对信息了解程度方面都占据很大优势，能够利用新信息传播方式、使用新型信息系统；山区的农民在获取信息的方式上比较单一和落后，在获取信息的便利程度上也比较低。因此，不同地区农民信息素养能力差异较大，这与不同地区信息化建设程度和对农民的信息化培训不同有着密切的联系。

（2）农民信息素养未得到足够重视

虽说相关部门已经将农民信息素养的提高放在了较为重要的位置上，农民自身也知道提高自身信息素养的重要性，但从调研情况看，无论是政府方面还是农民自身，都还是将过多的注意力放在了信息环境建设，即信息设备等硬件建设上，对农民自身信息主观能动性的调动方面的关注不够。

（3）农民信息输出意识淡薄

农民的信息输出能力是农民信息素养的重要组成部分，它的高低也是农民信息素养高低的影响因素，农民信息输出和接收意识不强也是普遍存在的问题。原因主要是：一方面信息推广范围辐射面不广，未能使得农民随时接触，农民也就不会养成这样的一种习惯去获取信息、输出信息；另一方面是农民对于信息化重要性认识仍不够。

（4）农民收入水平阻碍了农民的信息接收和利用能力

无论是电视、广播、手机，还是网络，这些能够传递信息的设施设备都需要一定的财力，才能实现购买或者安装。政府虽然可以为农民提供一定的支持，但还是要求农民具备一定的经济基础。调查发现，农民可用于信息获取和信息利用的资金并不充足。而如今，网络逐渐成为农民获取信息的重要渠道，但无论是手机还是计算机，都还未能实现免费或是无线网络的大面积覆盖，如此一来，上网所产生的费用也成为农民获取信息和发布信息的阻碍，想要的信息进不来，想发布的农产品信息出不去。

（5）传统信息环境的建设边缘化

在农村信息环境建设的过程中，政府或是农民自身已越发地将关注点放在了手机、电视、电脑等新型信息设备上，而逐渐忽略了一些传统的信息环境，如图书馆、文化站建设。调查发现，原州区南部山区农村中小学图书室建设就存在一些问题，如图书室成了应付上级检查的摆设，并未发挥传递信息的真正作用。

5. 原州区农民信息素养提升的几点建议

（1）统筹推进，实现以强带弱

针对农民信息素养高低地区性差异较大的问题，在农民信息素养薄弱的地区加大信息服务设备的综合利用。在对农民信息化培训活动的过程中，充分利用各项信息服务基础设施和信息服务工具，建立专门的信息化培训数字工程，并向薄弱地区倾斜。地区间的农民信息素养不均衡，可以借鉴“让一部分人先富起来，先富带动后富”的方式，即在个别地区农村信息化建设得到长足发展，农民信息素养大大提高之后，建立并实行一些鼓励政策，鼓励这些地区的信息化人才向农民信息素养薄弱地区流动，带动薄弱地区农民信息素养提高。

（2）加强信息软实力建设，实现“软硬兼施”

“软实力”是信息化建设可持续发展的保障，推动信息化建设不能单靠信息设备硬件方面加强，更应该关乎“内”。所以，相关部门和农民要转变观念，注重素养的提高。这就需要政府部门加强指导，在宣传和培训中更加突出信息素养的重要地位，加大对信息素养的投入和培训力度。

（3）加快农民信息意识转化，实现“学以致用”

通过政策扶持以及政策激励等手段，鼓励农民进行信息转化。如可建立一些奖励措施，对所吸纳、接收的信息转化为切实的劳动生产力，并对农村信息化建设作出贡献者根据情况加以奖励，鼓励其继续保持，带动大多数人参与到这个环节中来。还可以建立专门的团队，集思广益，广纳信息，再以小组形式进行讨论，保障所得信息能够“致用”，以法律形式确保这样团体的合法存在，也在一定程度上可以解决部分农民的就业问题。

（4）提高农民信息认同，实现“主动出击”

农民应把计算机作为首选的信息服务工具，充分利用计算机功能全、信息量大、互动性强的优点。所以，电脑的配置应该成为农村信息环境建设的重头戏，政府应加大对这方面的支持力度。如若不能达到每家每户配备电脑，开通网络的要求，也应该在每一村落建立统一的网络站台，农民可以在此处获取更为广泛、更为大量的信息。并且，之前传统农村的信息设备——收音机、广播等也不应该被新型信息媒介所摒弃，仍然能够成为农民获取信息的好途径。此外，政府、企业和社会团体等也可以组织、开展不同形式的活动，如座谈会、讨论会等，或制作电视节目，将农村信息化建设的重要性进行广泛宣传，让农民知晓农村信息化建设与自身信息素养提高对自己、对家庭、对整个社会的作用。

（5）增加农民收入，实现“财大气粗”

调查发现，资金问题是阻碍农民信息水平提升的主要问题，并且经济收入高的农户家庭对农业信息利用较高，依赖程度也较高。因此，提高农民收入，或是减少农民通信或上网费用，也是提高农民信息素养的良方。只有农民的收入增加，对于信息消费的心态才会转变，才会更加主动、更加慷慨地将资金投入到信息化的建设中。可通过促进农民增收，加大对农民的补贴，促进电器下乡等途径，减少农民在使用信息设备方面上的负担。

（二）吉林省长春市弓棚镇十三号村

在信息时代，信息素养已经成为现代社会人们生存和发展最基本的素质。当前的“种田”人大多都接受过较为系统的学校教育以及各种形式的社会教育，接触过电脑、网络等，对信息的敏感性又相对较高。在各地的信息化建设过程中，吉林省长春市弓棚镇十三号村成为一个亮点，形成了自己的优势与特色。

1. 十三号村自然情况概述

吉林省长春市榆树市弓棚镇地处吉林省榆树市西北边境，被称为“榆树的西北大门”。弓棚镇地理位置优越，交通便利，有省 301 公路穿越于此，西连 102 国道和长余高速公路。全镇面积 244 平方公里，耕地 16453 公顷，辖 24 个行政村，137 个自然屯，173 个社员小组，16496 户，其中农业户数 15855 户，总人口 66813 人，其中农业人口 57975 人，劳动力 29800 个，镇政府驻弓棚子。如今，弓棚镇已成为东北三省地区一颗璀璨耀眼的明珠，吸引各层领导的眼光和各界人士的眼球。国务院总理温家宝（1995 年 5 月 22 日，视察大棚蔬菜和农业机械化）、国务院副总理回良玉、国家政协副主席孙孚凌（2001 年 7 月 5 日，视察农业和农业产业化）等国家领导人和省市领导亲自前来视察，弓棚镇被称为榆树第一镇。全镇经济高速发展，构筑了农机、畜牧、园艺、商贸、物流五大产业，形成农业机械化一化带多化，农村城市化、城乡一体化的互动发展新格局。

十三号村在镇里属于规模较小的村，是个由 4 个村民小组聚集成的自然屯。全村 485 户，1780 口人，有耕地 425 公顷。自 2004 年以来，这里先后被确立为国家“863”项目数字农业示范基地、全省农业机械化示范区、国家级农机租赁服务项目试点单位、两万亩优质粮食核心区，农民从种到收早已全部实现了机械化，年产粮达 3600 吨。粮食的富足，为养殖业的兴起奠定了坚实基础。机械取代了人力，使大批劳动力从土地中解放出来，生猪、奶牛、肉蛋鸡、大鹅等养殖业迅速发展壮大。全村仅生猪、奶牛养殖户就达 320 户，占总户数的 65%。其中生猪存栏 3 万头，奶牛存栏 1500 头。伴随着农牧产品销售，运输业迅速崛起。现在，全村有大小运输车 210 台，有的专门贩猪，销往山东、广东、浙江等南方大中城市；有的专门运输农业生产资料；有的和雀巢奶业联合，专门运输奶产品。运输业已经成了村里一大特色产业。同时，大棚蔬菜、特种经济作物种植，也成了新兴产业。粮食种植机械化、牛猪养殖小区化、车辆运输专业化、园艺特产基地化、劳动力就业多元化，促进了农村集体经济的发展。村集体固定资产达 50 万元，农民人均收入 7000 元。2006 年年初，十三号村成为吉林省和榆树市首批新农村建设试点村，具体实施了“五改五化四入户七完善”工程；改水、改厕、改院、改造垃圾场、改造土坯房“五改”工程；硬化、绿化、美化、亮化、净化“五化”工程；沼气、程控电话、有线电视、自来水“四入户”工程。公益基础设施建设得到了完善。目前，新建文化广场、社区卫生所、浴池、超市以及十三号村农民社区农业服务超市等，都给人一种都市里的乡村感觉，丰富了农民的业余文化生活。

2. 十三号村农民信息素养情况调查

通过问卷调查和入户走访，我们对十三号村农民信息素养水平有了一个初步的了解。主要体现为以下几点。

（1）农民受教育程度较高

调查发现，十三号村的农民绝大多数都上过学，具有较好的教育背景。近 80% 的农民具有初中以上文化程度，没有上过学的仅占 1.24%，且都是 60 岁以上的老人。（见图 1）

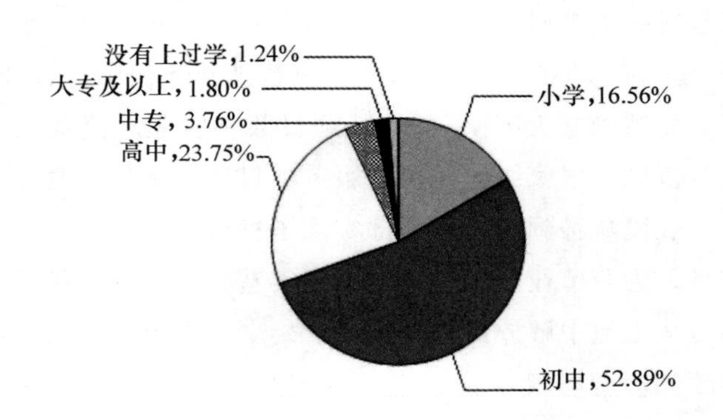

图 1　十三号村农民受教育情况统计表

（2）农民信息意识较强

据政府部门调查，电信网络目前已基本铺设于吉林省内农村各地。且统计数据显示，在调查范围内，十三号村78.02%的家庭安装了固定电话，67.14%的家庭安装了有线电视线路，24.15%的家庭购置了电脑后能够直接办理上网业务，但是仅仅有2.78%的村庄建有图书资料室或者农家书屋。（见表7）访谈后也发现，新生代农民家里之所以还有近22%的家庭没有安装固定电话，主要是因为他们目前基本都使用了手机，根本不需要再安装固定电话。

表7 **吉林省农村信息工具普及情况** 单位:%

类别	安装电话线路	安装有线电视	可办理上网	图书（资料）室
比例	78.02	67.14	24.15	2.78

（3）农民获取信息的渠道多样

调查数据显示，当地农民获取信息的渠道依次是：电视、网络、其他、村里广播、报纸、书刊，而其他方式主要是指人际交往中口头传递信息。对新生代农民家庭收看有线电视、使用计算机网络的情况的调查结果显示，吉林省弓棚镇十三号村新生代农民家里能够收看有线电视的占调查总数的73.67%；不能收看有线电视的占调查总数的26.33%。调查计算机网络的使用情况，结果为新生代农民家庭有电脑的仅占调查总数的27.66%，没有电脑的占71.61%。

3. 十三号村农民信息素养培育中的问题分析

（1）农民获取信息方式不均衡

在信息获取渠道上，虽然书籍、报刊、广播、电话、电视、网络等都已成为十三号村农民获取信息的重要手段，但是，电视依然占有主导性地位，所占比例高达70%，这样可能不利于他们对信息进行更全方位、深层次的把握。

（2）传统传播方式与新的传播方式衔接不当

农民信息素养关键是对信息的利用，而要想获得充分的信息，就必须实现时间上的连续性。但是现实情况是，由于电视、广播这些媒体往往不能实现“断点续传”，而且还具有被动性，即农民自己无法自主决定想要了解的知识，而只能根据电视台的决定进行范围内的选择。虽然图书资料恰好能弥补这一缺陷，但是现在图书资料利用率很低，通过图书、报刊来了解信息的农民竟然不到17%，对传统的信息基础设施——图书资料室的重视程度不够。传统媒体在农民获取信息中所发挥的作用越来越小。

（3）经济原因导致农民信息消费对象单一

有线电视、电脑使用率低的最主要原因是资金问题。在对十三号村的调查中发现，认为有线电视收费太高的占51.38%，在没有电脑的农民家庭中想购买但是由于经济原因无力购买的占41.15%。农村网络建设仍然不到位，在农村中能够办理上网的仅占1/4。

虽然农民已把电视作为获取信息的主要途径，但是他们对电视节目频道的了解还是不够，特别缺乏对与农业生产相关信息、知识的掌握；大部分农民对如何查询图书资料信息知之甚少，图书查询能力仍比较薄弱，影响着他们对信息资料的把握程度；农民利用网络主要不是为了满足生产需求，而是在生活和娱乐方面的应用较多，这反映他们信息利用的意识亟待大幅提高，对网络作用的认识和利用严重不足，这不利于农业生产的信息化。

4. 提升农民信息素养的策略

（1）加强农村信息教育和培训

加强农村信息教育是提高农民信息素养的必要手段。提升农民信息素养主要需要做好信息教育、信息服务等工作。而实际上，农村严重缺乏从事信息服务的人才，原因是农村目前的工作环境较差，缺乏有利的政策导向。图1的调查结果也显示，大专及以上学历的农民仅占总数的1.8%。因此，政府要出台相应的政策，使信息专业人员和在农村环境成长起来的一些“土专家”能够立足农村、奉献农村，以至于留在农村。这就需要加强和完善农村的基础教育，促使他们在农村服务过程中的个人价值的实现。这就需要经济上的支持和调节，即给予他们相应的工作报酬和待遇；要通过宣传引导和激励转变人才择业观念，把为“三农”服务同样看作人类社会的神圣职业，甘愿成为农民信息素养的培育者；另外，从事农民教育的教师应在职前和职后不间断地接受信息素养的教育和培训，学会利用信息技术和信息资源为教学服务，进一步扩大农村培训师资的影响。

（2）加强农村信息基础设施建设，完善信息服务体系

1）进一步加强农村信息基础设施建设。信息基础设施包括了邮政、通信、图书馆（室）、档案馆（室）、农业技术推广中心（站）、农业信息网等在内的多种设施。由于政府的重视，近年来我国农村信息基础建设成绩喜人，但其中也存在一些问题，如不乏发展不平衡、设备闲置、使用效益不高等。尤其在调查中显示出，有乡村图书资料室的村庄仅占总数的2.78%，绝大多数农民对农业技术推广中心（站）的功能根本不了解。因而进一步加强对农村信息基础设施的建设是十分必要的。

一是进一步加强现代信息基础设施建设。从整体来看，十多年来，我国农村的信息网络建设取得了喜人的成绩，在广播、电视、电话等方面有了一定的发展。当前我国广播和电视人口覆盖率有了大幅度的提高，分别从1997年的86.02%和87.68%提高到2007年的95.4%和96.6%，全国已通电话的行政村占比由2003年年底的89.94%上升到2007年的99.5%。其中，农村移动通信网络乡镇覆盖率达到98.9%，行政村覆盖率达到93.6%，人口覆盖率达到97%。但也同时反映了仍有一部分地区没有覆盖到。如在十三号村的某些地区仍然有家庭无法收看有线电视，而计算机网络则更是那些经济相对发达、地缘更加靠近城市的新生代农民的“特权”了。

二是注意现代信息设施和传统信息基础设施建设相结合。目前农村逐渐普及了现代信息基础设施，但是却忽略了传统的信息基础设施的建设。根据调查数据的结果，吉林地区不到3%的村庄拥有乡村图书资料室。因此，政府应该在农村信息基础设施建设的规划中采用全局性的思维，均衡发展。抓好现代信息基础设施，在实现农村电话、电视、电脑三种信息载体有机结合、优势互补、互联互动的基础上，加强农村图书资料室、农村广播建设。

三是做好信息基础设施的延伸建设。做好信息基础设施的延伸建设，即降低电脑、电视等的购买成本，同时也要注意降低网络、电话等的使用资费，使农民有能力使用、愿意接触这些信息工具，从而在使用中不断熟悉、掌握这些信息工具的功能，更好地获取生产、生活所需要的信息。

2）进一步完善农村信息服务体系。农民想用信息、会用信息、用好信息的关键在于建立健全信息服务体系。据十三号村的农民调研情况，农民所需要的信息服务是综合的、多方面的。在生产方面包括气象情况、适时作物、饲料配方、家畜防病、土壤处理等技术、措施、方案，而在生活中，包括饮食、营养、娱乐甚至婚恋等各个方面。因此，就需要构建全方位的、综合的、高质量的服务体系。

一是建立“三农”信息数据库。政府占据主导地位，可以通过涉农部门对服务信息资源建立分类标准，进行有序的挖掘、整合、提高，建立健全农村信息数据库和专家数据库。不过，农村信息服务体系的建设也必须因事制宜，尤其地方政府在构建本地的信息数据库时，理应针对当地的农业生产、农民生活习惯等而有所侧重，不可一概而论。如为主要以种植玉米为主的十三号村农民建设数据库时，应该更多、更深地收集玉米种植的时节、病虫害防治、玉米的综合利用等有关信息。

二是完善县、乡、村三级信息服务体系。信息服务体系工作复杂，必须构建一个完备的信息服务体系。要健全县、乡、村三级信息服务组织机构，成立县农业信息中心，在各乡镇设立信息服务站，在村设立信息服务点，配备信息员进行信息传递、交流、服务工作，并充分调动农民利用农业信息的积极性，加强各方面合作；要建设集信息收集、加工、发布服务于一体的农村信息服务体系；各级信息服务组织应该有明确的分工和工作侧重点；同时，政府还要对各级信息服务组织的信息服务质量进行评估、监督，以便这些信息服务机构能够提供更加高质量的信息服务。

三是建设专业的农业信息人才队伍。信息服务需要一批专业人才，否则就没有人去具体指导农民如何使用信息设备、如何收集与发布信息。没有信息人才队伍，农村信息化建设将缺失一个连接信息资源与农民的重要衔接点。因此，要通过各种方式积极培养专业的农业信息人才队伍，建立起一个用得上、留得住的实干队伍。

（3）增加农民收入，激发其信息需求

1）增加农民收入是农民有能力和机会获取信息的重要条件。实际上，农民提高信息素养的过程就是他们自身接触信息设施的过程。近些年，由于农民收入水平的提高，已经有一部分农民率先使用了手机和电脑，但是家庭有电脑的比例不到全体农民的1/3。而因为经济原因而无力购买的占41.15%。这反映了农民的购买力还严重不足。因此，如果只是把眼光停留在农民信息素养的问题，显然是不能从根本上提升农民信息素养的。只有农民收入水平上去了，农民们才有享受现代信息资源的能力。而增加农民收入的途径很多，有提高农民自身的素质，通过增加产品附加值、提高劳动效率来提高农民的绝对收入等等。此外，政府采取积极举措，通过农产品提价、减轻农民赋税负担、增加农民补贴等也是途径之一。同时，进一步加大"电脑下乡""手机下乡"的补贴力度，降低农村网络使用资费等，也是变相增加农民收入的方法。

2）激发信息需求是新生代农民提升自身信息素养最强大的动力。信息经济学家阿罗曾说："获取信息本身就是经过深思熟虑的。"而恩格斯也曾说过，"社会一旦有技术上的需要，则这种需要就会比十所大学更能把科学推向前进"。因而，政府可以从这方面入手，激发农民的信息需求。具体来讲，政府应该多向农民提供一些关于生产的重大的消息，如在2010年，政府如果在大蒜、白菜等价格大幅度波动的国内情势下，及时发布消息，做好预测，就不至于导致一些菜农、果农对种植产生迷茫状态。相反，如果政府指导及时、工作落实到位，农民能够真切感受到实惠的话，他们就会开始重视信息的作用，并且自觉地树立信息意识，进而积极地去收集信息、利用信息。

第二节 完善农村信息化建设的途径与管理策略

农村信息化具有非常重要的战略性作用，而目前我国农村信息化推进并不理想，如何推进我国农村信息化建设就成了一个非常突出的问题，并且这一问题解决得好与坏，直接关系到农村信息化建设的成败。因此，对于农村信息化建设的途径选择，必须加以科学的论证。本书主要从现代"种田人"信息培训体系构建、农村信息化建设的服务体系构建与农村信息化建设的管理体系构建三方面来展开讨论。

一 农村信息化建设的培训体系构建

现代"种田人"信息培训体系建设主要是从现代"种田人"的角度来推进农村信息化建设。从主体上看，农村信息化建设的主体与受益人都是现代"种田人"，这就必然要求现代"种田人"在思想和行动上积极参与到信息化工程中。

（一）现代"种田人"信息培训的现状

1. 现代"种田人"的信息意识及现状

（1）现代"种田人"信息意识现状。信息意识是指"人们对信息作出的能动反映，具体表现为了解信息的重要性、对信息敏感，在遇到问题时知道并善于依靠信息进行判断、分析和决策"[①]。现代"种田人"的信息意识是现代"种田人"信息培训中非常重要的因素，同时也是农村信息化的重要基础，只有现代"种田人"具备了相应的信息意识，现代"种田人"的信息培训和农村信息化建设才能取得较好的效果。现代"种田人"信息意识的状况我们可以通过以下两个方面来进行考察：一是是否了解电子商务，二是是否有过通过网络出售农产品的想法。调查结果显示，现代"种田人"的信息意识状况并不令人满意。（具体见表1、表2）

① 徐仕敏：《论农民的信息意识》，《情报杂志》2001年第7期。

表 1　**是否了解电子商务**　单位：个，%

	不了解	听过不会用	听过会用	在学习中	合计
样本	4356	1208	128	61	5753
占比	75.72	21.00	2.22	1.06	100

有效样本：5753　缺失值：439

从表 1 可知，绝大多数被调查对象对电子商务很陌生，有 4356 位被调查者不了解电子商务，占 75.72%；对电子商务听过但不会用的被调查者有 1208 位，占 21.00%；听过会用的只有 128 位，只占 2.22%；在调查中还发现有 61 位被调查者在接触学习中，其比例仅为 1.06%。

表 2　**有没有过通过网络出售农产品的想法**　单位：个，%

类型	没有	有但未实践	有并实践了
频数	5086	582	45
占比	89.03	10.19	0.78

有效样本数：5713　缺失值：479

从表 2 可知，对于“有没有过通过网络出售农产品的想法”这一问题，被调查者的回答大都集中于“没有”，回答“有但未实践”和“有并实践了”的被调查者非常少。从所得的数据来看，有 5086 位被调查者没有过通过网络出售农产品的想法，占 89.03%；有过通过网络出售产品的想法但未实践的人有 582 人，占 10.19%；有过这种想法并实践了的人只有 45 人，占 0.78%。

（2）现代“种田人”信息意识的培训现状。现代“种田人”信息意识的培育是现代“种田人”信息培训中一个非常重要的内容，对现代“种田人”的信息意识培育有利于对他们信息素养的再教育与再提高。现代“种田人”的信息意识培训涉及信息培训的内容。从目前学者对农村信息培训内容的研究来看，现有的农村信息培训较多地涉及农业生产技术知识、农作物病虫害防治技术知识等方面，而较少涉及现代“种田人”的信息意识方面，这十分不利于信息培训工作的开展，更不利于农村信息化建设的进行。因此，为了保证信息培训工作与农村信息化建设的顺利进行，我们要重视现代“种田人”的信息意识培训。

2. 现代“种田人”信息培训需求现状

（1）现代“种田人”对信息需求的程度不同

现代“种田人”对信息需求的程度存在差异，不同的现代“种田人”对信息的需求程度不同。从图 1 可以得知，对“信息的需求程度如何”这一问题回答“需要”的人数占 27.71%；对信息需求“一般”的人数占 66.60%；回答“不需要”信息的人数占 5.69%。由此可见，绝大多数的被调查者还是对信息有所需求的。

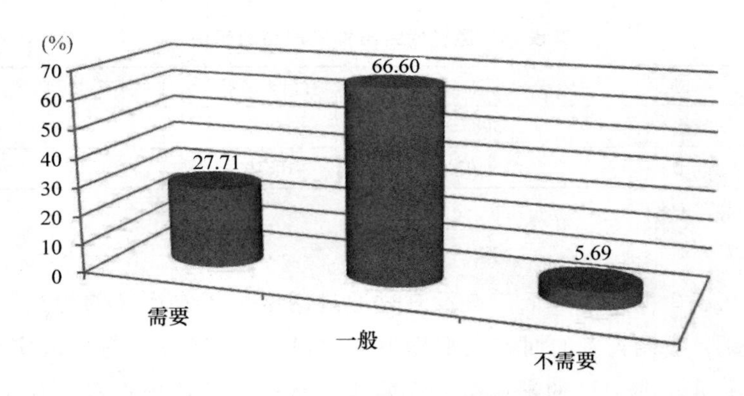

图 1　农民对信息的需求情况

有效样本：5839　缺失值：353

研究发现，现代“种田人”对信息需求程度的差异还表现在地域上，不同地域的现代“种田人”对信息的需求程度不同。从调查的结果来看，华北地区的现代“种田人”对信息的需求程度最高，其次是西北地区和中部地区；而对信息需求程度最弱的是东北地区，其次是西南地区。（见表 3）

表 3 **不同区域对信息的需求程度** 单位：%

区域分组	对信息的需求程度如何			
	非常需要	一般	不需要	合计
沿海	27.65	66.50	5.85	100（1197）
中部	28.59	66.20	5.21	100（1994）
西北	29.11	67.15	3.74	100（481）
西南	26.18	66.57	7.25	100（1035）
华北	31.05	65.68	3.27	100（673）
东北	18.86	70.55	10.59	100（387）

有效样本：5767 缺失值：425

（2）现代“种田人”对信息内容的侧重点不同

现代“种田人”对信息的内容存在不同偏好。从调查的结果来看，现代“种田人”最想获得的信息是市场需求的信息，其次是生产技术信息。有 44.59% 的农户最想获得的信息是有关市场需求的信息；有 33.21% 的农户最想获得有关生产技术信息；有 11.39% 的农户最想获得就业信息；有 8% 的农户最想获得的信息是有关生产资料方面的信息。（见图 2）

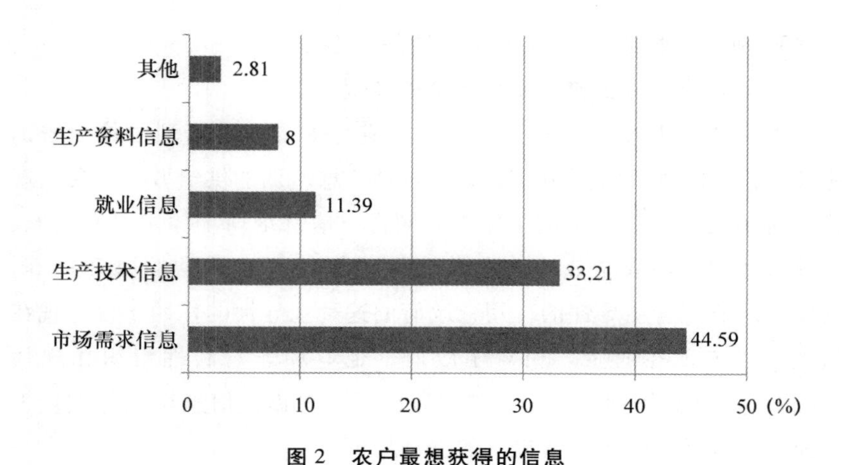

图 2 农户最想获得的信息

有效样本：5661 缺失值：531

从调查的结果来看，农民最想获得的信息也存在地域上的差异。以“市场需求信息”和“生产技术信息”为例，对于“市场需求信息”而言，在东北地区，有63.68%的农民最需要市场需求信息，而在西南地区，只有36.93%的农民最需要市场需求信息；对于“生产技术信息”而言，在西南地区，有40.46%的农民最希望获得有关农业生产技术的信息，而在东北地区，只有19.74%的农民表达了对农业生产技术信息的迫切需要。（见表4）

表4 **不同地区农民最想获得的信息** 单位:%

区域分组	最想获得信息分组					
	市场需求信息	生产技术信息	就业信息	生产资料信息	其他	合计
东北	63.68	19.74	3.42	12.63	0.53	100（380）
西北	54.07	24.43	11.69	8.77	1.04	100（479）
华北	53.86	27.69	8.93	8.02	1.51	100（661）
沿海	42.25	35.24	10.65	9.26	2.60	100（1155）
中部	40.11	35.48	12.90	7.18	4.34	100（1922）
西南	36.93	40.46	13.52	6.26	2.83	100（991）

有效样本：5588 缺失值：604

3. 现代“种田人”信息培训供给的现状

（1）信息培训的供给主体方面的状况

现代“种田人”的信息培训不可避免地要涉及培训主体，培训主体是信息培训的重要组成部分，它是信息培训的供给方。从我国现代“种田人”信息培训的主体方面而言，信息培训主体主要有政府、企业（主要指涉农企业）和非营利性组织（如农业类的协会）等。其中，政府起着主导性的作用，政府的这种主导性的作用不仅体现在量上，还体现在质上。相对于政府，企业和非营利性组织在现代“种田人”信息培训方面的发展比较缓慢，在提供信息培训的数量上和质量上都逊色于政府所提供的信息培训。

（2）信息培训的供给内容方面的状况

现代“种田人”信息培训内容也是信息培训的一个非常关键的

因素，现代“种田人”信息培训在内容上是否合适与恰当关系到信息培训的成功与否。在现代“种田人”信息培训的内容方面，我国开展了许多有关现代“种田人”的信息培训，内容涉及多方面并呈逐渐扩展之势，如粮食、蔬菜和果树种植、计算机及农业网站使用方法的培训等等。关于粮食、蔬菜和果树种植方面的信息培训主要是指通过相应的培训逐渐使现代“种田人”形成有关这些方面的信息收集与运用能力并掌握相应的科学技术；关于计算机等信息设备使用方法的培训主要是针对那些对计算机的使用方法一无所知的现代“种田人”，通过计算机使用方法方面的培训使得他们掌握相应的计算机技能；而关于农业网站使用方法的培训主要是为了使现代“种田人”掌握相应的网站使用技巧，从而有利于现代“种田人”更充分地利用农业网站上的信息资源。

（3）信息培训的供给方式方面的状况

①政府信息培训方式的状况。从调查结果来看，政府在开展信息服务下乡活动、建立专门信息服务站和开办农业信息节目来开展信息培训等方面做得不足。从表 5 可知，对于“政府是否组织过信息服务下乡”这一问题，回答“不清楚”的人最多，而回答“经常有”的人最少。只有 2.06% 的被调查对象认为政府经常组织信息服务下乡；认为政府偶尔组织信息服务下乡的有 23.88%；认为政府从来没有组织过信息服务下乡的有 30.59%；而很多被调查者对政府是否组织过信息服务下乡这一问题表示不清楚，占到了被调查总数的 43.47%。(见表 5)

表 5 **政府是否组织过信息服务下乡的统计表** 单位：个，%

类型	经常有	偶尔有	从没有	不清楚
频数	120	1389	1780	2529
占比	2.06	23.88	30.59	43.47

有效样本数：5818 缺失值：374

从表 6 数据来看，绝大多数的乡镇并没有建立专门的信息服务站。在调查数据中，只有12.33%的被调查者认为自己所在的乡镇建立了专门的信息服务站；33.56%的被调查者认为自己所在乡镇并没有建立专门的信息服务站；54.10%的被调查对象对自己所在的乡镇是否建立专门的信息服务站表示不清楚。(见表6)

表6 **乡镇是否建立专门信息服务站的统计表** 单位：个，%

类型	有	没有	不清楚
频数	712	1938	3124
占比	12.33	33.56	54.10

有效样本数：5774 缺失值：418

从表7可知，有50.69%的被调查者认为政府并没有开办农业信息节目；而在开办了农业信息节目的政府当中，它们主要在电视广播和报刊信息公开栏等地方开办了农业信息节目，很少在网络媒体上开办农业信息节目。认为政府在电视、广播开办农业信息节目的占被调查对象的26.97%；认为政府在报刊、信息公开栏开办农业信息节目有23.93%；2.97%的被调查者认为政府在网络媒体上开办了农业信息节目。(见表7)

表7 **政府在哪些地方开办了农业信息节目** 单位：个，%

类型	电视、广播	网络媒体	报刊、信息公开栏	没有开办
频数	1537	169	1364	2889
占比	26.97	2.97	23.93	50.69

有效样本数：5699 缺失值：493

②企业及非营利性组织信息培训方式情况。作为信息培训主体之一的企业，是政府主导型信息培训的重要补充，并且这些企业在通过各种方式对农民进行培训的同时也实现了自身的发展。当前，这些企业对农民进行培训的方式主要有：聘请专业人员对农民进行指导、成立专门的培训学校、创办刊物等。以广西壮族自治区的红日·蓝天绿

地公司为例。红日·蓝天绿地是红日农业有限责任公司和蓝天绿地生物科技营销网的简称，该公司致力于农业领域高新科技产品及应用技术的推广普及，已成为目前广西最大、最规范的农业类公司之一。该公司在信息培训方面的做法是“编辑上百万份技术资料并创办期刊《红日农业》、成立蓝天绿地发展学院、在企业对外网站开发了‘红日专家系统’和‘远程诊断系统’”等。[①]

除了政府、涉农企业外，非营利性组织也在承担着一些信息培训的任务。如农村一些行业协会组建自己的网络，收集分析有关农产品生产和销售等方面的信息，了解市场动态，实现协会内部的信息交流与共享；定期聘请有关专家对农民进行现场指导、授课，使农民在得到信息培训的同时也提高了农产品的生产能力和抵御市场风险能力。

4. 现代“种田人”信息培训的外部保障情况

（1）信息培训的资金方面

资金是信息培训重要的外部保障，信息培训的正常运作离不开充足的资金。政府作为信息培训的倡导者与主导者，在对现代“种田人”进行信息培训的过程中，投入了大量资金来确保信息培训的顺利进行。例如，在安徽省，“自2009年来，安徽省各级政府在培育新型农民的资金投入上达10.59亿元”。[②] 在广西壮族自治区，“2004年全区共投入农民培训经费4617万元，其中国家六部委投入广西阳光工程800万元，各级财政投入农村劳动力培训经费3817万元。2005年全区投入农民培训经费6281万元，其中国家六部委投入广西阳光工程1200万元，各级财政、培训机构及社会资金投入5081万元”[③]。

（2）信息培训的人员方面

信息培训人员的技能水平和素质在很大程度上影响现代“种田

① 吴砚峰、覃学强：《农村信息化建设的实践途径探析》，《广西职业技术学院学报》2010年第2期。

② http：//www. mof. gov. cn/xinwenlianbo/anhuicaizhengxinxilianbo/201304/t20130402_804002. html。

③ 韦云凤、盘明英：《构建新型农民培训体系全面提高农民素质》，《经济与社会发展》2006年第10期。

人”信息培训的质量和效果，因此，进行信息培训的人员的综合素质可以说是信息培训外部保障中非常重要的组成部分。从调查和研究的情况来看，当前许多信息培训人员都属兼职性质，全职且专业的信息培训人员很少。李寒等人通过调查参加新型农民师资培训的45位讲师发现，“45人中，认为自身专业知识了解程度‘较高’的只有3人，占6.66%；认为‘一般的’有39人，占86.66%；认为‘少’的1人，占2.22%；认为‘较少’的有2人，占4.44%”①。

（3）信息培训的硬件设施方面

信息培训的硬件设施主要有教学设备设施、图书室、文化站、培训机构以及农民所拥有的信息设备等。从第二次全国农业普查的结果看，全国34756个乡镇中只有10.8%的乡镇有职业技术学校，有71.3%的乡镇有广播电视站；在全国637011个村中，只有13.4%的村拥有图书室、文化站；在农民所拥有的信息设备方面，97.33%的农民家里拥有电视机，87.68%的农民家里有手机，22.89%的农民家里拥有电脑。由此可见，电脑等比较先进的硬件信息技术设备在农村还远没有得到普及和推广。

（4）信息培训的法规制度方面

制度法规是现代“种田人”信息培训中非常重要的外部保障，完善的制度法规有助于为信息培训提供制度法规方面的支持。当前，各级政府都建立了一些相关的制度法规以保证信息培训的顺利进行。如农业部于2005年颁布实施的《“三电合一”农业信息服务试点项目资金管理暂行办法》，2007年颁布实施的《全国农业和农村信息化建设总体框架》；各省市也陆续出台了各自的信息化方面的法规，如湖北省人民政府于2005年出台的《湖北省信息化建设与管理办法》，湖南省于2006年颁布实施的《湖南省信息化工程建设管理暂行办法》；等等。这些都为信息培训的法律制度建设提供了坚实的制度保障。

---

① 李寒、余思林、葛全胜：《湖北省新型农民师资培训现状分析——基于湖北省新型农民师资培训效果跟踪调查》，《中国农村教育》2008年第5期。

（二）现代“种田人”信息培训存在的问题

1. 现代“种田人”的信息意识不强

通过对现代“种田人”的信息意识及其培训的现状分析，我们发现，现代“种田人”的信息意识不强，尤其表现在对信息的重要性认识不够。以通过网络出售农产品为例，从调查的结果来看，在所调查的对象中，绝大多数调查对象并没有通过网络出售农产品的意识。同时，现代“种田人”的信息意识不强还体现在他们对信息设备的利用方式上。从调查的结果来看，现代“种田人”的信息设备主要用于看新闻、娱乐教育和聊天交际，而较少地用于了解市场信息、生产技术和农业科技这些对农业生产具有较大帮助的方面。例如，14.29%的现代“种田人”能够利用家里的信息设备来了解市场信息；13.40%的现代“种田人”可以利用信息设备来了解生产技术；59.57%的现代“种田人”利用家里的信息设备主要是用来看新闻；10.84%的现代“种田人”利用信息设备来了解农业科技；50.90%的现代“种田人”把家里的信息设备用于娱乐教育；把信息设备用来聊天交际的现代“种田人”也占到了22.06%。

2. 对现代“种田人”的信息意识提高重视不够

除了存在现代“种田人”的信息意识不强的问题外，还存在着相关部门对现代“种田人”信息意识培育的重视不够的问题，这种对信息培育的重视不够的现状不仅体现在相关部门的思想认识上，还体现在相关部门的实际行动中。例如，作为信息培训主体之一的政府把大量的人力、物力、财力放在了现代“种田人”的信息技能方面，而忽视了或很少重视现代“种田人”的信息意识；在涉农企业开展信息培训的过程中，企业的逐利特征，往往把信息培训放在一些能够短期获益的领域，如生产、加工和销售领域，而较少放在短期不能获益的领域，如现代“种田人”的信息意识方面，这就间接地导致了涉农企业对现代“种田人”的信息意识的培训重视不够；同时许多非营利性组织在认识上没有充分认识到现代“种田人”的信息意识对信息培训及信息化建设的重要性，因此它们组织的信息培训更多地注重于如何使现代“种田人”掌握相应信息技能方面。

3. 对现代“种田人”信息培训需求的了解不够

从目前来看，培训主体对现代“种田人”的信息培训需求了解不够充分，其主要表现在信息培训的盲目性和随意性。信息培训的盲目性主要是指培训主体在未充分地了解现代“种田人”的需求时就对培训对象开展信息培训，而这种信息培训的盲目性又带来信息培训的非针对性和随意性，因此常常出现信息培训的内容随培训主体或培训人员意志的变化而变化的现象。

造成这样的状况的可能原因是许多现代“种田人”的信息培训并不是基于培训对象的现实需求，而是出于他们自身利益需求的考虑或应付上级机关指令来开展信息培训的。这种基于自身利益或上级机关的行政命令来开展的信息培训要么是为了获得利益，要么是迎合与讨好上级机关，而不会或很少会为了现代“种田人”的利益去花心思花精力来挖掘与发现现代“种田人”信息培训的需求，这就导致了许多信息培训供给主体对培训对象的需求不了解。

4. 现代“种田人”信息培训的供给不够合理

（1）供给主体间未形成有效互动

虽然我国的现代“种田人”信息培训存在多种多样的培训主体，但这些培训主体之间并未形成真正有效的合作，它们之间在结构上是相互割裂的，在功能上并未形成有效互补，严重地影响着它们功能的发挥和整体效应的释放。同时，除了政府、企业和非营利性组织间的相互联系甚少外，它们还存在着发展的不平衡。在这些培训主体中，发展状况最好的是政府，而企业和非营利性组织在信息培训方面的发展相对不足，这十分不利于它们在信息培训方面所具有的优势的发挥。因此，为了在现代“种田人”信息培训方面有所发展，政府、企业和非营利性组织应当形成一个良性的互动，使它们在结构上相互联系相互依赖，在功能上相互补充。

（2）培训内容不合理

从总体上来说，当前信息培训的内容存在单一性，缺乏实用性与针对性。当前信息培训内容的单一性体现在当前许多培训主体所提供的信息培训仅仅局限于现代“种田人”的信息技能上，它们并没有打破这一局限而把培训放在更加重要的形塑现代“种田人”信息意识方面；当前信息培训内容缺乏实用性体现在现代“种田人”信息培训的内容与现代“种田人”的实际需求相脱节，即信息培训的内容不是现代“种田人”实际所需要的；培训内容缺乏针对性体现在由于缺乏对现代“种田人”实际需求的了解，当前的培训存在“一刀切”“形式主义”倾向；培训内容缺乏实用性与针对性的现状往往导致信息培训工程流于形式，导致人力、物力、财力的损失与浪费。

（3）培训方式不合理

虽然培训方式向多样化的方向发展，但培训方式仍然比较传统，并且现有的多种信息培训方式并未得到有效的结合。总的来说，信息培训可以依托三个网络来对现代“种田人”展开信息培训，即“天网”“地网”与“人网”。“天网”主要指的是卫星网；“地网”主要指的是互联网、有线电视网以及手机网；“人网”主要指的是师资队伍、课堂教学、现场指导与专题培训班等。就目前来说，在当前的现代“种田人”信息培训方式上，利用“天网”和“地网”来展开的信息培训比较少，现在的信息培训方式主要是以“人网”为主。李健楠等人在调查全国10个省市的基础上也得出如下结论：“在培训方式上短期或专题培训班、课堂讲授和现场指导等现场培训比重很高，均超过70%，其他方式广播电话、互联网、卫星远程教育等较少，不到5%，其他培训方式还有专家讲座、入户培训和发放技术手册、光盘等。”[①] 此外，“人网”在现代“种田人”信息培训方面也在时间、空间与资金的安排方面存在许多不合理性。

5. 现代“种田人”信息培训的外部保障不足

现代“种田人”的信息培训是一个系统工程，它的运转需要其他方面的保障与支持，如经费和培训人员等。然而我国目前在信息培训的保障方面做得不是很好，存在许多的问题：

---

① 李健楠、秦向阳、张喜才：《我国农民培训现状·问题·对策——基于全国10个省市的调研》，《农业图书情报学刊》2009年第1期。

（1）经费方面

现代“种田人”的信息培训的经费不足。信息培训工程的运转需要有足够的资金。例如，虽然当前政府对此投入了大量的资金，但对于要维持信息培训工程正常运作而言仍然不足，这点在中西部地区体现得非常明显；很多信息培训不能有效地发挥信息培训应有的功能在很大的程度上也缘于资金的不足，并且有时由于信息化培训主体在认识上存在不足，导致它们在现代“种田人”的信息培训的经费投入上常常随意性比较大。

（2）信息培训人员方面

信息培训人员参差不齐、素质不高，很多从事培训的人员没有经过专业的训练，并且自身缺乏亲身的实践经验，严重影响着信息培训工程的效果。周雷在研究新型农民培训存在的问题时就指出，“由于农业的弱质性及长期存在的体制障碍，导致农业技术推广人员和农民培训师资力量严重匮乏。基层农业技术人员严重不足，且年龄老化严重，尤其是缺乏真正了解农村基层情况、能传授给农民切实有用知识的授课教师”①。

（3）硬件设施方面

硬件设施差，表现在训练装备落后，如电脑设备在信息培训上应用的不足、教学设施老化、教学设备的更新较慢、缺乏现代科技的支撑，这些都影响着现代“种田人”信息培训的顺利开展。除此之外，众多的现代“种田人”的信息培训机构以及图书馆等文化基础设施大都设置在距离现代“种田人”较远的城市地区，这就增加了现代“种田人”接受培训的成本，挫伤了现代“种田人”接受培训的积极性。

（4）制度法规方面

制度法规不完善，尤其是有关现代“种田人”信息培训方面的制度法规建设还处于比较落后的状况，其制度法规基础还比较薄弱。余斌等人在考察农民培训的问题时也指出了农民培训的法制建设滞后

① 周雷：《新型农民培训存在的问题及对策》，《现代农业科技》2013年第8期。

于农民培训事业发展的状况，“我国农民培训的专门立法工作总体上尚未启动，目前仅仅靠一些相关的条例、规定对农民培训进行一定程度上的规范，远远不能起到约束培训机构行为、规范培训双方关系、维护培训市场秩序、保护农民合法利益的目的”[①]。

（三）现代“种田人”信息培训的对策建议

1. 加强对现代“种田人”的信息意识培育

（1）加大对农村教育事业的支持。通过大力发展农村教育特别是职业教育来提高农民的知识文化水平，以改变农民知识文化水平相对落后的状况。为此，需要政府加大对农村教育基础设施的建设，为现代“种田人”接受教育提供场地保障；需要政府积极引进大量的优秀师资队伍，改变农村现有的师资队伍落后的局面，为现代“种田人”的教育提供师资保障；还需要政府提供充足的教育资金和优惠政策，为农村教育事业提供坚固的资金保障，以促进农村教育事业的发展，进而提高农民的知识文化水平。

（2）提高现代“种田人”的收入水平。

（3）增强“种田人”对信息重要性的认识。提高现代“种田人”的收入水平有多种途径，如加大政府对现代“种田人”的补贴力度、适当提高农作物的收购价格、加大科技投入、开展培训班以此来提高现代“种田人”的素质等等；提高现代“种田人”对信息重要性的认识，通过各种途径使人们认识到掌握农业信息对增加农民收入的重要性。

（4）提高农村信息服务的质量。农村信息服务的实现需要借助于一定的媒介和设施。因此，我们可以从信息服务人员、信息服务的基础设施、信息服务的法律制度保障等几方面来加强。信息服务人员的服务态度与服务方式影响着信息服务的质量，因此要保证信息服务的质量，需要信息服务人员树立良好的服务态度并选择有效的方式为农村提供信息服务。另外，除了信息服务人员的服务态度和方式影响

---

① 余斌、赵正洲、王鹏：《我国农民培训的特点、问题及对策研究》，《中国成人教育》2009 年第 16 期。

着服务质量，服务的基础设施和法律制度保障也影响着服务的质量。针对当前我国广大农村信息服务设施和法律制度不健全的现状，需要政府加大对农村基础设施建设的力度，进一步加大如“宽带下乡”“家电下乡”、信息服务站的建设力度等，同时政府还需要建立相应的法律制度，为信息服务提供制度保障和规范。

（5）加强农村的改革开放的力度。与城市相比，农村还相对封闭。农村相对封闭的现状是由多种因素造成的，如农民的思想观念、农村的社会传统、农村的通信和交通等等，这都会影响到农村的开放程度。从调研情况看，目前制约农村封闭落后的重要原因是农村的基础设施落后和农民思想观念相对保守。要想改变农村相对封闭的状态，应当从基础设施和思想观念着手解决。为此，政府需要在道路交通运输系统的建设上加大投入，同时也可以加大电脑与宽带在农村的普及，以此来加强与外界的联系。在思想观念方面，则可以加大对农民教育投入。

（6）扩大农业经营的规模。扩大农业经营规模可以从两条途径来进行：一方面，改革土地流转的政策。国家可以出台相应的土地流转政策，允许和鼓励农村的土地流转，从而为土地流转提供制度保障，进而促进农业经营规模的扩大。另一方面，加大农村劳动力转移的力度，加强“城镇化”建设。大量的农村劳动力向城市的转移有利于农村土地的集中并实现农业的规模经营，因此，国家可以通过推动“城镇化”来推动农村劳动力的转移。

2. 充分了解现代“种田人”的信息培训需求

（1）增强现代“种田人”信息培训需求的认知与表达能力

根据科亨（Koxhen）对信息需求状态的划分，我们也可以类似地将现代“种田人”的信息培训需求划分为三种状态：客观状态、认知状态和表达状态。现代“种田人”信息培训需求的客观状态是由客观的社会环境因素决定的，而现代“种田人”信息培训需求的认知与表达状态则受自身内部因素的影响，如现代“种田人”的信息意识、经济状况、知识文化状况等，信息意识不强、经济状况差和知识文化水平不高，这些都限制着现代“种田人”培训需求的认知与表达。为此，我们可以从增强现代“种田人”的信息意识、改善现代“种田人”的经济状况、提高现代“种田人”的知识文化水平等方面来加强他们的认知与表达能力。对于如何增强现代“种田人”的信息意识，前文已有比较详细的论述，在此不再论述。而对于改善现代“种田人”的经济状况，政府可以在财政上加大对农村的倾斜力度，如继续加大对农业的补贴等；对于提高现代“种田人”的知识文化水平，政府可以通过建立相应的夜校来提高他们的知识文化水平。

（2）建立完善的信息培训需求反馈机制

现代“种田人”的信息培训需求必须得通过一定的反馈机制才能为信息培训主体所了解。因此，建立完善的信息培训需求反馈机制成为培训主体充分了解现代“种田人”信息培训需求的重要途径。对现代“种田人”信息培训需求的反馈是一个持续不断的过程，该过程主要包括三个环节：接收环节、传输环节以及处理环节。因此，从具体层面来说，现代“种田人”信息培训需求的反馈机制建设可以从建立相应的信息培训需求接收机制、传输机制以及处理机制三个方面展开。其中，信息培训需求接收与传输机制的主要任务是及时地接收信息人员所收集到的有关现代“种田人”的信息培训需求并把所接收到的信息培训需求传输给信息培训需求的处理部门；建立信息培训需求处理机制的主要任务是分类汇总所有的有关现代“种田人”的信息培训需求，并识别现代“种田人”对各类信息培训的需求程度，然后在此基础上把这些信息培训需求反馈给信息培训主体，以确保信息培训主体所开展的信息培训具有针对性和实用性。

3. 优化现代“种田人”的信息培训供给

（1）促进供给主体间有效的互动

现代“种田人”信息培训供给主体间的有效互动有助于信息培训的顺利进行。调查发现，当前现代“种田人”的各个信息培训主体间并未实现有效的互动，造成这种状态的原因是多方面的。从总的方面来说，主要是缺乏观念意识上的重视、缺乏有效的互动平台以及缺乏有效的利益协调机制。因此，为了实现供给主体间的有效互动，我们可以从以下几方面来努力实现：一是在观念意识上对供给主体间实现有效互动加以重视；二是构建互动平台，通过互动平台的构建为各个信息培训主体间的互动奠定基础；三是建立有效的利益协调机制，以此实现利益相关者之间的有效互动。

（2）优化信息培训内容

现代"种田人"信息培训的内容是现代"种田人"信息培训中非常重要的部分，如果信息培训主体所提供的信息培训内容不符合他们的要求，就很难吸引现代"种田人"参加信息培训。因此，培训主体在提供信息培训内容的过程中，要保证所提供的内容符合培训对象的要求。为了达到优化信息培训内容的目标，我们可以从以下途径来进行：针对当前信息培训内容单一的情况，培训主体可以在丰富培训内容上下功夫；针对信息培训内容的实用性不足问题，培训主体可以在信息培训内容的实用性上下功夫，即当前的信息培训内容可以满足他们的实际需求并能解决他们在农业生产过程中所遇到的一些问题，进而提高效率；针对信息培训内容的针对性不足的问题，培训主体可以在了解现代"种田人"需求的基础上，针对不同的需求，分类分层培训。通过上述手段，提高培训的实用性、针对性、有效性和前瞻性。

（3）优化信息培训方式

信息培训方式影响信息培训的效果，为保证现代"种田人"的信息培训效果，我们需要不断优化现有的信息培训方式，实现培训方式的灵活多样。一是要充分利用"天网""地网"的优势来开展信息培训以弥补"人网"在信息培训方面的不足，如开办网络课堂，通过网络课堂，现代"种田人"可以不受地域空间和时间的束缚随时随地接受信息培训；二是要充分发挥"人网"的优势，如可以采用研讨班的形式来开展信息培训，强化培训人员与培训对象的交流；三是在教学方式上，可以实行理论与实践结合的方式进行培训，做到实践教学与理论教学相结合；四是在教材编写上下功夫，培训主体还可以编写一些通俗易懂的教材以方便现代"种田人"自学；五是结合"三下乡"等活动，定期对现代"种田人"展开信息培训和文化熏陶。

4. 为现代“种田人”信息培训提供坚实的外部保障

良好的外部保障可以为现代“种田人”信息培训提供重要的外部支持。现代“种田人”信息培训的外部保障包括很多方面，如现代“种田人”信息培训的法制建设与制度建设、充足的资金保障等等。针对目前现代“种田人”信息培训的外部保障不足的现状，我们可以通过以下措施来强化现代“种田人”的外部保障：

（1）资金方面

充足的资金可以有效保证信息培训的各个环节的正常有序运行，因此，为了保证现代“种田人”的信息培训的顺利开展，政府要加大对现代“种田人”信息培训的资金支持力度。各级政府可以在财政收入中提取一定的资金来成立专门的现代“种田人”信息培训基金，并通过各种方式扭转信息培训主体在认识上的偏差，以保证现代“种田人”的信息培训资金得以合理有效的使用。

（2）培训人员素质方面

政府可以通过引进专业的信息培训人员加入到信息培训人员的队伍中去，以此来提高信息培训人员的素质，如可以积极引进大专院校培养的人才；政府还可以通过各种途径对当前的信息培训人员进行培训教育来提高他们的素质，如可以开展形式多样的培训班；除了上述措施外，还可以采取由政府部门牵头，由大专院校开设网络课堂的方法，通过大专院校的网络课堂直接对现代“种田人”展开培训。

（3）硬件设施方面

优化硬件设施，不断升级已经落后的硬件设施，逐步加大电脑下乡的力度，并把现代科技手段充分地运用于现代“种田人”的信息培训上，以此为信息培训奠定硬件设施基础。针对信息培训机构及图书馆等文化设施远离农村的现实情况，信息培训机构不仅可以定期深入农村地区来对农民展开信息培训，而且还可以利用远程教育网络来对农民进行培训，以此来降低农民接受培训的成本，激发农民参与培训的积极性；与此同时，政府还要加大文化下乡的力度，在远离城市的乡村地区建立图书室或文化站等文化设施。

（4）制度法规方面

除了需要注意到培训对象和相关部门机构对信息培训认同低的问题外，还应从制度和法律层面着手来为现代“种田人”信息培训提供外在的环境保障。国家应为信息培训提供法律上和制度上的支持，国家可以建立相应的信息培训制度，通过制度建设把现代“种田人”信息培训纳入国家的发展战略中去，从而在制度层面为现代“种田人”信息培训提供保障。国家还可以通过制定与现代“种田人”信息培训相关的法律来保障相关人员的利益，保障信息培训的顺利进行。

因此，要为信息培训提供一个良好的外部环境，可以从资金、信息培训人员的素质、硬件设施、法律制度和资金保障等层面着手进行构造。

二 农村信息化建设的服务体系构建

2008 年 3 月，农业部的《全国农业和农村信息化建设总体框架（2007—2015）》文件中指出：“我国农业和农村信息化建设的基本框架主要由作用于农村经济、政治、文化、社会等领域的信息基础设施、信息资源、人才队伍、服务与应用系统，以及与之发展相适应的规则体系、运行机制等构成。”[①] 因此，我们可以把农村信息化建设的服务体系相应地分为信息基础设施、信息资源、人才队伍、服务与应用系统，以及与之发展相适应的规则体系、运行机制六个组成部分。

（一）信息基础设施的建设

1. 信息基础设施建设的基本情况

在信息传播的基础设施方面，在国家大量资金的支持下，电视广播网在我国的覆盖面得到很大提高。以广播为例，广播在我国的覆盖率从 1997 年的 86.2% 发展到 2007 年的 95.4%。在地面通信基础设

① 《全国农业和农村信息化建设总体框架（2007—2015）》，http：//www.gov.cn/gzdt/2007－11/29/content_ 820385.htm。

施方面，“2004 年至 2007 年间，中国电信、中国网通、中国移动、中国联通、中国卫通、中国铁通 6 家运营商在原信息产业部的组织下在偏远农村地区铺设通信电缆 50 几万公里，建成移动通信基站逾 2 万个，农村移动通信网络乡镇覆盖率达到 98.9%，行政村覆盖率达到 93.6%，人口覆盖率达到 97%”。① 空中远程通信网络，主要是指利用卫星通信技术来传播信息的通信网络。农业部为了适应农业发展的需要，利用空中远程通信网络建立起了覆盖到省一级的卫星通信网络，并且与各级农业部门在许多地方建立了“三电合一”网络。

在信息接收的基础设备方面，从本次所调查的数据来看，电视设备和手机在我国农村的普及程度最高，有 97.33% 的农民拥有电视机，有 87.68% 的农民拥有手机；而电脑、广播和座机的普及程度很低，只有 22.89% 的被调查者拥有电脑，26.60% 的被调查者拥有座机；拥有广播设备的最少，只有 4.50% 的人拥有。（见表 8）有关学者也指出了类似的状况：“到 2004 年 12 月 31 日，农林牧渔业网站仅占网站总数的 1.4%；全国农民上网的平均比例只有 0.2%，农林牧渔业人员使用电子邮箱和进行网上购物两方面都仅占 0.3%。80% 以上的乡镇没有设立科技信息服务机构。”②

表 8　**农民家里信息设备类型的统计表**　单位：个，%

类型	电视机	手机	电脑	广播	座机
频数	5690	5126	1338	263	1555
占比	97.33	87.68	22.89	4.50	26.60

有效样本数：5846　缺失值：346

研究还表明，这些信息设备的分布还显现出地域分布的不均衡性，这种地域分布的不均衡性在电脑设备上表现得更为突出。在农村地区，现有的电脑设备绝大部分分布于东中部省份，而西部地区的省

① 郭永田：《我国农村信息化发展进入新阶段》，《电子政务》2009 年第 5 期。

② 宗煜、时新荣：《构建农村信息化人才队伍促进社会主义新农村建设》，《新闻界》2006 年第 5 期。

份则非常少。从所调查的数据来看，在西部农村地区，只有22.08%的农民拥有电脑设备。（见表9）

表9　**不同区域农民家里信息设备类型**　单位：%

区域类型	农民家里信息设备类型				
	电视机	手机	电脑	广播	座机
沿海	100	90.39	34.25	6.02	41.52
中部	97.45	88.11	24.09	3.70	21.29
西北	98.36	91.19	11.07	3.89	21.72
西南	95.32	85.19	11.01	2.14	26.61
华北	99.41	86.92	28.23	5.35	18.13
东北	97.42	82.17	19.12	9.30	29.72

有效样本分别为1197；2001；488；1026；673；387（此题为多选）

在信息培训的基础设施方面，从全国第二次农业普查的结果来看，截至2006年年末，在全国34756个乡镇中，只有10.8%的乡镇拥有职业技术学校，并且在这10.8%的乡镇中绝大部分的乡镇位于东中部地区；在全国637011个村中，拥有图书室、文化站的村只占13.4%，并且也大都集中于东中部地区；而在农民业余文化组织方面，只有15.1%的村拥有业余文化组织。在农村信息服务站方面，农村信息服务站的建设也显得不容乐观，正如前文所言，许多乡镇并没有建立相应的专门信息服务站，而且在建立了信息服务站的乡镇中，许多乡镇的信息服务站仅仅成了摆设。

2. 加强信息基础设施建设的基本对策

在信息传播的基础设施方面，我国农村虽然取得了较好的成绩，但仍存在一些问题。例如，信息传播的基础设施仍然比较传统，传播的渠道仍然集中于电视广播和报纸。为了更好地传播农业类信息，信息化建设的主体应该更多地利用现代先进科学技术来有效传播信息，应当加大农村信息传播渠道的研发，在地面通信基础设施以及空中远程通信网络方面继续加大人力、物力、财力的投入，以促进地面通信基础设施以及空中远程通信网络的快速发展。

在信息接收的基础设施方面，国家在这些方面也取得了比较好的效果，如信产部2003年实施的“村村通电话工程”，到2005年6月底，我国农村的固定电话普及率不断提高，91.2%的行政村已经通了固定电话。[①] 针对信息接收的各类基础设备普及不均衡的状况，国家要结合电信部门加大对农村的人力、物力、财力投入，尤其是西部地区的投入，并逐步加大电脑等先进设备在农村的普及，以提高我国农村的信息基础设施的普及率。对此，政府要继续开展有关“宽带下乡”“家电下乡”工程。

在信息培训的基础设施及信息服务站方面，政府要继续加大投入力度，同时，鼓励社会力量参与农村文化设施与信息服务站的建设。此外，政府还可以适当地引入市场因素，通过市场运作来改善我国农村信息基础设施差的现状。

（二）信息资源的建设

1. 信息资源的收集

信息资源是农村信息化建设的核心部分，如何进行信息资源的开发、利用，如何对信息资源进行科学有效的管理是农村信息化建设的重要内容。信息资源建设首先需要进行信息的收集和整理，形成必要的资源库。信息资源建设的首要工作是收集与农村生产生活有关的信息资源，并分类建成信息资源库。信息资源的收集可以通过三种途径来实现：一是通过从事农村工作的相关人员来收集和整理，比如可以通过发动农业技术人员、种植养殖大户、涉农企业等成员加入到收集农村信息资源的工作中去；二是通过专门的信息员来收集信息，政府也可以派专门的信息收集人员来收集信息，以此为信息资源的建设奠定坚实的基础；三是可以通过专业人员进行收集和整理，如通过农业院校的教师、科研人员，涉农企业等进行收集和整理。

---

① 龚秀萍、孙海清：《我国农村信息化与新农村建设发展的思考》，《农业网络信息》2006年第10期。

2. 信息资源建设的原则

在收集了大量的信息资源之后，需要建立相应的信息资源库，以对这些信息资源进行整理、加工、传输、发布与管理。对于信息资源库的建设，许多学者和专家认为，信息资源库的建设要遵循一些原则，以保证建成的信息资源库能够有效地发挥作用。一般而言，需要遵循的原则主要有："（1）需求导向原则；（2）公平和效率原则；（3）集成性原则；（4）针对性原则；（5）客观性、科学性原则；（6）共建共享与协调发展原则；（7）规范化、标准化原则；（8）特色化原则；（9）实用性原则；（10）完整性原则；（11）时效性和动态性原则。"[①] 在这些原则中，需求导向原则十分重要，因为只有根据农村的实际需求来构建农村信息资源库才能充分发挥农村信息资源库的作用；公平原则可以保证"种田人"都可以获得信息资源的权利；效率原则可以使农村信息资源库持续地运转下去而不至于中断；集成性、针对性原则保证了农村信息资源库的实用性；客观性、科学性原则可以保证信息资源库中的资源信息的真实性；时效性和动态性原则使得农村信息资源库里的资源信息获得不断更新与修正，从而保证了信息资源库的可持续运行。

3. 信息资源库的建设

（1）建设国家级的农村信息资源库

国家级农村信息资源库建设的主要承担者应当是中央政府部门，比如农业部、科技部等中央级别的政府部门，这些部门应当是农村信息化建设的发起者和组织者，并在构建国家级的农村信息资源库过程中发挥领导和主导性的作用。此外，在建设国家级农村信息资源库的过程中，除了要发挥政府的主导性作用外，还需要社会力量的积极参与，如农业科研院校、企业和非营利性组织，只有在政府、农业科研院校、企业和非营利性组织之间形成有效的互动与合作，才能取得比较好的效果。

---

① 姚莉莉、陈玉成、王沛等：《辽宁现代农业信息资源建设及其服务》，《农业经济》2011 年第 6 期。

为了实现政府部门与农业科研院校、企业、非营利性组织的良性互动，更好地建设国家级农村信息资源库，各个主体可以通过以下方式来实现这一目标：一是政府部门向农业科研院校提供政策和资金支持，为农业科研院校提供良好的科研环境，而农业科研院校在政府部门的大力支持下，充分发挥智力密集、知识密集的优势，为农村信息化建设献计献策，从而形成政府与科研院校之间的良性互动；二是政府向企业提供必要的政策平台和政策保障，使得企业在良好的宏观政策背景下，积极推进自身的信息化建设，进而提供更有效的服务；三是充分发挥非营利性组织在信息资源库建设中的作用，随着我国经济社会的发展与进步，我国不断涌现的非营利性组织成为重要的社会力量，并在人们的日常生活中发挥着日益重要的作用。因此，在信息资源库的建设过程中，也需要引导有积极性的非营性组织加入到信息化建设的队伍中来。政府也应当在非营利性组织的成立、发展、管理与引导方面，提供良好的制度环境和管理环境。

（2）建设省市级的农村信息资源库

省市级别的农村信息资源库的建设，主要承担者是省市级的政府部门。它的建设也需要其他信息化建设主体的支持与协调，并形成一个良性互动的网络，以共同推进农村信息资源的建设。省市级的政府部门应在国家信息化建设的总思想指导下，立足于本省市的基本情况和实际，确定本省市的信息化建设的总体方案，为下一级政府进行信息资源建设提供相对具体的指导。

农村信息资源建设过程是一个动态的过程，需要紧紧联系和立足于农户的实际需求。因此，农村信息资源的建设应包括农村最为关注的信息资源。有学者指出，就当前我国农村现实情况而言，农村信息资源库应包含以下内容：“（1）农业科技信息，（2）农业实用技术信息，（3）畜牧业实用技术信息，（4）农业工程信息，（5）植保信息，（6）生产资料信息，（7）供求信息，（8）市场信息，（9）农村教育信息，（10）农业法律法规信息，（11）特色农产品信息。”① 根据这一观

① 钱加绪：《甘肃省农业信息资源网络服务平台研究》，《农业网络信息》2010 年第 8 期。

点，省市级的农村信息资源库也应当围绕上述方面逐步开展建设。农业科技信息的建设主要包括基本的科普知识、农业科研院校最新研究成果方面的信息收集、整理与发布。其中，农业实用技术信息的建设主要涉及农作物和经济作物的种植技术信息等方面；畜牧业实用技术信息的建设包括家禽家畜的养殖技术信息、饲料的配置技术信息等方面；农业工程信息的建设则主要涉及有关农业生产的机器信息、农田水利和能源信息等方面；植保信息的建设主要涉及有关于种植业和畜牧业的病虫害防治信息；生产资料方面的信息建设主要包括农药、化肥和饲料、兽药方面的信息资源的收集与发布等；农村教育信息的建设主要涉及技能培训等信息；农业法律法规方面主要是提供目前我国法律法规中有关农业、农村、农民的相关信息，以保证农业、农村、农民的合法权益不被侵犯；农村信息资源库的建设也应包括特色农产品信息的建设，以促进特色农业和特色农村的发展。

（3）建设县乡级和村级的信息资源服务站

县、乡、村三级的信息资源服务站建设虽不像国家级和省市级的信息资源库建设那样全面，也不必考虑到全国、全省市的整体情况，而只需考虑到本县域内的基本情况，但是也是极其重要的。因为，这些资源库直接面对用户，而且是不同的使用个体。因此，县、乡、村三级的信息资源服务站的针对面不需要很广，但需要更加详细与深入。同时也正是由于县乡村级的信息资源服务站所面对的范围较小，所以在建设县乡村级的信息资源服务站的时候要充分考虑到县域内的特点，并深入了解农民的实际需求。

依托县、乡、村三级行政体系相关部门的目的是建立起相应的县级农村信息资源服务站、乡镇级信息资源服务站和村级信息资源服务站，最终使得信息传播到农户。在建设县乡村级信息资源服务站的过程中，县级相关农业部门要成立信息资源服务站建设领导小组，指导并规划县域内的信息资源建设，并成立专家指导小组，对信息资源建设的过程进行监督与指导，县级相关政府部门还需要建立相应的规章制度，以保证本县域内信息资源建设的规范化与制度化。县乡村级信息资源站的建设除了需要政府的工作支持外，还需要地方财政部门和电信部门的支持，地方财政部门需要为信息资源建设提供资金支持，银行也可以为信息资源建设提供资金支持，电信部门也应当出台一些有关网络运营技术支持和涉农收费方面的优惠政策。

国家级信息资源库、省市级信息资源库与县乡村级信息资源服务站不是相互分离、相互分割的，而是相互联系、相互依赖的，这种相互联系、相互依赖的状态使得三个信息资源库与服务站成了一个有机整体，共同服务于我国农村的信息化建设。

（三）人才队伍的建设

1. 人才队伍建设的现状

人才队伍是农村信息化建设的重要支撑。据我国第二次全国农业普查情况来看，2006 年年末，在全国农业从业人员 34874 万人中，9.5% 的农业从业人员是文盲，41.1% 的农业从业人员的教育程度是小学，45.1% 的农业从业人员的文化水平是初中，教育程度是高中的占 4.1%，只有 0.2% 的农业从业人员的文化水平是大专及以上。这也就是说，绝大多数农业从业人员的文化水平在初中及初中以下。

农业从业人员受教育程度偏低的状况直接影响着我国农村信息化人才队伍的状况。从现实情况看，我国农村信息化的人才队伍的状况不容乐观，现有的农村信息化建设的人才队伍远远满足不了农村信息化建设的需要。宗煜等人在研究农村信息化人才队伍对新农村建设的作用时就指出了类似的状况："我国农村平均每乡镇科技信息员不足 3 人，数量和素质远不能满足基层科技信息服务的需要。"① 朱莉等人在调查贵阳市农村信息化发展现状时指出："贵阳市虽已组建 2000 多名农村基层信息员队伍，但这些信息员多集中在乡镇。问卷显示，目前仍有 28.8% 的行政村尚无专职或兼职信息员，38.7% 的行政村没有对村民进行过有关信息知识的相关培训。"②

---

① 宗煜、时新荣：《构建农村信息化人才队伍促进社会主义新农村建设》，《新闻界》2006 年第 5 期。

② 朱莉、朱静：《贵阳市农村信息化发展现状与策略思考》，《贵州农业科学》2012 年第 2 期。

2. 人才队伍建设的途径

一是吸引人才投入到农村信息化建设中去。就目前农村的现实情况而言，农村信息化人才队伍之所以奇缺，主要原因还是缘于农村落后的社会经济条件难以吸收并留住大规模的信息化人才。因此，政府可以通过政策支持、待遇吸引等措施吸收大专院校培养相关人才，并鼓励这些毕业生参与到农村信息化建设中去，为农村信息化建设贡献力量；政府应当实施更具吸引力的政策来留住农村信息化建设人才，为他们提供优厚福利保障和相关补贴；同时，通过政策引导，鼓励高校调整农业专业设置和农业人才的培养方式，积极培养并及时向农村信息化建设工程输送既懂农业又懂信息技术的综合型人才。

二是加强培训，通过培训提高涉农信息人才的综合素质。在农村信息化建设的过程中，通过加强学习和培训，来提高现有农村信息化人才的素质，进而满足信息化建设的需要，是必不可少的步骤。对此，政府同样需要政策投入、资金支持和强力领导，如在信息人员的培训师资和硬件设备方面加大投入等。同时也需要社会、学校和政府的有效配合与合作。具体来说，在农村信息化人才队伍建设的过程中，政府要充分了解和把握农村信息化人才队伍的状况，并制定有关农村信息化人才的培养规划，依据农村信息化建设的需要，安排资金的投入与使用。此外，政府还可以通过建立农村信息员的资格认证体系来提高农村信息化人才的综合素质。

（四）服务与应用系统的建设

1. 信息服务系统的建设

信息服务主要是指服务主体向农村输入各种农村所需要的信息，为农村居民提供各类信息服务等，它是农村信息化建设的落脚点和目标。农村信息服务需要一支专业的信息服务队伍来做支撑，需要政府投入大量的物力、财力来做保证。农村信息服务系统的建设可以从两个方面来开展：一是信息服务人员的技术保障；二是政府对信息服务系统建设的保障，包括人力、物力、财力等方面。此外，在农村信息服务的过程中，要避免服务盲目性，要紧紧围绕着现代“种田人”的实际需求来开展信息服务工作。

2. 应用系统的建设

信息技术推广与应用主要是指信息技术全面渗入到现代“种田人”的农村生产、生活和管理活动中，实现农村社会的全面信息化，它是农村信息化建设的出发点。信息技术在农村社会全面推广与应用则涉及信息技术的研发、农村对信息技术的认同等方面。可以从两个方面来进行：一是信息技术的研发。开发大量适用于农村的信息技术是信息技术在农村得以推广应用的前提条件，因此，信息技术在农村推广应用的第一步是开发适合于农村的信息资源。二是提高信息资源对现代“种田人”的适用性和现代“种田人”的信息技术水平。只有开发出大量对现代“种田人”契合度高、实用性强的信息资源，才能提高现代“种田人”对信息的利用率和依赖度。此外，还要提高现代“种田人”使用现代信息技术的能力和水平。仅有资源和信息设备，农民不会或者无法使用，同样无法进行应用。因此，提高现代“种田人”的信息意识和信息技术水平是进行信息开发应用的基本条件。

（五）规则体系的建设

根据农业部印发的《全国农业和农村信息化建设总体框架（2007—2015）》文件精神，规则体系主要包括两个方面的内容：“法规体系和标准体系，法规体系应涵盖涉农信息资源开发共享、网络（站）建设管理、信息服务、信息技术开发应用、安全防护、投入保障等内容。标准体系主要由总体标准、应用标准、安全标准、基础设施一体化建设标准、管理服务标准等组成。”① 因此，规则体系的建设应当包括法规体系的建设和标准体系的建设两部分。

1. 法规体系的建设

加强涉农的法规体系建设有助于完善农村信息化建设的法律法规体系，进而为农村信息化工程的推进奠定坚实的法律法规保障；有助于维护和保障农村信息化建设中相关利益主体，明确相关主体的责任

---

① 《全国农业和农村信息化建设总体框架（2007—2015）》：http：//www.gov.cn/gzdt/2007－11/29/content_ 820385.htm。

与权力；有助于规范现有的信息市场，减少和避免信息市场中的不规范行为。在法律法规体系建设的过程中，要注意到法规建设的全面性、实用性和灵活性。全面性要求我们在制定法规时要尽量保证所制定的法律法规能够覆盖到农村信息化建设的方方面面，尽可能全面地考虑问题，使得农村信息化建设有法可依。比如，可以通过立法保障现代“种田人”的信息培训、现代“种田人”的信息服务以及农村信息化建设的有效管理等；实用性则要求我们在制定法规的过程中要尽量保证所制定的法规能满足现实情况的需要；灵活性是指法律法规能够与时俱进，能够随着现实情况的变化而做出相应的调整。

2. 标准体系的建设

标准体系关系到农村信息化建设的水平高低，建立一套符合我国国情、符合我国农村实际的标准体系有助于信息化建设的顺利开展。总的来说，信息服务的标准体系的建设应该包括两个体系，一是我国农村信息化建设的目标体系，二是我国当前农村信息化建设状况的评价体系。

信息化建设的目标体系，是推进我国农村信息化的重要抓手。目标体系的建设必须根据我国的基本国情和农村的现实情况来确定，并考虑到经济社会发展的因素应具有一定的前瞻性，在制定信息化建设的目标过程中，除了需要考虑到国情外还要充分考虑到与信息化建设密切相关的组织或社会个体的利益以保证信息化建设的目标得以顺利实现。

信息化建设评价体系的制定应该尽量做到客观与科学，只有在评价体系达到客观性与科学性要求的前提下，才能真实地反映我国农村信息化建设的状况，进而在此基础上为下一步的农村信息化建设提供正确的指导与干预。具体来说，评价体系所包括的内容方面：信息化建设的评价体系应当包括信息化建设目标实现的评价体系、现代“种田人”信息培训效果的评价体系、信息服务效果的评价体系以及信息服务管理效果的评价体系等；在信息化建设的评价主体及评价结果的反馈方面，信息化建设的评价及其结果反馈可以依托于专门的组织来负责实施评价及结果反馈。

（六）运行机制的建设

1. 构建农村信息服务体系运行的动力机制

农村信息服务体系的正常运行需要一定的运行动力，只有当农村信息服务体系拥有合适的动力的时候，才能保证信息服务体系的持续、稳定发展。“社会需要是社会运行的动力源。”① 因此，我们可以把人们的各种需求结合到农村信息服务体系正常运行的过程中，以实现人们的各种需求得到满足和农村信息服务体系得到正常运行的双重目的。马斯洛的需求层次理论指出，人们的需求可以划分为五种：“生理需求、安全需求、社交需求、尊重需求和自我实现需求。”② 因此我们可以把这五种不同层次的需求结合到农村信息服务体系的运行过程中去。

生理需求是推动人们行动的最基本需求，主要包括饮食需求、保暖需求和居住需求等方面。为了使农村信息服务体系得以正常运行，我们必须满足农村信息服务参与人员的生理需求，保证他们在吃穿住行方面没有后顾之忧。安全需求主要包括工作的安全、生活的安全与稳定等方面，为此我们要改善农村信息工作人员的工作环境，提高他们的生活水平，改善他们的生活状况。社交需求主要是指个人希望得到他人的关怀、爱护与理解，是一种渴望亲情、爱情和友情的需要。在农村信息服务体系的运行过程中，我们可以为参与者们提供温馨的工作和生活环境，在这种环境中可以得到同事、领导的理解、关心与爱护，并可以满足其友情的需要。满足尊重需求，尊重需求主要包括尊重自己、尊重他人和自我评价三个方面，在信息体系的运行过程中，我们可以营造一种相互尊重的氛围，使同事之间相互尊重而不是相互贬低、相互诋毁。满足自我实现需求，自我实现的需求是这五种需求中层次最高的需求，并且也是最难实现的，为了使信息服务的参与者们实现这种需求，可以为他们开展多种多样、形式各异的培训活动，提升他们的技能水平，进而逐渐满足他们的自我实现的需求。通过把上述五种需求结合到信息服务的日常工作中并满足这些需求，可

---

① 郑杭生：《社会学概论新修》（第三版），中国人民大学出版社 2003 年版，第 38 页。

② 王甲昌：《基于马斯洛需求层次理论的国有企业激励机制探讨》，《财经界》（学术版）2009 年第 2 期。

以为农村信息服务体系的运行提供强大的动力，进而促进农村信息服务体系与农村信息化的发展。

2. 构建农村信息服务体系运行的整合机制

农村信息服务体系在运行过程中需要整合农村信息服务体系中各方的利益，使各方利益主体凝聚为一体，进而共同推动农村信息服务体系事业的发展。农村信息服务体系是一个庞大而又复杂的工程，涉及多个主体，而多个主体的共同行为必然涉及这些主体之间的利益关系，因此也就涉及这些利益主体的利益关系协调。利益关系协调的好与坏直接关系到农村信息服务体系运行的正常与否，利益主体之间利益关系的恶化可能会导致信息服务体系的畸形运行，会影响到农村信息化的正常建设与信息化效果的发挥。因此利益主体间的利益关系协调就成为信息服务体系运行过程中的非常重要的问题。

利益主体之间利益关系的协调，需要各个利益主体间的共同努力，以保证它们之间处于一个良好的合作状态之中。农村信息服务体系中各个利益主体间的利益关系协调需要政府部门从整体层面进行规划、引导与协调。同时，为了确保农村信息服务体系的正常运行，也需要各个利益主体之间的相互让步与妥协。同时，还需要构建一个供相关利益主体交流的平台。只有当利益主体间得到充分的交流与了解后，才能形成一个共同体以促进信息服务体系的健康运行。

3. 构建农村信息服务体系运行的激励机制

激励机制是信息服务体系运行机制中的重要机制，它可以有效地促进农村信息服务体系的运行。激励机制就是引导农村信息服务参与者的行为方式和价值观的过程，保证他们的行为方式和价值观念尽量有利于信息服务体系的良性运行。关于激励机制的构建，我们可以从两个方面来进行：一是激励的标准，二是激励的手段。

激励的标准问题是激励机制的一个非常重要的方面，只有在确定了激励的标准后，激励机制才能发挥它的效用。关于激励标准的构建，我们可以从以下几方面来进行：一是确立高低适中的激励标准，激励标准设置得过高或过低，即人们很难达到激励标准或者很容易达到激励标准，都会使得激励标准流于形式，达不到预期的激励效果，因此在信息服务体系的运行过程中，信息化建设主体应当不断审视自己所设定的标准以保证所设立的标准高低适中；二是在确定激励标准的过程中，应当根据信息化建设的长远目标来设立激励标准，使激励标准符合信息化建设的长远目标而不与此相悖。只有使激励的方向与信息化建设的长远目标相符，才能使得激励机制的作用得以有效发挥；三是确定强度适中的激励标准，即某一行为方式应该得到哪种程度的表彰与奖励，低强度的激励很难成为人们改变他们原有行为方式和价值观念的动力，只有确定了恰当的激励强度才能引起人们为获得激励主动地对他们自身行为方式和价值观念的调整，因此激励的强度问题我们也应该详细地加以考虑。因此，总的来说，在确定激励的标准过程中，信息化建设主体应当建立标准适中、强度适中并符合信息化建设的长远目标的激励标准。

激励手段也可以分为两类：一类是物质奖励，另一类则是精神奖励。但不同的激励手段所引起的激励效果也是不同的，并且因人群而异，所以我们要研究不同的激励手段对不同的人群所能引起的效果，然后针对不同的人群选择最有效果的激励手段以促进信息服务体系的发展。也正因为此，我们的激励手段的选择要因人群而异，在信息服务体系的运行过程中，对于追求物质享受的人群来说，可以给予他们物质方面的奖励，如金钱、物品、生活待遇等等；而对于追求精神方面、符号方面的人群来说，可以给予他们更多的精神奖励和符号奖励，如荣誉称号、奖状、奖章等等。

4. 构建农村信息服务体系运行的控制机制

控制机制是保障农村信息服务体系正常运行的重要机制。控制机制是指调动各种力量，运用各种方式，使信息服务体系中的工作人员遵守相应的规范与规则，从而保证信息服务体系的健康运行。社会的控制手段有三种主要的方式："组织的控制手段、制度的控制手段和文化的控制手段。"① 农村信息服务体系运行的控制机制也可以从这三个方面来加强。

---

① 郑杭生：《社会学概论新修》（第三版），中国人民大学出版社2003年版，第46页。

组织的控制手段可以通过组织的权威和组织的规章制度来实现，而组织的权威又来源于组织结构。因此，我们可以在信息服务体系中建立严格的科层组织，实现从上而下的管理，从而获得组织权威，进而实现控制。在组织的规章制度方面，可以制定具体的规章制度，明确每个人的权力与职责，使得每个人都可以按照所制定的规章制度来办事。文化的控制手段则可以在信息服务体系内创造一种文化氛围，通过这种文化氛围把每个人凝聚在一起。如果说组织的控制手段与文化的控制手段主要是从组织内部来实现对信息服务体系中工作人员的控制，那么制度的控制手段则是从组织外部来实现对他们的控制。

5. 构建农村信息服务体系的保障机制

保障机制是为保障农村信息服务体系建设顺利进行提供物质和精神条件的机制。农村信息化体系的保障机制建设应当在人才保障、信息技术保障和资金保障三个方面下功夫。首先是人才保障方面。如前所述，农村信息化体系的建设需要大量懂技术、致力于献身农村信息化的专业技术人才和管理人才。如果没有人才做保障，谈建设农村信息化将是一句空话。其次是要有技术保障，农村信息化建设，信息技术是支撑。这就需要有坚实的信息技术保障，“信息技术是指获取、传递、处理、再生和利用信息的技术。包括感测技术、通信技术、智能技术和控制技术四大要素。信息技术是实现信息化的核心手段。它是一门多学科交叉综合的技术，是计算机技术、通信技术、多媒体技术和网络技术四者互相渗透、互相作用、互相融合的综合技术”①。这么一个复杂的技术体系，需要强有力的技术保障。最后是资金保障，农村信息化体系建设需要投入大量的资金，如果没有资金支持，信息化体系建设将是纸上谈兵。这不仅需要政府进行大量投入，还需要企业等其他社会团体和组织积极参与，广搭融资平台，广拓融资渠道。

三　农村信息化建设管理体系的构建

在农村信息化建设的过程中需要相应的管理，以确保在信息化建

---

① 乔忠、李应博：《我国农业信息技术保障战略》，《农业经济》2005 年第 12 期。

设过程中信息工程得以监管，可以说信息化建设的管理体系是农村信息化建设工程中不可分割的重要组成部分。管理体系的科学合理性制约着农村信息化工程建设的质量。

（一）农村信息化建设管理存在的问题

1. 农村信息化建设的管理

管理是指社会组织为实现一定的预期目标而进行的协调活动。管理包含以下几个基本要素：管理主体、管理客体和组织目标，其中组织目标是管理的核心内容。

（1）农村信息化建设的管理组织

管理需要通过一定的组织系统来进行。关于组织的建立，有不同的建立标准，可以依据不同的标准建立不同的组织。如依据传统、习俗等因素建立起来的传统型组织；依据领导魅力、吸引力等因素建立起来的魅力型组织；依据法律、法规等因素建立起来的法理型组织；等等。从实践来看，组织管理相对流行的还是科层制。

（2）农村信息化建设的管理主体

农村信息化建设工程是政府部门主导的工程，因此在对农村信息化建设的管理上也应该由政府部门主导。为更好地管理农村信息化建设，从中央到地方各级政府都应当成立相应的领导与管理机构。中央级别的领导与管理机构除了主持农村信息化建设的全面工作，制定信息化建设的大政方针，协调各建设主体的利益外，还应该对地方的领导与管理机构进行领导与指导；地方级别的领导与管理机构除了贯彻上级部门的精神，协调各利益主体的利益关系外，还应根据当地的实际情况在不违背中央的精神的前提下制定符合本地区的方针政策，并对下级的领导与管理机构进行领导与指导；基层级别的领导与管理机构在中央、地方级别的领导与管理机构的领导与支持下，具体开展农村信息化建设的管理工作。

（3）农村信息化建设的目标

任何类型的管理都是围绕着特定的目标来展开的，对农村信息化建设的管理也不例外。《全国农业和农村信息化建设总体框架（2007—2015）》指出了农村信息化建设的管理目标："通过农业部门与相关部门及社会力量的共同努力，到2015年，农业和农村一体化信息基础设施装备水平有明显提高，信息化对现代农业、农村公共服务和社会管理的支撑能力显著增强，乡、村两级信息化服务组织得到充分发展，农业和农村信息化可持续发展机制逐步完善，基本满足发展现代农业和建设社会主义新农村对信息化的需要。”①

2. 农村信息化建设管理存在的问题

当前，我国农村信息化建设的管理还存在许多问题与不足。

一是从信息化建设的管理主体看，农村信息化建设的管理主体对农村信息化建设的管理认识不足，许多信息化建设的管理主体在如何实现有效管理这一问题上的认识不足导致了它们在实际的管理过程中出现很多问题，常常出现“本末倒置”的现象。谢丁在考察政府领导人对农村信息化建设的管理的过程中，就指出了一些政府领导人“对于为‘三农’提供具体信息服务与管理职能的认识不足，大都停留在方针的制定与传达上，较少关注政策信息的转化以及农民的实际需求；农业新闻、生产法规等宏观信息较多，供求类信息、微观服务信息较少”。②

二是从信息化建设的管理过程和管理结果看，当前许多农村信息化建设的管理缺乏科学性与效率，在一些部门的管理过程中，领导的意志起着非常重要的作用，领导人认为该怎么管理就怎么管理，缺乏科学性，随意性比较大，管理模式也常常随着领导人的变化而变化。管理缺乏效率，经常是高投入低产出，即在实际的管理过程中，投入了很多的人力、物力、财力，效果却常常不尽如人意。

三是从已建成的信息化项目的后续管理看，许多已经建成的信息化项目缺乏后续管理。已建成的信息化建设项目的后续管理情况，直接关系到信息化项目效果的发挥和目标的实现，如果缺乏后续的有效管理，所建立起来的信息化项目就会事倍功半。贺文慧等人在研究我

---

① 《全国农业和农村信息化建设总体框架（2007—2015）》，《电子政务》2008年第1期。

② 谢丁：《农村信息化建设管理体制的改革与创新》，《华中师范大学研究生学报》2006年第1期。

国农村信息化投资项目的管理状况时就指出了这种类似的现象，即“部分省份农村信息服务体系建设项目中的乡镇信息服务站建设，信息服务站是按‘五个一’标准建成了，可是项目验收完后就算交了账。由于缺乏管理技术、人员和后续管理资金，项目验收后就步入了困境，不少乡镇信息站建设属于‘摆设’性质”①。

因此，面对这些管理上的问题，应该优化升级我们的管理理念和实践，以更先进的理论与经验来指导管理，弥补管理上的不足与缺陷。

（二）农村信息化建设管理的优化

1. 利益相关者管理理论

利益相关者管理理论是经济学中的一个重要理论，也是一种针对企业管理的理论，它是一种关于企业管理者为了平衡各个利益相关者的利益而进行的管理活动的理论，代表人物是弗里曼。弗里曼提出了利益相关者管理理论并进行了比较详细的阐述，他主张用利益相关者管理理论而不是用股东至上主义理论来对企业进行管理。他认为，各利益相关者对每一个企业的发展发挥着必不可少的参与作用，利益相关者的整体利益即是企业所追求的利益，而不仅仅是股东的单个利益，这些利益相关者主要有股东、消费者、政府等等，他们都在一定程度上对企业的发展做出了贡献，因此企业在追求利益时也要考虑到除股东以外其他利益相关者的利益。利益相关者管理理论的这些观点给我们的启示就是，在对农村信息化建设进行管理的过程中，我们不应只考虑政府、企业等主体的利益，还应考虑到其他利益主体的利益，只有这样才能调动他们的积极性，进而实现更有效的管理。

基于利益相关者管理理论视角，农村信息化建设的各级管理部门首先要识别农村信息化建设的利益相关者的类别及其利益要求，然后为这些利益相关者创造有利于他们实现各自利益的环境，同时还要及时地协调与平衡各个利益相关者间的利益要求。在此，主要从上述几

---

① 贺文慧、马四海、杨秋林：《论我国农村信息化投资项目管理存在的问题及完善对策——基于利益相关者的分析》，《乡镇经济》2007 年第 3 期。

方面来具体讨论农村信息化建设的管理。

2. 农村信息化建设的利益相关者

对农村信息化建设的利益相关者进行界定与分类是对农村信息化建设进行管理的基础，只有在对利益相关者进行了界定与分类后，我们才能对农村信息化建设的各个利益相关者有一个清楚明确的认识。同时，在对利益相关者进行界定与分类的基础上，有助于我们发现各个利益相关者的利益诉求，有助于有针对性地为他们创造条件来实现他们各自的利益。

（1）农村信息化建设利益相关者的界定

关于利益相关者的界定，经济学中曾提出了许多纷繁复杂的定义，这些定义主要是从企业的内部管理角度来进行界定的，如弗里曼将利益相关者界定为“利益相关者是能够影响组织目标实现的或者组织在目标实现过程中所能影响的团体或个体”。[①] 虽然这些定义并不十分适用于我们对关于农村信息化建设管理的分析，但却可以为我们提供一些分析思路。目前，专门从农村信息化的角度来界定利益相关者概念的文献并不多，如有的学者将利益相关者界定为“所有受项目决策、政策和行动影响，并可以影响项目的团体或个人，利益相关者与农村信息化项目之间是一种双向影响互动的关系，”等等。[②] 基于此，我们在这里把农村信息化建设的利益相关者界定为：那些在信息化的建设过程中进行了一定投入，并在信息化建设的过程中承担了一定风险的人，或者其活动能够影响农村信息化建设目标的实现，或受到农村信息化建设进程影响的人。从这一定义可以看出，农村信息化建设的利益相关者是和信息化建设的目标紧密结合在一起的社会个体或社会群体社会组织、企业等。

根据上述定义，判断农村信息化建设利益相关者的标准之一就是他们能否影响到农村信息化建设目标的实现或者受到农村信息化建设

---

① 赵德志、赵书科：《利益相关者理论及其对战略管理的启示》，《辽宁大学学报》（哲学社会科学版）2005 年第 1 期。

② 贺文慧、马四海、杨秋林：《论我国农村信息化投资项目管理存在的问题及完善对策——基于利益相关者的分析》，《乡镇经济》2007 年第 3 期。

的影响，如果能影响到信息化建设目标的实现或受到信息化进程的影响，则可以将他们界定为利益相关者，如果不能影响信息化进程或没有受到信息化进程的影响，则可以将他们界定为非利益相关者。

判断农村信息化建设利益相关者的标准之二就是是否在农村信息化建设过程中进行了相应的投资并承担着一定的风险，如果是，则可以将其判断为利益相关者，如果不是，则可以将其判断为非利益相关者。当然在判断是否是利益相关者的过程中并不需要同时满足上述两个标准，只要满足上述的任一标准都可以将其界定为利益相关者。

（2）农村信息化建设利益相关者的类别

我国的农村信息化建设是一项系统化工程，聚焦农村地区，以政府为主导，集合多种社会力量，涉及诸多的利益相关者。如果依据上文所确定的两个判断标准，我们可以把信息化建设进程中的利益相关者分为以下几类：政府、企业（主要指涉农企业）、非营利性组织（如各类农业协会）、金融机构、电信部门以及农户等。信息化建设需要政府的主导和社会力量的参与，政府、企业、非营利性组织作为主要的信息化建设主体在农村信息化建设过程中投入了大量的人力、物力、财力，并且它们的决策尤其是政府部门的决策对农村信息化建设的目标实现产生着深远的影响，这就使得它们成为非常重要的利益相关者。

同时，信息化建设也需要其他相关社会力量的配合，需要他们的资金、人力、物力投入，如金融机构，电信部门等，并且这些部门的配合与支持程度影响着信息化建设的进程与目标实现，因此金融机构和电信部门也必然成为利益相关者。农村信息化的建设是以农村地区为着眼点展开工作的，农村居民及农户免不了会受到信息化建设的影响，并且这种影响是相互的，农村居民和农户受到信息化建设的影响同时也影响着信息化建设，比如：农村居民对信息化建设的认同问题，农村居民对信息化建设的认同影响着信息化建设的目标实现及信息化建设的效果，因此农村居民也成了比较重要的利益相关者。

3. 农村信息化建设利益相关者的利益要求

就利益相关者的利益要求而言，不同的利益相关者有着不同的具体利益要求。在农村信息化建设的过程中，存在诸多利益相关者：政府、企业（主要是涉农企业）、非营利性组织（如各种农业类协会）、金融机构、电信部门和农户，由于他们各自的具体目标与所拥有的背景不同，他们的利益要求也不尽相同。

对于政府而言，其利益要求是实现农村的信息化，希望通过农村的信息化建设来提高农村的生产力，进而促进农村、农业和农民的发展，缓解城乡二元经济社会格局，让更多的农民享受经济与社会发展的成果。

对于涉农企业而言，最大的目标是以最小的代价实现自身利益最大化；具体来说，企业的利益要求主要是扩大经营规模，提高生产效率，减少生产成本，扩大产品的市场占有额。因此，在农村信息化建设的进程中，企业参与信息化建设是为了获得更好的经济效益。

非营利性组织与企业最大的不同是它并不以直接追求最大利润为目的，而是以表现某种社会价值和实现特定社会目标为目的。因此，非营利性组织参与农村信息化建设的目的是希望通过参与信息化建设来促进农业农村的发展和保障农民的利益。具体来说，非营利性组织的成立是为了实现一定的规模效应而联合单个的力量相对薄弱的农户或是第三方，为了保护农户的正当利益而成立的。

金融机构、电信部门，其目的也是追求利润最大化。农村信息化建设的目的是使农村居民享受信息化的成果，提高他们的生活与生产水平。农户作为农村信息化建设的利益相关者之一，其自身的利益要求是保障自身的利益不被破坏，提高经济收入水平，进而追求精神方面的需求。

总体来讲，政府主要是从政治的角度来推动农村信息化建设；而企业、金融机构、电信部门和农户等利益相关者主要是从追求经济利润的目标出发来参与农村信息化工程的，所以他们的利益需求主要是经济性的；非营利性组织的利益要求的性质则介于政治性与经济性之间，其利益要求主要是与某种特定的社会价值有关。

4. 农村信息化建设利益相关者利益的实现

在农村信息化的建设过程中，各利益相关者都有自身的利益需求。这些利益相关者为了满足自身的利益需求，会通过多种多样的方式来实现自身利益。然而农村信息化建设利益相关者利益需求的实现还需要有一个良好的外部环境。为此，政府需要通过政策引导、法律规范等手段在环境的营造方面发挥作用。

政府通过信息化建设工程中对农村信息化的建设来提高农村的生产力，促进农村经济社会的发展，使农村居民享受社会进步和改革开放的成果，同时政府可以为其他利益相关者加大财政倾斜力度和出台更多的优惠性政策以调动他们的积极性与创造性，进而实现政府自身的利益需求。

对于涉农企业，在生产、经营和销售方面，政府可以为信息化的涉农企业提供许多优惠政策，如减免税收等；而企业为了实现利益需求的满足，企业可以通过农村信息人才的培训、信息资源的建设等获取更多利润。此外，金融机构可以通过贷款、资金支持等在农村信息化建设过程提高资金保障以获取利润。非营利性组织也可以在政府的支持下，参与到农村信息化的建设中，获得社会效益与经济效益。现代“种田人”则是农村信息化成果重要享有者，他们可以在参与过程获得利益，并分享农村信息化建设的最终成果。

5. 农村信息化建设利益相关者的利益协调

在农村信息化的建设过程中，利益相关者之间会形成比较复杂的利益关系网络，甚至是相互矛盾的利益关系，所以需要对这些利益相关者之间的利益关系进行协调与平衡，进而推动农村信息化的建设。

利益相关者的利益协调与平衡，需要某种具体的组织来负责实施。对此，我们可以依托于各级政府部门对农村信息化建设的领导与管理机构，通过各级部门的领导与管理小组来具体负责实施利益相关者间的利益协调与平衡，但仅由政府来负责实施，难免会被评价为“既当裁判员又当运动员”。因此，除了政府的领导与实施外，还需要成立一个由社会力量组成的监督机构，以此来保障这些利益相关者的利益。

利益相关者的利益协调与平衡最理想的情况就是在没有任何一个利益相关者的利益受到损害的背景下，各个利益相关者间的利益得到良好的协调，每个利益相关者的利益都得到比较好的保护。但在现实生活中，由于种种制约因素，这一理想状态是不易实现的。这就需要我们在利益协调过程中，必须遵守公平、公正、公开和公益的原则，尽量避免损害利益相关者的利益，尽量使每个利益相关者的利益实现最大化。因此，利益相关者的利益协调与平衡需要根据公平、公正、公开的原则来实施，只有负责实施的部门在利益协调与平衡的过程中做到公平、公正、公开，它们的所作所为才会给人以信服，才能有效保障这些利益相关者的利益。

（三）建立农村信息化建设管理的评估机制

评估是农村信息化建设管理中的重要的反馈机制。通过建立相应的评估机制可以反映出当前管理在哪些方面存在不足，进而有助于及时作出相应的调整。因此，对农村信息化建设管理体系的构建除了上述内容外，还需要建立起一套对管理实施评价的评估体系。

确定恰当的评估主体是对农村信息化建设的管理进行评估的首要任务。在对农村信息化建设进行管理的过程中，各信息化建设主体可成立专门的评估机构，由该评估机构来负责实施评估。农村信息化建设管理的评估机构的主要任务是评估当前的管理状况并在此基础上将评估结果反馈给各个信息化建设主体。农村信息化建设管理的评估体系应当包括利益相关者识别的评估体系、利益相关者利益诉求发现的评估体系、利益相关者利益诉求实现的评估体系与利益相关者利益协调的评估体系四个方面。在利益相关者识别的评估体系中，应当评估现有的利益相关者的分类是否比较全面，是否遗漏了一些比较重要的利益相关者，判断利益相关者的标准是否恰当等等；如果现有的利益相关者的分类不全面，忽视了一些重要的利益相关者，就需要及时完善利益相关者的分类。在利益相关者利益诉求发现的评估体系中，应当考察当前所发现的利益相关者的利益诉求是否是利益相关者的真实利益诉求，所发现的利益相关者的利益诉求是否是他们的核心利益等等；如果不是利益相关者的真实利益诉求，就要重新对利益相关者的利益诉求进行探索以确保我们所发现的利益诉求是他们真实的、核心的利益诉求。

对信息化建设的管理进行评价还应当坚持有效性原则和效率原则。有效性原则是指当前管理是否有效，在评价过程中应当紧紧围绕当前管理是否或在多大的程度上有助于信息化建设的目标的实现，如果偏离信息化建设的目标则需要及时加以修正。效率原则是指当前管理的成本与当前管理的效果之间的比例关系，也就是投入与产出的比例关系。在评价过程中也应当考察管理的投入与产出的关系，避免出现高投入低产出的现象，坚持效率原则有助于实现高效率的管理。

最后，农村信息化建设管理的评估机制的构建还涉及评估结果的发布与反馈系统的构建。当评估机构对利益相关者识别的状况、利益相关者利益诉求发现的状况、利益相关者利益诉求实现的状况以及利益相关者利益协调的状况四个方面进行评估后，就可以得到有关当前信息化建设管理的整体情况，在此基础上将评估结果反馈给各个信息化建设的主体。结果的反馈有助于各利益主体有针对性地调整管理，进而实现更高效的管理。

四 农村信息化建设的地方经验与案例

（一）山东省文登市米山镇

近年来，山东省整体农业信息化建设工作成效明显，基础设施发展较快，信息资源开发利用业已初具规模。当前，该省基本形成了以市县网络为骨干的信息网络体系，贯通了乡镇、重点农业产业化龙头企业和部分村、户；形成了以“市—县—乡—村”四级联动的农村信息员队伍，总结并积极推广多套农村信息服务的成功模式，如“招远蚕庄”等；农业生产、农产品流通、农村管理和社会服务领域信息化水平有了较大提高，信息技术在农业各领域得到一定应用。本案例以山东省文登市米山镇为例，分析山东省文登市米山镇的农村信息环境建设。

1. 米山镇信息化环境建设现状

米山镇位于文登市西部，东北、东和东南依次与芮山镇黄岚、文登市区和宋村镇接壤，西南和西部与泽头镇和葛家镇为邻，西北部隔米山水库与界石镇相望，面积 85 平方千米，人口 2.49 万人，辖 44

个行政村，45 个自然村。镇政府驻横口村北，距市区 10 千米。地处丘陵，北高南低，309 国道和桃（村）威（海）铁路横穿境内。中部特秀山和米山水库为著名风景区。镇域经济特色鲜明：以 309 国道为轴线，东有以加工贸易基地为特色的占地面积 3 平方公里的西郊工业区，中有依托镇驻地和 309 国道沿线以多种经营为主的长达 11 公里的商贸基地，西有以制造业基地为重点的占地面积近 2 平方公里的富平工业园，三大基地凸显机械制造、电子化工、轻工服装、农副产品加工和物流业五大产业板块，构筑起米山经济的整体框架。文登市米山镇的特色水果——草莓是文登市的重点农业项目。米山镇草莓种植面积共有 1000 多亩，在 2010 年工农业总产值 50.7 亿元，其中工业总产值 40.8 亿元，农业总产值 9.9 亿元。

农业和农村经济快速发展的同时，广大农村居民对信息的需求也随之越发强烈。近年来，山东省依托省农科院建设了星火科技“12396”信息服务中心，于 2008 年 12 月正式开通星火科技“12396”信息服务热线。目前，已经构建了以省级信息服务中心为核心，以市级信息服务中心为骨干，以基层信息服务站为主体，上下联动的星火科技“12396”信息服务体系，组建了专家咨询服务队伍，可以通过热线电话、手机短信、远程视频等手段为广大涉农用户提供高效、便捷的信息服务。用户可根据语音提示，获取新成果、新技术、市场信息、政策法规等各类信息。实现农民、接线技术人员、专家之间的三方通话，拨打“12396”热线，只需支付市话费用。服务内容主要涵盖以下三个方面：

一是即时通信类内容服务。主要包括政策法规（法律法规、地方法规、惠农政策、政策解读等）、农业资讯（农业要闻、科技动态等）、农业企业信息（粮油食品、畜禽水产、蔬果园艺、农用物资）、农业市场信息（供求信息、价格行情、电子商城等）、农村生活信息（法律咨询、农村信贷、劳动就业、婚恋计生、健康医疗等）等。农户可通过电话、手机、电视、电脑等多种信息终端连接到呼叫中心，与农业专家对话交流，咨询关于农村、农业等领域的多方面的信息。若用户需要求助专家时，呼叫中心坐席人员根据问题的专业从专家信息库内选择专家，即可转到专家的手机上；需要现场解决问题时，由坐席人员根据用户所在的地点选择基层服务站，即可连线到当地基层服务站，由基层服务站派技术人员到现场指导。此外，呼叫中心还具有多方通话功能，实现了坐席人员同时与多名专家连线，便于坐席人员掌握专家与农民之间的对话，一旦专家无法接通或专家回答问题不够圆满时，则可寻求另外的专家继续解答。

二是资源分享类内容服务。主要包括农业科技信息（粮食作物、经济作物、畜禽养殖、蔬菜、果树、林木、水产、加工贮藏等）、致富信息（特种养殖、致富经验、实用技术等）、农业专家信息、文化娱乐信息（电子图书、影视在线、教育法制、乡土风情等）。资源分享的重点是建设资源综合服务平台。平台完成后，实现山东省农村农业信息服务覆盖率达到100%；完成信息服务内容的充分整合，实现市场行情、就业服务、科学养殖、防灾减灾、政策法规等多种信息，依托统一的网络服务平台，通过多种手段将信息服务延伸到每户农民；网络接入方式根据不同地区情况发展成为无线网、有线网、3G等多种接入方式相结合的格局，最终实现信息整合、上下互动的综合信息服务，覆盖山东省全省范围。

文登市米山镇则依托星火科技“12396”信息服务在信息化建设方面加大步伐，取得了重要成绩，有力推动了当地经济社会发展。信息环境建设成效显著，主要体现在以下几个方面：

（1）信息载体体系基本健全，信息接收方式多样化

山东省文登市米山镇西山后村实现了电视、电话、手机、电脑等多种接收信息的方式，更加体现出健全化、多样化的特点。2005年末，山东省文登市米山镇西山后村农村居民平均每百户拥有彩色电视机91台，比2004年增加了10.6台，增长了12.6%，彩色电视机迅速普及。同时，广播、电视人口覆盖率分别达96.1%和95%，有线电视村村通率超过70%，并在广播、电视开办了农业信息专题栏目，每天播出时间在半小时以上，取得较好效果。

通信事业得到了快速发展，电信部门也随之不断出台新业务、实行新举措，积极增加农村的用户数目，抢占市场份额。并且因为农村

居民外出务工人数上升，他们与家庭的日常联系，促使西山后村居民家庭中固定电话日渐普及。扩宽了农民了解和掌握信息的途径，极大便利了农村各地区间的信息沟通，促进了农村居民日常生活、工作、娱乐和交际活动，积极推动了致富信息的交流。

虽然目前计算机拥有率还非常低，但已经开始对农村居民家庭的生产和生活产生了影响。网络成为人们获得大量信息的渠道，人们不出家门就能了解天下大事，并用来指导生产和生活，还可联系小生产与大市场、生产者与农业技术专家，为农业生产提供更优质的信息和技术服务。据新闻报道，2005 年在山东省文登市米山镇西山后村的农村居民家庭中，家庭成员曾使用过互联网的户数占总户数的23%。

（2）农村信息网络体系初步形成

通过农村党员干部的现代远程教育活动，农村党员干部加深了对信息化的认识，培育了信息化人才。基于乡镇接收站点，进一步完善和开发了站点设备功能，推动了乡镇、村事务管理中信息技术的应用，基本形成了以山东农业信息网省级平台为龙头，以市、县农业信息网络为骨干，向下延伸到乡镇、重点农业产业化龙头企业和部分村、户的信息网络体系。

（3）农业信息化组织机构和人才队伍建设有了新的突破

农业信息员队伍初步覆盖了市、县、乡、村各梯级。近两年来，山东省文登市米山镇西山后村通过举办培训班等形式，大力加强农村信息员的培训。一方面，增加农村信息化的专业人才数量；另一方面，通过选拔大专院校优秀毕业生、培训在岗人员等方式提高从事农业信息化相关人员的素质，提高农村信息化人才队伍的质量。

（4）农业技术自动化水平和农产品交易电子化水平不断提高

信息技术在农业生产领域得到广泛应用，表现在计算机模拟栽培、温室控制等技术和农产品电子交易等方面。它具备电子化、包装规格化、质量等级化、客户会员化等特点，并以此克服了在传统交易中存在的诸多弊病，大幅提升了交易量和交易额，建立起农贸物流整体调配调度中心和信息发布平台，实现对全镇农村商品流通的综合管理，用信息技术全面改造提升传统经营网络，构建起“工业品下乡、农产品进城”的双向流通平台，形成了以“县城为重点、乡镇为骨干、村庄为基础”的现代化连锁经营服务体系。

2. 米山镇信息化环境建设的建议

（1）建设和完善传播载体，为农村信息化建设提供基础

一是扩大有线电视的覆盖面以及增开涉农栏目。应大力建设和普及有线电视网，并加大力度，保证大部分农户，尤其是偏远地区的农户都能够接入到有线电视网络中，为信息的交流提供硬件条件。在有线电视网普及的同时，学习其他省份的成功经验，通过“电视机+网络机顶盒”的方式，将农户的电视机接入农业信息的专业网站。这样，农户与农业技术专家便能够直接交流，获取农业生产所需要的专业技术和经营信息。政府有关部门可以采用农业类节目等形式，围绕本地区农民最关心的问题，有重点、有针对地播出本地农业信息，介绍新产品、新技术及新服务，这样可以在短时间内建成农业生产信息的主流宣传平台，便利农民获得主流信息内容。

二是扩大通信工具的功能。山东省文登市米山镇借鉴其他省份的成功经验，以当地的农业信息网为依托，引进语音“听网”系统，增设网络与用户的双向互动功能，并开通农技服务热线，免费为农业生产提供技术服务。通过发送手机信息的方式，适时地向农民提供市场信息，指导农民及时调整生产、投资策略。网通公司开发了“上网直通车”业务，把信息技术和现代远程教育有机结合起来。移动公司则构建了全省统一的“农信通”业务平台，整合各类农业生产、市场、科技、政策、气象、防震减灾等信息，形成了一套完整的农村实用信息体系。

三是加快农村的互联网建设步伐。为了让农民及时地了解和反馈互联网上的农业信息，结合现有条件和农村实际情况，应建立以农村村委会为中心的网络接收站点和网络活动室，为农民提供针对“三农”的各种真实、有效、可行的信息以及实用技术，使之成为农村信息化的示范点。

（2）培养农村信息化人才，加快推进“农民上网”工程

农民是解决“三农”问题的关键。农业与农村问题的有效解决，

要从提高农民的文化水平入手，提供给他们致富的农业技术信息与即时的产销信息，帮助他们完成从落后的传统农业向先进的现代农业的改造。因此，要把农业信息化人才培养列入信息化培训总体规划，有步骤、分阶段地推进实施。要优先抓好对农村信息员的培训，提高信息采集、分析、整理、发布的能力；采用学校教育、继续教育、社会教育等多种方式和途径，培养农业信息化高级实用人才和农业信息技术应用专业人才；建立农业信息化专家咨询队伍，为农业信息化重大建设工程及信息资源开发利用提供技术咨询，为农业信息化人才培训提供智力支持。鼓励、引导农业信息化研发企业开展面向农村的信息技术培训。

（3）扶持“信息经纪人”

东部沿海地区经济发达，那里的农村还出现了“信息大户”。所谓的“信息大户”，指的就是信息经纪人，他们通过向周边农民提供信息，从而获得可观的经济收入。传统的粗放型的农业生产在现有条件下不能取得高的经济效益，只有精良的农产品才能有高效益，而精品的生产离不开技术的改进以及信息的畅通。计算机网络便成为及时获取最新农业生产技术的廉价、有效的手段。各地的养殖户、经济作物大户都是通过电话、计算机网络以及其他各种信息媒体积累了农业技术及生产经验，进而成为经济大户。因此，在实践中，政府应当积极扶持这些“信息经纪人”，让其更多地为农民提供信息，带动农民共同发展。

（二）浙江省金华市磐安县

农业是第一产业，是国民经济的基础产业，自古以来，我国农业在社会发展方面发挥着极为重要的作用，是支撑国民经济建设与发展的基础产业，我国向来把农业放在国家发展的基础地位。自中央在2005年首次于一号文件中提出有关农业信息化方面的问题以来，加强农业信息化建设已经成为推动社会发展的重要组成部分。而农村是将农业作为主要产业的聚集地，其信息化建设与发展对国力水平的提高更是起着不可或缺的作用。农村信息化，也就是在农村生产、生活和社会管理中实现普遍应用和推广通信技术和计算机技术的过程。农村信息环境建设作为农村信息化这个动态过程中的“硬件设施”建设，为农村信息化构造发展空间，是奠定其整体推进和扩展的基础。浙江省磐安县在农村信息环境建设方面已取得可喜成就，电子政务建设已初具规模，信息网络建设速度也明显加快。

1. 浙江省金华市磐安县整体情况及特色概述

浙江省金华市磐安县位于浙江中部，地处天台山、会稽山、括苍山、仙霞岭等山脉处，为大盘山的中心地段，与影视名市东阳、五金名城永康等市县接壤，距上海300公里，属上海4小时经济区范畴，距义乌机场1.5小时车程，距横店影视城30分钟车程，总面积1196平方公里，辖19个乡镇，209万人口。全县有大小山峰5200多座，有“万山之国”之誉，既是浙江雁荡山、括苍山、会稽山和仙霞岭的山脉发脉处，也是钱塘江、瓯江、灵江和曹娥江四大水系的主要发源地，素有“群山之祖、诸水之源”之称。县境呈“雏鹰试飞”形，南北长54公里，东西宽47公里，总面积1199平方公里，其中山地占总面积的91.48%，耕地占总面积的5.79%，河滩和水面占总面积的2.47%。

磐安山清水秀，旅游资源丰富，其旅游资源在浙江省90个县区市排名中列第二。磐安的自然景观也可以用“一溪一谷、二山二湖”来概括。除了自然景观之外，还有昭明院、玉山古茶场、仁川杨氏宗祠、戚继光抗倭古遗址等一批独具特色的人文景观，其中国内唯一与茶有关的功能性古建筑玉山古茶场和宋宝庆三年理宗帝赐建的“南宗厥里”榉溪孔氏家庙被列入全国重点文物保护单位。2012年7月5日，百杖潭景区荣获国家4A级旅游景区，这也是磐安首个国家4A级旅游景区。而磐安素有“中国香菇之乡”“中国药材之乡”之称，故其农业发展的重要组成部分是特产香菇、茶叶等。1998年，中国磐安特产城正式营业，市场占地19950平方米，建筑占地15731平方米，总投资1540万元，可同时容纳1万多人上市交易。内设药材、饮片、鲜菇、干菇等交易区，年交易额2.5亿元，产品销往大江南北，在全国各大中城市的主要市场上占有很大比重。除此之外，磐安还是“国家级生态示范区”，全县森林覆盖率高达75.4%，有南方红豆杉、香果树等国家珍稀保护植物和金钱豹、黑麂等国家一级保护动物，大气环境质量达到Ⅰ级标准，出境交接断面水质考核一直名列金华市前茅。

2. 磐安县农村信息环境建设整体情况

随着经济的持续快速发展和科学技术的突飞猛进，信息传播方式由过去以广播、报纸为代表的传统媒介发展到现在以有线电视为代表的当代主流媒介，并将迅速发展为以电脑为代表的现代信息媒介。从电视、收音机等这些传统家用电器到后来的电话、手机，再到后来的网络，越来越进步的信息传递设备共同构成了农村信息环境的大框架。据调查，磐安县利用手机、互联网等现代信息媒介获取信息的比例已基本接近传统媒体，现代信息服务成了农民最喜欢的服务方式。

2004 年，磐安县完成了全县网络平台建设，共 109 家乡镇、县机关部门、垂直管理部门和企业化管理局级单位联结了网络平台，接入电脑 1400 多台，同年 7 月，县党政机关办公自动化系统投入运行。2005 年 6 月，县政府门户网站全面改版，部分部门建成了专业服务应用系统。2006 年 5 月，改造外网后，建成了与全省互联互通的电子政务网络平台。据不完全统计，全县共有 21 个部门建立服务网站 27 个，其中，正在筹建的 2 个，主要有磐安政府网、磐安新闻网、磐安工商网、磐安县农村公共安全信息网等。县委组织部曾与县农业局合作，帮全县凡 200 人口以上的 300 个村配置了“电脑 + 电视机”或“机顶盒 + 电视机”的设施，设立了农村党员干部教育和农民信箱的服务点，并配备了信息员，实现了“县有信息服务中心、乡镇有联络站、村有信息点”的三级服务体系，初步构成农村信息平台框架。县工商局成功开发了“多员合一信息管理系统”，将安检、质监、药监、农业、交通、公安等 8 个部门的信息员管理整合到一起，实行统一调度，规范业务流程，在整合农村信息资源方面作了有效的探索。现代信息工具已进入千家万户。目前，磐安县有固定电话、小灵通 8.5 万户，移动电话已达 8.6 万户，农村接入宽带用户 1758 户（不包括县城范围），且新用户增长势头迅猛，网络已渗透到农村生活的方方面面。

更值得一提的是，磐安县还开展了图书漂流进农村的活动，采取城乡联动的形式，整合社会资源，通过各组织开展“我为新农村捐本书”等捐书活动，以农村图书室、爱心青少年俱乐部等活动场所开展“图书漂流”，一季度轮换一次新书，供村民免费阅读。这就建立了乡村图书馆，为不能够接触到手机、电脑等新型信息设备的农民提供了信息接收口。

3. 磐安县农村信息环境建设经验

（1）在整体带动中促建设

“数字磐安”是磐安县提出的信息环境建设方略。在“数字磐安”这个整体建设的推动之下，农村信息环境建设也迅速发展。近些年，围绕这一主题，政府积极实施电子政务、网上办事工作，一方面简化办事程序、提高办事效率，另一方面带动了对农村信息环境的构建。特别是“县长信箱”，它的设立扩展了社情民意的交流沟通渠道，已有1.2万户注册了县农业局筹建的“农民信箱”。其中，农民信箱连接了电脑、网络与手机、小灵通等，免费发布产品供求、农业生产技术、灾害预警、会议通知等信息，深受农民的欢迎。此外，县政府把农村信息员列入“万名农民劳动力素质培训工程”，县委组织部、县人劳局、县农业局等对1100多名村级信息员、示范户带头人进行了电脑知识培训，一大批农民已经学会电脑的基本应用，做到会打字、会上网、会下载、会上传，有的已逐渐成为网络高手。

（2）在信息基础建设上增加投入

从宏观方面来说，信息环境建设即为信息设备的完善。增加投入，大力建设信息设施基础，是农村信息环境建设最基本的元素。磐安县电话、电视已完成村村通工程，覆盖率分别达到了98.9%和99.01%。全县共有21个部门，共建立服务网站27个。总投资已达1000多万元（不含电信等企业的投资）。

（3）在信息服务中探究新型信息环境建设模式

在网络媒介下，磐安县的药材、茶叶、高山蔬菜、香菇等名特优产品，得以在更短的时间内通向更广阔的市场。以磐安峰儿土特产公司等农业龙头企业为例，它们利用网络扩大了经营范围和销售，获得了良好的经济效益；还开通了农业信息网，提供最新农业生产、优良品种、农产品市场、农村经济等信息，并可进行实时网上交易；还联合中国移动，先后建设了“农讯通”“村村通”工程，同时聘任了多个农村信息员，建立了一支覆盖所有村委会的农村信息员队伍；还建立了“信息直通车”，为当地农民开展农业生产提供了可贵的信息资源，如帮助农户通过专家咨询和网上下载、发布有关水产养殖的技术信息等，在农民与专家之间建立了双向的沟通桥梁；打造新农村热线服务模式，随时随地为农民解决农业生产上的疑难问题；积极推动“数字乡村”计划的实施，建成覆盖乡镇的网站集群。

（4）整合服务资源，在信息支撑中辐射农村生活

磐安县以全区核心网络平台为依托，将部门行业专网全部纳入统一的电子政务网络体系中去。例如政务服务系统、教育信息系统、疫情及突发公共卫生事件和新型农村合作医疗系统、社会保障与劳动就业信息系统等业务系统迁移到主网平台。这样一来，县政务、教育、医疗卫生、社会保障等信息资源和社会服务就都能够通过网络完整地传播到农村各地，构建辐射全面的信息环境。

（5）在信息人才队伍建设上重视产出

农村信息环境建设并不是凭空而来，而是需要坚实的人才队伍。切实加强农村信息环境人才队伍建设也是磐安县农村信息环境建设的有效经验。磐安县并不只将目光放在硬件建设上，更明白“软实力”对信息环境建设的重要性。在具体实践中，磐安县采用集中培训、以会代训等形式，强化对已有农业信息化人才的培训，制订并实施“农村教师、农村干部、中小学生和农民工”的信息技能培训计划；建立“省、市、县、乡、村（户）”五级联动式培训机制，增强对农民和农业技术人员的培训，努力培养出会收集、会分析、会传播信息的“三会”农业信息化人才，努力为他们营造展示自我、拼搏事业的广阔空间；完善激励机制，坚持精神奖励与物质奖励相结合、短期激励与中长期激励相结合、激励与约束相结合的原则，建立起科学规范的绩效考评、薪酬分配和竞争机制，积极促进农业信息化人才的和谐竞争。由此，磐安县整体上形成了一个良好的信息化的“软环

境”。

4. 磐安县农村信息环境建设的创新与特色

（1）“信息服务站”入村

由于条件的限制，网络对于许多农民来说仍旧是不容易触及的，每村每户拥有电脑和宽带的目标在短时间内不可能达到。为了给农民提供信息获取的便捷渠道，在村中设立信息服务站成为许多农村信息环境建设的主要举措。信息服务站是由政府牵头组织、电信服务商提供网络支持，社会力量参与营运、落户在广大农村，为农民提供信息服务的场所，其目的就在于方便农民查阅相关信息、发布产品信息。现如今，磐安县胡宅乡、大盘镇、墨林乡、尚湖镇、玉山镇、仁川镇等都建立了信息服务站，为农民提供信息。

（2）政府搭台，企业唱戏

磐安县政府出面，邀请手机服务商开发了该县新农村商网手机客户端，农村用户只要安装新农村商网手机客户端软件，就能够通过手机查阅有关供求、资讯、价格行情等农产品信息。该软件有五个栏目，分别为“买卖信息”“涉农新闻”“价格行情”“帮助中心”及“消息通知”，这些数据是与新农村商网同步的，用户可以通过访问新农村商网进行免费下载和安装，这也给未能实现计算机商网的农村提供了另一条途径——通过手机接收和发布信息。而现如今，手机成为农民上网的首要终端，这也归功于政府与中国移动、中国电信等运营商的合作。例如，中国移动提出了“三网惠三农、助建新农村”的目标，即发挥信息通信技术优势，构建农村通信网、农村信息网和农村营销服务网，为“三农”（农业、农村和农民）提供服务。

（3）“三下乡”活动带动信息环境建设

“三下乡”是指文化、科技、卫生“三下乡”。文化下乡，主要指送图书、报刊下乡，送戏下乡，送电影和电视下乡；科技下乡，则包括科技人员下乡，科技信息下乡以及开展科普活动。“三下乡”活动中的其中两项都对农村信息环境建设起到了不可或缺的作用。最开始的文化下乡，仅仅局限于在乡村举办歌舞晚会，而现如今的文化下乡更加集中于信息传递之上，如送书下乡、建立乡村图书馆。阅读书籍，从书中获取信息，在通信和网络资源匮乏的情况下，静态的书籍能够将信息传递至农村，这有利于缩小城乡信息鸿沟，在更大范围内实现信息公平。而图书馆作为信息的集散中心，能够为农民提供各种信息渠道，使得新的科学技术得到推广和应用。因此，将送书下乡与建立乡村图书馆相结合，用所送到的图书充实乡村图书馆，乡村图书馆为送到乡下的图书提供良好的处所，两个环节相结合，为农民提供有保障的信息环境。

磐安县积极开展了以“图书为农服务”为主体的系列活动。一是举行“送图书下乡”活动。全县共20个乡镇，给每个乡镇送2000册图书，为广大农民朋友提供了良好的阅读条件。二是设立图书馆专业知识培训班。培训的对象是各个乡镇文化员和乡镇村图书管理员，一共30余人。培训班特地邀请了浙江省图书馆学会的专家们主讲。此外，县图书馆还就如何做好乡镇村图书登记、编目、上架工作等方面进行了业务辅导。三是开展“全民读书”活动。为进一步普及阅读活动，建立相应的武警中队、高速公路工程以及乡村图书流动站，给那些在一线工作的武警战士、民工和农民们送书上门。四是开展“为基层图书馆（室）服务”活动。县图书馆送业务下乡、送图书登记册、书签、读者查阅卡下乡，帮助乡镇村图书馆（室）解决实际问题。

5. 磐安县信息环境建设的建议

（1）农村信息环境建设需要多方配合

政府在信息环境建设中起了指引者、支持者的作用，但农村信息环境建设只靠外部环境带动、单纯搭建信息设备和信息平台是远远不够的。作为农村主要构成人员的常住居民要有主动参与到信息环境建设当中来的意识，并不能只是信息环境建设的被动获益者，更应该是主动建设者，只有具备较好的主观能动性，才能促成信息环境建设的可持续发展。因此，政府不能完全“一肩挑”，承担起所有的信息化建设重担，更应该做的是引导农民去增强这方面的能力，这样才可以补足信息化建设的后续动力。农村信息化建设需要多方配合，在政府搭台、企业唱戏的同时，农民也应该把提高自身的信息素养作为一个重要问题去解决。

（2）农村信息化建设的资金需要多渠道筹集

从调查的情况看，虽然政府已经作为主导者和引领者，为农村信息化建设提供了大量的财力和物力支持，但是要看到，目前的农村信息化环境构建仍处于刚起步的阶段，农村信息化还未能辐射到农村每家每户，农民在面对信息接收、支出方面还存在一定困难等。上网是如今获取信息的一条有力渠道，而上网须购置必要的设备，须缴纳上网费用，需要一定的经济基础。但据调查，当地目前的上网费用较高，网民每月花费的上网费用大多在70—100元不等，但按照当前的网络状况以及农村的实际情况，农民一般采用传统的拨号上网方式，购置计算机、调制解调器和电话线路等上网设备的费用，至少5000—6000元。根据国家统计局公布的数字，2001年我国农民人均纯收入2366元，人均现金纯收入1748元。按照这样的收入水平，承担上述的上网费用，确实不堪重负。现阶段我国农民的生活还不够富裕，有的刚刚脱贫，有的还需要扶贫，根本没有能力去负担信息网络设备方面的消费。也就是说，我们现在所在构建的仍只是一个大的信息化环境，想要将信息化环境继续细化和加强，需要加大资金投入。并且资金的投入应当多渠道进行，除政府和农民自身投入外，还要通过体制机制引导企业和社会团体对农村信息环境建设进行投入。

结语　现代“种田人”、农村信息化与中国农村的未来之路

通信技术和计算机技术在农村生产、生活和社会管理等领域的广泛应用和推广，必然会推进农村的信息化发展。农村信息化是顺应时代发展要求的必然产物。在全球信息革命的背景下，抓住这一机遇来推进我国农村发展是我们必须要面对的问题。从国际视野来看，我国农村的信息化建设远远落后于欧美西方发达国家。以美国为例，它的农村信息化起始于20世纪五六十年代，至今已有半个多世纪之久。在20世纪五六十年代，美国农村地区逐渐普及广播、电话以及电视，并逐渐把它们运用到农业生产当中，“1954年农村居民的电话普及率为49%；1968年达到83%，从1962年开始，美国政府开始资助在农村建立教育电视台，开展广泛的农村、农业、农民教育”。[①] 在20世纪七八十年代，随着计算机等信息技术的普及，美国在农业生产领域也逐步引入计算机技术来推动农业生产，“1985年，美国已有8%的农场主在农业生产中使用计算机，其中一些大农场已实现计算机化。与此同时，美国农业部为了方便农业信息的开发和利用对428个电子化的农业数据库进行了编目”。[②] 而到了20世纪90年代，在计算机等信息技术的基础上，精准农业在美国逐渐兴起并逐步普及，“美国农业资源管理调查显示，在玉米生产上，2001年美国使用产量显示

---

① 罗绘俊、汪传雷、罗飞：《美国农业信息化及对我国的启示》，《阜阳师范学院学报》（社会科学版）2009年第1期。

② 李杨：《美国农业信息化及对我国的启示研究》，《科技视界》2013年第8期。

器的面积比例较1996年的15.6%水平有大幅提高，达36.5%；2001年使用产量地图的比例占13.7%，比1997年提高4.2个百分点；2001年使用地理土壤地图的比例达25%，比1998年提高6.4个百分点；1999年使用遥感地图的比例达12.7%；2001年使用全球定位导航系统的比例为6.9%”。[①] 纵观美国农村和农业信息化的发展历程，现代科学技术在农业领域中一直占有重要的位置，除此以外，现代科学技术在美国农业领域中的运用也在不断地革新，从20世纪五六十年代的广播、电话、电视，到七八十年代的计算机等技术，再到90年代的精准农业的出现。

近年来，我国在农村信息化建设方面取得了重要进展：建成了一批涉农数据库，如《中国农作物种质资源数据库》《全国农业经济统计资料数据库》《植物检疫病虫草害名录数据库》《农牧渔业科技成果数据库》《中国农林文献数据库》《中国农业文摘数据库》《农副产品深加工题录数据库》《农产品集市贸易价格行情数据库》《农业合作经济数据库》《中国畜牧业综合数据库》等。初步建成了农村信息化网络平台，电信网已基本覆盖全国，成为世界第一大电视网络市场，全国95%的用户拥有了电视，电脑也在农村得到了广泛应用。建设了一批涉农网站，例如农业部的“中国农业信息网”、科技部的“九亿网”等。农业信息技术研发成果显著，建立了一批农村信息服务网站，等等。但基于我国的具体国情，经济发展水平还比较低，区域发展还很不平衡等因素，农村信息化的建设进程还任重而道远。

农村信息化需要农业的信息化。农业信息化是指培育和发展以智能化工具为代表的新的生产力并使之促进农业发展，造福于社会的历史过程。当前我国农业的发展仍处在较落后的阶段。就农业生产方式而言，还以传统的农业生产方式为主导，主要表现于在广大的农村地区还停留在依靠传统经验进行生产的阶段、缺乏先进科技的支撑、农业机械化与信息化程度低；在农业生产的规模与农业资源方面，农业

---

① 傅兵、曹卫星：《美国农业信息化的特点与启示》，《江苏农业科学》2006年第6期。

生产规模偏小，农业资源分布不均；在农业投入与产出方面，投入大但效率低，这种农业生产的低效率状况不仅表现在农业生产的“过密化”现象上（即在人口的压力下不断增加农业生产的劳动投入），还表现在对其他农业资源的利用上，利用的方式还属于粗放型，如农业对水资源的利用，“目前，中国渠道区输水效率只有0.3%—0.4%，发达国家达70%到90%。”①

在全球信息化革命的浪潮下，党和政府已意识到信息化的重要性，比如通过农业的信息化来带动农业的发展等，并取得了一些成绩：“初步构建了农业信息网络体系、信息技术在农业生产领域中的应用水平不断提高、农业信息化基础设施建设不断加强。”② 虽然政府在不断地推进农业信息化的建设并取得了一些成就，但总体而言，当前的农业信息化推进的现状仍然满足不了农业发展的需要而且还存在一些问题：农民信息需求的瞄准机制不强、农业信息化建设存在重复开发建设现象、农业信息化资源共享程度低等等。农业信息化建设所存在的这些问题都在一定程度上影响着农业信息化所具有的效果的发挥，并阻碍着农业信息化继续向前发展，因此为了更好地发挥农业信息化的效果和推进农业信息化建设，必须寻找其他发展思路以解决上述问题。美国注重运用先进的农业信息技术发展经验，同样可以给我们提供重要的借鉴与启示：为了更好地实现农村信息化，必须充分重视与运用先进的信息技术。比如，现在美国发展的精准农业就成为农业发展的新潮流，世界各国都争先恐后地发展精准农业。精准农业是“以信息为基础，利用传感器及现代先进的监测技术，完整、准确、及时地了解土地和作物的详细数据，结合精确时空统计分析，及时迅速地做出决策的一种农业管理系统”。③ 再比如，现在在我国部

---

① 韩洪云、Joff Bennett：《21世纪中国农业水资源利用》，《农业经济》2002年第11期。

② 刘金爱：《我国农业信息化发展的现状、问题与对策》，《现代情报》2009年第1期。

③ 刘焱选、白慧东、蒋桂英：《中国精准农业的研究现状和发展方向》，《中国农学通报》2007年第7期。

分农村也开始实行的农业物联网和云计算，且农业物联网和云计算已经成为现代农业发展的重要引擎。

物联网被称为是继计算机与互联网出现后的第三次信息产业浪潮，这一概念最初是由美国麻省理工学院于20世纪90年代末提出，并日益受到各国政府的重视，在经济危机的背景下，美国总统奥巴马在2009年年初，将物联网作为振兴美国经济的两大武器之一（另一武器是新能源）。2009年8月，温家宝总理在无锡物联网产业研究院考察时就指出要加强物联网的建设，认为在发展物联网时要早一点谋划未来，早一点攻破核心技术。而关于物联网概念的界定，众说纷纭，其中比较有代表性是国际电信联盟于2005年对物联网进行的界定：“RFID、红外感应器、全球定位系统、激光扫描器等信息传感设备，按约定的协议，把任何物品与互联网相连接，进行信息交换和通信，以实现智能化识别、定位、跟踪、监控和管理的一种网络概念。”[①] 由此可见，物联网就是“物物相连的互联网”，也即互联网向物体的扩展与延伸，它的基础仍然是互联网。既然物联网作为一种通过传感设备把任何物品与互联网相连接并进行信息交换与通信的技术，当任何物品都安装有这种信息传感设备时，有关任何物品的相关信息都可以被传输到互联网上，同时这也方便了人们获得他们想要的物品的详细信息。

也正因为此，物联网技术可以被广泛应用于农业生产的整个过程：从农业生产的选种、培育、收获、储存到流通整个过程。在农业生产的选种过程中，当农民所需的种子安装有信息传感设备时，有关种子的各种信息（如种子的纯度、水分以及发芽率等）被传输到互联网上，农民可以据此信息来选择最合适他们的农业种子；在农作物生产的培育过程，可以通过信息传感设备了解农作物当前的生长状况（如温度、湿度、病虫害等）并做出相应的调整，精准农业就是这一范例；而在农作物储存与流通的阶段，通过物联网可以了解农作物在储存和流通过程中的各种情况（如农作物的新鲜程度），根据物联网

① 姚世凤、冯春贵、贺园园等：《物联网在农业领域的应用》，《农机化研究》2011年第7期。

的反馈信息可以及时地调整农作物的储存与流通条件以延长农作物的保质期。

从上述论述可知，物联网在整个农业生产过程中的运用，可以有针对性地为农业生产提供服务，但这种服务并不是搞“一刀切”“形式主义”，而是具体问题具体分析，并且与农民的实际需求密切相关，这主要是源于农作物所安装的信息传感设备。信息传感设备所收集并传输的信息是针对某一特定范围内的农作物，因此这种类型的信息是具体而详细的并密切符合农民的实际需求。因此，从这个意义上可以说，物联网在农业领域的应用可以有效地解决当前农业信息化的农民信息需求瞄准机制不强的问题，并且适应于我国农业生产地域、环境多样性的特点。物联网在农业领域的应用除了可以有针对性地为农业生产提供服务，还可以有效地解决农产品的食品安全问题，当前食品安全问题频发的一个主要原因是消费者对食品的生产流通过程一无所知，食品生产流通的这种隐秘性给不法商贩以可乘之机。而当物联网运用于农产品的整个生产过程时信息传感设备记录着农产品在这一过程中的所有信息，当农产品出现问题时，消费者可以查询到这些信息并找到问题出在哪个环节，进而可以有效地规范商家的行为，减少食品安全问题。

云计算（Cloud Computing）以互联网相关服务的增加、使用和交付模式为基础，一般涉及利用互联网来提供动态的、易扩展的且通常是虚拟化的资源。“云”用来比喻网络和互联网。过去在图中往往用云来表示电信网，后来也用来表示互联网和底层基础设施的抽象。云计算指的是“基于互联网的商业计算模型，利用高速互联网的传输能力，将数据的处理过程从个人计算机或服务器移到互联网上的服务器集群中。该服务器集群由一个大型的数据处理中心管理，包括计算服务器、存储服务器、宽带资源等，数据中心按客户的需要分配计算资源，达到与超级计算机同样的效果”。① 从云计算的发展过程来看，

---

① 李光达、郑怀国、谭翠萍等：《基于云计算的农业信息服务研究》，《安徽农业科学》2011 年第 27 期。

“最先是亚马逊推出弹性计算云（EC2）服务，让中小型企业能够按照自己的需要购买亚马逊数据中心的计算能力，云计算模式就此诞生。随后在短短的两年间，云计算模式产生了巨大的影响力，Google、Microsoft、Yahoo、Amazon 和 IBM 等世界各大 IT 巨头都投入巨资进行云计算的研发，纷纷推出自己的云计算服务方案，如 Google 的 Google App Engine、Amazon 的 AWS、Microsoft 的 Windows Azure 等”①。而在国内，云计算也得到了迅猛的发展，中国联通、中国移动、中国电信、华为以及中兴等企业也相继加入到云计算发展的行列，并且在当前我国许多地方正在开展云计算的发展项目，如“北京‘祥云计划’、上海‘云海计划’、天津‘翔云’云计算平台、重庆‘云端计划’、武汉云计算产业联盟和广州‘天云计划’等”。② 云计算具有强大的存储能力和计算能力，正是由于这一特点，从长远来看，云计算运用于农业信息化建设可以减少农业信息化建设的成本。正如胡文岭等人在探讨云计算在农业信息化中的应用时所指出的那样：“信息系统建设者在建设各级各类的网络信息硬件平台时，通过共享云中的基础设施，可以节省基础设施的投资；信息系统开发人员在整合海量、分散的信息资源，建设信息管理系统时，通过云平台（业务软件的开发环境、运行环境）的共享可以减少平台搭建的工作量。”③ 云计算在农业领域中的运用除了具有减少成本的优势外，还能够减少农业信息化系统的重复开发现象以及降低现代种田人使用信息化资源的门槛。基于云计算平台强大的存储能力和计算能力，农业信息化建设可以建立统一的有关农业信息化的云计算服务平台，这样就可以缓解农业信息化建设各个部门各自为政的局面，进而实现信息化资源的共享并减少重复开发现象；而云计算运用于农业信息化建设

① 伍丹华、黄智刚、刘永贤：《云计算在农业信息化中的应用前景分析》，《南方农业》2011 年第 5 期。

② 崔文顺：《云计算在农业信息化中的应用及发展前景》，《农业工程》2012 年第 1 期。

③ 胡文岭、张荣梅：《浅议云计算在农业信息化中的应用》，《中国管理信息化》2013 年第 3 期。

可以降低现代种田人使用信息资源的门槛主要缘于从云计算服务平台获取相应信息的手段简易性，现代“种田人”只要拥有云计算客户端并缴纳相应的费用就可以获得所需的信息。

物联网和云计算在农业信息化的建设过程中具有得天独厚的优势。在我国农业信息化的建设过程中积极利用物联网和云计算可以有力地推动我国农业信息化建设：利用物联网可以及时准确地收集有关农业生产的信息，监控农业生产的各个环节；而对于通过物联网所收集到的海量农业信息，则可以把这些庞大的信息存储在云计算平台并利用云计算平台强大的计算能力来处理分析所收集到的信息，进而为农业决策奠定基础。然而物联网和云计算在农业信息化过程中作用的发挥离不开现代“种田人”的支持，现代“种田人”作为农业生产的主体，在安排农业生产的过程中具有很大的主观能动性，因此，在把物联网和云计算运用于农业生产的同时要积极引导现代“种田人”在思想和行为上认同物联网和云计算；除此以外，物联网和云计算运用于农业生产还对现代“种田人”提出了更深层次的要求，如对现代“种田人”的计算机技术、知识与信息意识等方面的要求，因此为了把物联网和云计算更好地运用于农业生产，必须对现代“种田人”展开相应的培训。

意识是行动的先导，现代“种田人”必须要有一定的信息意识。具有较强信息意识的现代“种田人”会主动去寻找、发现并利用现代信息技术，比如运用物联网和云计算所蕴含的信息以解决他们在现实生活中所遇到的难题。因此，为了更好地推广物联网与云计算，必须加强对现代“种田人”的信息意识的培育，而现代“种田人”的信息意识培育需要政府、社会以及现代“种田人”三者的共同参与，只有这样，才能有效地提高现代“种田人”的信息意识。

除了对现代“种田人”的信息意识有所要求外，物联网和云计算还对现代“种田人”计算机技能提出了要求，现代“种田人”能否熟练地掌握相应的计算机使用技能直接影响着物联网与云计算在农业领域内的推广。尽管物联网与云计算在农业领域中的运用可以实现农业生产与管理的智能化，但物联网与云计算的应用还是需要现代

“种田人”具备一定的基本计算机使用技能。现代“种田人”的现代化，特别是基本的计算机使用技能，基本的信息搜集与存储能力，是推动物联网和云计算在农业中广泛应用的基础和前提。

当然，物联网和云计算运用于农业领域中还需要物质经济基础方面的保障，离开物质经济基础而空谈物联网与云计算无法真正实现物联网与云计算所具有的功能。这主要是缘于物联网中的信息传感设备、电脑设备等硬件以及云计算相关服务的购买都需要现代“种田人”具有比较好的经济基础。因此，物联网和云计算在农业领域中的运用，还需要政府加大对农村信息化和农业信息化的资金投入，并在现代“种田人”的信息设备购买方面给予补贴，以降低现代“种田人”自身的信息化成本，进而有助于吸引更多的现代“种田人”加入到推动农业信息化的队伍中来。

物联网与云计算在农业领域内的应用与普及除了受到现代“种田人”的信息意识、计算机使用技能、物质基础等方面的影响外，还受到现代“种田人”的文化素质的影响。现代“种田人”具有较高的文化素质有助于物联网与云计算的推广与应用。农村信息化和农业信息化还需要提高现代“种田人”的科学文化素质，需要政府进一步加大对农村地区教育的投入力度，积极开展针对现代“种田人”的培训，需要社会的广泛参与和积极支持。

总之，在从传统社会向现代社会转型的背景下，改变农业现有的落后发展局面已成为我国现代化的重要内容。农村信息化也将是信息化的重要内容，农业信息化是农村信息化的基础。然后，无论是农业的信息化还是农村的信息化，都需要人的现代化。只有培育具有现代化人格的现代“种田人”，才能实现农业信息化、农村信息化和农民现代化。

参考文献

一 论文类

1. 毕洪文：《媒介传播形式对黑龙江农户获取信息的效果分析》，《北方园艺》2012 年第 24 期。

2. 陈文华：《魏晋隋唐时期我国田园诗的产生和发展》，《农业考古》2004 年第 1 期。

3. 陈艳、王雅鹏：《我国农民收入增长环境分析》，《调研世界》2002 年第 5 期。

4. 陈锡文：《关于我国农村的村民自治制度和土地制度的几个问题》，《经济社会体制比较》2001 年第 5 期。

5. 陈长琦：《秦汉魏晋南朝时期地主封建制的发展》，《史学月刊》1990 年第 5 期。

6. 程民生：《论宋代的流动人口问题》，《学术月刊》2006 年第 7 期。

7. 陈国灿、陈剑锋：《南宋两浙地区农村家庭经济探析》，《浙江师范大学学报》（社会科学版）2005 年第 4 期。

8. 崔国胜、孔媛：《法国农业信息化发展状况》，《世界农业》2004 年第 2 期。

9. 陈松：《加强农业信息化建设是实现农业产业化的有效途径》，《商业经济》2004 年第 9 期。

10. 陈良玉：《农村信息化现状及趋势研究》，《农业经济问题》2004 年第 10 期。

11. 杜旭宇:《农民权益的缺失及其保护》,《农业经济问题》2003 年第 10 期。
12. 杜旭林、朱琴、温怀玉:《新农村信息化现状与发展对策》,《农村经济》2009 年第 8 期。
13. 杜金亮:《人的现代化与人的全面发展》,《山东社会科学》2000 年第 4 期。
14. 耿劲松:《农民的信息需求分析》,《农业图书情报学刊》2001 年第 5 期。
15. 傅兵、曹卫星:《美国农业信息化的特点与启示》,《江苏农业科学》2006 年第 6 期。
16. 樊琼蔚、李旭辉:《新农村建设中农村信息资源开发与利用问题研究——基于安徽省农村调研》,《安徽农学通报》2009 年第 17 期。
17. 郭作玉:《谁为法国农民提供信息服务》,《中国信息界》2004 年第 17 期。
18. 郭少华:《对我国农业信息化发展现状的调查与思考》,《农业考古》2011 年第 6 期。
19. 高进云、乔荣锋、张安录:《农地城市流转前后农户福利变化的模糊评价——基于森的可行能力理论》,《管理世界》2007 年第 6 期。
20. 宫淑红、焦建利:《创新推广理论与信息时代教师的信息素养》,《教育发展研究》2002 年第 7 期。
21. 韩轶春:《信息改变小农:机会与风险》,《华中师范大学学报》(人文社会科学版) 2007 年第 4 期。
22. 韩洪云、Joff Bennett:《21 世纪中国农业水资源利用》,《农业经济》2002 年第 11 期。
23. 胡文岭、张荣梅:《浅议云计算在农业信息化中的应用》,《中国管理信息化》2013 年第 3 期。
24. 胡海燕、刘世洪:《论“国家农业科学数据共享平台”的内容与服务》,《农业图书情报学刊》2005 年第 2 期。

25. 胡晋源：《农民主体地位视角下新农村信息化建设策略研究》，《农业现代化研究》2007 年第 5 期。
26. 姜惠莉、张翠红、王艳霞：《当前农村信息需求的特点及对策研究》，《河北师范大学学报》（哲学社会科学版）2006 年第 5 期。
27. 蒋勇、祁春节、雷海章：《现代农业信息技术需求：我国的选择与体系构建》，《科技管理研究》2009 年第 7 期。
28. 蒋福亚：《略谈魏晋南北朝时期的历史地位》，《文史哲》1987 年第 1 期。
29. 罗玉达、康小红：《“农民工”权益保障法的社会学思考》，《贵州大学学报》（社会科学版）2006 年第 6 期。
30. 刘冬青、孙耀明：《以信息需求为导向的农村信息服务》，《情报科学》2008 年第 7 期。
31. 刘行芳：《依靠制度保障农民信息需求》，《当代传播》（汉文版）2008 年第 1 期。
32. 刘金爱：《我国农业信息化发展的现状、问题与对策》，《现代情报》2009 年第 1 期。
33. 刘丽伟：《美国农业信息化促进农业经济发展方式转变的路径研究与启示》，《农业经济》2012 年第 7 期。
34. 刘本锋：《试析乡风文明建设的“瓶颈”》，《求实》2006 年第 12 期。
35. 李强：《市场转型与中国中间阶层的代际更替》，《战略与管理》1999 年第 3 期。
36. 李光霁：《从奴婢农奴化和编户农民私人依附化谈起》，《文史哲》1987 年第 1 期。
37. 林波、裘尧军：《农民培训工作的问题及对策》，《安徽农学通报》2007 年第 4 期。
38. 梅方权：《我国农业现代化的发展阶段和战略选择》，《天津农林科技》2000 年第 1 期。
39. 苗润莲、江月朋、刘娟：《北京农村信息服务实践及对策建议》，《广东农业科学》2010 年第 7 期。

40. 孟枫平：《日本农业信息化进程的主要特点》，《世界农业》2003年第4期。
41. 农业部市场与经济信息司：《全国农业农村信息化发展“十二五”规划》，2011年11月15日。
42. 彭南生：《也论近代农民离村原因——兼与王文昌同志商榷》，《历史研究》1999年第6期。
43. 卜长莉：《布尔迪厄对社会资本理论的先驱性研究》，《学习与探索》2004年第6期。
44. 邱巍：《干部队伍代际更替和结构改进探析》，《浙江社会科学》2009年第8期。
45. 齐丹莉、汪伟全：《面向农民需求的信息传递模式研究》，《江西社会科学》2009年第5期。
46. 孙志效：《重视农民信息需求，加速农村信息化发展》，《发展》2009年第6期。
47. 孙素芬：《北京市农村信息化建设发展现状与分析》，《中国农学通报》2009年第23期。
48. 沈关宝、王慧博：《城市化进程中的失地农民问题研究》，《上海大学学报》（社会科学版）2006年第4期。
49. 宋仁桃：《战国秦汉城市人口结构初探——以农民问题为中心》，《史学月刊》2006年第5期。
50. 宋帅官、张天维：《辽宁农业新兴产业发展研究》，《农业经济》2011年第8期。
51. 孙芸、黄世祥：《我国农业信息化服务体系建设的制约因素及路径选择》，《调研世界》2009年第8期。
52. 田杰：《关于青年研究代际更替问题的几点思考》，《中国青年政治学院学报》2012年第1期。
53. 田欣：《父商子仕：宋代商人家庭成员身份的代际更替》，《河北师范大学学报》（哲学社会科学版）2009年第3期。
54. 王彦婷、夏光兰：《新农村建设中安徽省农村信息需求分析》，《科技情报开发与经济》2010年第26期。

55. 王栓军、孙贵珍：《基于农民视角的河北省农村信息供给调查分析》，《中国农学通报》2010 年第 22 期。
56. 王颖：《农村信息服务模式问题与对策研究——以黑龙江省为例》，《黑龙江史志》2010 年第 15 期。
57. 王彦婷、夏光兰：《新农村建设中安徽省农村信息需求分析》，《科技情报开发与经济》2010 年第 26 期。
58. 王川：《我国农业信息服务模式的现状分析》，《农业网络信息》2005 年第 6 期。
59. 王丹、王文生：《农村信息化服务模式现状及特征比较》，《农业网络信息》2007 年第 8 期。
60. 王建国、王付君：《新时期农村基层干部代际更替与乡村治理的关联——问题与框架》，《社会主义研究》2011 年第 6 期。
61. 王志诚、孙进先、刘延忠：《我国农业信息工程建设现状与发展探讨》，《山东农业科学》2009 年第 11 期。
62. 伍丹华、黄智刚、刘永贤：《云计算在农业信息化中的应用前景分析》，《南方农业》2011 年第 5 期。
63. 汪全莉：《提高农民信息素养，促进新农村建设》，《科技创业月刊》2007 年第 9 期。
64. 韦云凤、盘明英：《构建新型农民培训体系全面提高农民素质》，《经济与社会发展》2006 年第 10 期。
65. 吴敬琏：《农村剩余劳动力转移与“三农”问题》，《宏观经济研究》2002 年第 6 期。
66. 吴漂生：《江西省农民信息需求调查》，《国家图书馆学刊》2011 年第 1 期。
67. 文军：《被市民化及其问题——对城郊农民市民化的再反思》，《华东师范大学学报》（哲学社会科学版）2012 年第 4 期。
68. 徐勇、邓大才：《社会化小农：解释当今农户的一种视角》，《学术月刊》2006 年第 7 期。
69. 薛飞、郭建宏、郑红剑等：《中部农村信息化建设难点及对策分析》，《安徽农业科学》2010 年第 31 期。

70. 夏振荣、俞立平：《农村信息资源对农民收入贡献的实证研究》，《情报杂志》2010 年第 7 期。
71. 肖建英：《高校科教兴农模式信息共享探讨》，《广东农业科学》2010 年第 5 期。
72. 张淑娟、赵飞、王凤花等：《山西省农业机械化发展水平的评价与分析》，《山西农业大学学报》（自然科学版）2009 年第 1 期。
73. 肖黎、刘纯阳：《发达国家农业信息化建设的成功经验及对中国的启示——以美日法韩四国为例》，《世界农业》2010 年第 11 期。
74. 杨艺：《浅谈日本农业信息化的发展及启示》，《现代日本经济》2005 年第 6 期。
75. 杨素红：《西部欠发达地区农民的科技信息需求分析》，《科技情报开发与经济》2008 年第 3 期。
76. 杨博：《农民信息需求现状及解决对策》，《现代农业科技》2006 年第 1 期。
77. 杨杰、王鲁燕、李道亮：《提高我国农民信息素养水平的思考》，《农业网络信息》2008 年第 6 期。
78. 于勇、李旭辉：《安徽省农村信息资源开发利用研究》，《科技情报开发与经济》2009 年第 28 期。
79. 于良芝、罗润东、郎永清等：《建立面向新农民的农村信息服务体系：天津农村信息服务现状及对策研究》，《中国图书馆学报》2007 年第 6 期。
80. 原小玲、贾君枝、朱丹：《山西省农民信息需求调查研究》，《情报科学》2009 年第 8 期。
81. 俞菊生、谢坤生：《国外发达国家和上海市农业信息化的比较研究》，《农业图书情报学刊》2002 年第 2 期。
82. 岳要鹏：《权利、机会与贫困农民的代际更替——以川北 J 村为例》，硕士学位论文，华中师范大学，2012 年。
83. 赵洪亮、张雯、侯立白：《新农村建设中农民信息需求特性分析》，《江苏农业科学》2010 年第 1 期。

84. 赵德志、赵书科：《利益相关者理论及其对战略管理的启示》，《辽宁大学学报》（哲学社会科学版）2005 年第 1 期。
85. 赵慧清、杨新成、薛增召：《论中国农民信息素养教育与社会主义新农村建设》，《中国农学通报》2006 年第 8 期。
86. 赵俊晔：《我国农村信息服务的特点与模式选择》，《农业图书情报学刊》2006 年第 11 期。
87. 张艾理：《萧山区农民信息需求调查与思考》，《杭州农业科技》2007 年第 2 期。
88. 朱丹、袁小玲、张忠凤等：《农村信息服务现状和农民知识获取能力的分析研究》，《新世纪图书馆》2010 年第 2 期。
89. 张绍晨、李昀、郭蔚婷：《林农信息需求研究及面向林农的信息服务体系构建》，《北京林业大学学报》2009 年第 S2 期。
90. 张峥、谭英：《涉农企业与农户间多结点信息传播范式研究——以伊利集团为例》，《新闻界》2009 年第 6 期。
91. 周书灿：《“民”、“氓”语义转换及周代“氓”之身份考察》，《苏州大学学报》（哲学社会科学版）2011 年第 1 期。
92. 张全明：《论中国古代城市形成的三个阶段》，《华中师范大学学报》（人文社会科学版）1998 年第 1 期。
93. 张博、李思经：《我国农民对农业科技成果信息的需求特点及服务对策》，《安徽农业科学》2010 年第 9 期。
94. 张福安、王春辉：《唐代税制改革对农民家庭生活的影响》，《石河子大学学报》（哲学社会科学版）2009 年第 4 期。
95. 张晓山、崔红志：《三农问题根在扭曲的国民收入分配格局》，《中国改革》2001 年第 8 期。
96. 张良悦：《论失地农民的身份补偿》，《经济问题探索》2007 年第 6 期。
97. 章友德：《我国失地农民问题十年研究回顾》，《上海大学学报（社会科学版）》2010 年第 5 期。
98. 张端：《新中国成立以来中国农民的变迁及走向》，博士学位论文，中共中央党校，2013 年。

99. 臧知非：《汉唐土地、赋役制度与农民历史命运变迁——兼谈古代农民问题的研究视角》，《苏州大学学报》（哲学社会科学版）2005 年第 4 期。
100. 宗煜、时新荣：《构建农村信息化人才队伍促进社会主义新农村建设》，《新闻界》2006 年第 5 期。
101. 朱莉、朱静：《贵阳市农村信息化发展现状与策略思考》，《贵州农业科学》2012 年第 2 期。
102. 张新民：《中国农业信息化发展的现状与前景展望》，《农业经济》2011 年第 8 期。
103. 赵雨：《诗经与周代村社农民的情感生活》，《内蒙古农业大学学报》（社会科学版）2003 年第 4 期。
104. 郑红维、葛敏、史建新：《我国农业信息发布问题的理论探讨》，《中国农村经济》2003 年第 9 期。

二 著作类

1.《马克思恩格斯选集》（1—4 卷），人民出版社 1972 年版。
2. 《马克思恩格斯全集》（第 1 卷），人民出版社 1965 年版。
3. 《马克思恩格斯全集》（第 3 卷），人民出版社 1960 年版。
4. 《马克思恩格斯全集》（第 21 卷），人民出版社 1965 年版。
5. 《毛泽东选集》（1—5 卷），人民出版社 1991 年版。
6. 《邓小平文选》（第三卷），人民出版社 1993 年版。
7. （东汉）班固：《汉书》，中华书局 1962 年版。
8. 中国史学会主编：《太平天国》（一），神州国光社 1952 年版。
9. 国家体育总局主编：《改革开放 30 年的中国体育》，人民体育出版社 2008 年版。
10. 中国农业科学院科技文献信息中心：《农业信息技术与信息管理》，中国农业出版社 2005 年版。
11. 徐勇：《现代国家：乡土社会与制度建构》，中国物资出版社 2009 年版。

12. 徐勇：《中国农村村民自治》，华中师范大学出版社 1997 年版。
13. 徐勇：《非均衡的中国政治：城市和乡村比较》，中国广播电视出版社 1992 年版。
14. 徐勇、徐增阳：《流动中的乡村治理：对农民流动的政治社会学分析》，中国社会科学出版社 2003 年版。
15. 卢嘉瑞：《中国农民消费结构研究》，河北教育出版社 1999 年版。
16. 宁可师：《宁可史学论集》，中国社会科学出版社 1999 年版。
17. 陆学艺：《当代中国社会阶层研究报告》，社会科学文献出版社 2002 年版。
18. 杨家栋、秦兴方、单宜虎：《农村城镇化与生态安全》，社会科学文献出版社 2005 年版。
19. 袁银传：《小农意识与中国现代》，武汉出版社 2000 年版。
20. 周沛：《农村社会发展论》，南京大学出版社 1998 年版。
21. 费孝通：《乡土中国　生育制度》，北京大学出版社 1998 年版。
22. 费孝通：《乡土中国》，上海人民出版社 2007 年版。
23. 郑杭生：《社会学概论新修》（第三版），中国人民大学出版社 2003 年版。
24. 徐晓东：《信息技术教育的理论与方法》，高等教育出版社 2004 年版。
25. 柯平：《信息素养与信息检索概论》，南开大学出版社 2005 年版。
26. 路文如、魏虹、刘渊：《中国农业科技水平与世界先进水平差距的初步比较——走向 21 世纪的农业科技信息》，中国农业出版社 1997 年版。
27. 梅方权：《从农业现代化走向农业信息化——走向 21 世纪的农业科技信息》，中国农业出版社 1997 年版。
28. 严怡民主编：《信息系统理论与实践》，武汉大学出版社 1999 年版。
29. ［苏］A. 恰亚诺夫：《农民经济组织》，萧正洪译，中央编译出版社 1996 年版。
30. ［美］西奥多 · W. 舒尔茨：《改造传统农业》，商务印书馆 1987

年版。

31. ［美］林南：《社会资本：关于社会结构与行动的理论》，上海人民出版社 2005 年版。

32. ［美］马若孟：《中国农民经济》，江苏人民版社 1999 年版。

33. ［美］爱德华·W. 苏贾：《后现代地理学——重申批判社会理论中的空间》，王文斌译，商务印书馆 2004 年版。

34. ［美］塞缪尔·P. 亨廷顿：《变化社会中的政治秩序》，王冠华、刘为等译，上海世纪出版集团 2008 年版。

35. ［法］布尔迪厄：《实践与反思——反思社会学导论》，李猛译，中央文献出版社 1998 年版。

36. ［美］尼尔·波兹曼：《娱乐至死》，章艳译，广西师范大学出版社 2004 年版。

37. ［美］阿历克斯·英格尔斯：《人的现代化》，殷陆君译，四川人民出版社 1985 年版。

38. LIPing Chen, Xiangyang Qin, Xinting Yang, et al., Integrative information serviece system for rural area in Beijing. Progress of Information Teehnology in Agrieulture. China agricultural scienee&technology Press, Beijing, China, Oct. 2005.

39. Qin Xiangyang, Wang Ailing. Information Service Systems for Elimination of Digital Divide in Rural Area. China agricultural Press, 2003.

40. Yunlong Zhao, Xiangyang Qin, Ailing Wang. Analysis of Construction of Rural Information Service System in the World. China agricultural scienee&technology Press, 2005.